Moritz Hoernes

Andreas Lippert

Moritz Hoernes

Der Wiener Pionier der Urgeschichtsforschung

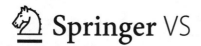 Springer VS

Andreas Lippert
Perchtoldsdorf, Österreich

ISBN 978-3-658-43558-5   ISBN 978-3-658-43559-2   (eBook)
https://doi.org/10.1007/978-3-658-43559-2

Die Deutsche Nationalbibliothek verzeichnet diese Publikation in der Deutschen Nationalbibliografie; detaillierte bibliografische Daten sind im Internet über https://portal.dnb.de abrufbar.

Planung/Lektorat: Frank Schindler
Springer VS ist ein Imprint der eingetragenen Gesellschaft Springer Fachmedien Wiesbaden GmbH und ist ein Teil von Springer Nature.
Die Anschrift der Gesellschaft ist: Abraham-Lincoln-Str. 46, 65189 Wiesbaden, Germany

Das Papier dieses Produkts ist recyclebar.

Inhaltsverzeichnis

Kindheit und Jugend (1852–1870)

Moritz Hörnes stammt aus dem Wiener Bildungsbürgertum. Geboren 29. Jänner 1852 erhielt er den Vornamen Mauritius Franz Carl. Später änderte er seinen Namen – gleich seinem älteren Bruder Rudolf – auf „Hoernes". Sein Geburtshaus stand in der Rotensterngasse 20 in der Leopoldstadt, also im zweiten Wiener Gemeindebezirk. Erst viel später zog die Familie in die nahe Aloisgasse 3 um.

Der Vater, Dr. phil. Moritz Hörnes, war Rechnungsbeamter, bevor er Naturwissenschaften an der Universität Wien studierte. 1837, noch während seines Studiums und im Alter von 22 Jahren, fand er eine Anstellung am k.k. Hofmineralien-Kabinett, das damals die Fachbereiche Geologie, Mineralogie und Paläontologie umfasste. 1841 promovierte er und folgte im Jahr 1856 dem verstorbenen Direktor Paul Maria Partsch als Vorstand. Moritz Hörnes der Ältere war ein weit über die Grenzen Österreichs angesehener Geologe.

Die Mutter, Aloysia Karoline, war eine Tochter des Mediziners Franz Strauß im westungarischen Marz bei Mattersburg. Aus der Ehe mit Moritz Hörnes gingen fünf Kinder hervor. Der älteste Sohn Rudolf wurde, wie sein Vater, Geologe und Paläontologe. Zunächst an der Geologischen Anstalt in Wien wurde er später an eine Lehrkanzel an der Universität Graz berufen. Die jüngere Schwester von Rudolf und Moritz, Ottilie war mit Adolf Mader, einem hohen Beamten am Hauptmünzamt, verheiratet. Ein weiterer Sohn, Heinrich, war Kaufmann in Pressburg. Der jüngste Spross, Franz, wirkte zunächst als Landesgerichtsrat in Steyr, später schließlich als als Oberlandesgerichtsrat in Wien (Abb. 1).

© Der/die Autor(en), exklusiv lizenziert an Springer Fachmedien Wiesbaden GmbH, ein Teil von Springer Nature 2024
A. Lippert, *Moritz Hoernes*, https://doi.org/10.1007/978-3-658-43559-2_1

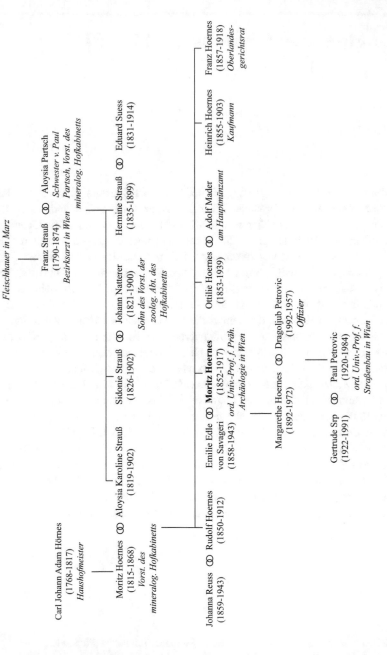

Abb. 1 Stammbaum und Nachkommen von Moritz Hoernes

Wie sein Bruder Rudolf besuchte Moritz keine Volksschule, sondern erhielt, wie damals oft üblich, Privatunterricht zuhause. Mit zehn Jahren kam er an das Akademische Gymnasium am Stadtpark im 1. Bezirk. Es waren dies die Schuljahre der Unterstufe zwischen 1862 und 1866. In dieser Zeit leitete Franz Hochegger das Gymnasium. Die Zeugnisse von Moritz aus der 2. bis 4. Klasse sind im Staatsarchiv erhalten. Aufgrund der alphabetischen Zuteilung ging er in den A-Zug. Vermerkt wurde, dass er römisch-katholisch war und sein Vater ein Schulgeld zahlte. Insgesamt zeigen die Beurteilungen ein eher mäßiges Bild seiner Schulerfolge. In Latein waren die Leistungen fast durchgehend nur „genügend", in Deutsch lagen sie zwischen „recht befriedigend" und „hinreichend", in Griechisch – ab der 3. Klasse – wieder nur zwischen „befriedigend" und „hinreichend". Immerhin schwanken die Noten in den Naturwissenschaften zwischen „vorzüglich" und „hinreichend". Der Fleiß von Moritz wurde als „thätig", dann wieder nur als „ausreichend" bezeichnet.

Interessant sind die Anforderungen im Lehrplan der 4. Klasse. In Latein wurden Caesar, De bello gallico I-IV sowie die Metamorphosen von Ovid bei sechs Stunden pro Woche durchgenommen. Grundbegriffe der Syntax waren im vierstündigen Griechisch-Unterricht der wesentliche Inhalt. In den drei Wochenstunden in Deutsch bildete der 4. Band von J.Mozart's Lesebuch den zentralen Lehrstoff. In den gemeinsam unterrichteten Fächern Geschichte und Geographie lehrte man die Geschichte des österreichischen Kaiserstaates in drei Wochenstunden. Die pro Woche dreistündige Naturlehre widmete sich der Mechanik, Akustik, Elektrizität und Optik.

Nach der Unterstufe wechselte Moritz in das damalige Piaristen- und spätere Josefstädter-Gymnasium im 8. Bezirk. Direktor in seiner Schulzeit von Moritz war Dr. Karl Herzenseil. Das Piaristen-Gymnasium geht auf eine Gründung von Kaiser Leopold I im Jahr 1697 zurück. Der Wahlspruch der Schule lautete „Pietati et litteris", also „Der Frömmigkeit und der Wissenschaft". Die Schule wurde bis 1870 vom Piaristenorden geführt und war nur Buben zugänglich. Wahrscheinlich wünschte sich Vater Moritz eine stärker naturwissenschaftlich und religiös ausgerichtete Ausbildung und ließ seinen Sohn Moritz daher das vom Wohnort im 2. Bezirk viel weiter gelegene Piaristen-Gymnasium besuchen. Ein Zeugnis von Moritz aus der 5. Klasse des Jahrgangs 1866/67 ist erhalten[1]. Das sittliche Betragen war „musterhaft", der Fleiß „ausdauernd". In Religion erhielt der Knabe „lobenswert", ebenso in Latein. In Griechisch bekam er in den beiden Semestern als Note einmal „vorzüglich", dann „lobenswert". In deutscher Sprache war er wie auch in Naturwissenschaften durchwegs „ausgezeichnet", in Geographie und Geschichte einmal „vorzüglich", dann „lobenswert", in Mathematik „lobenswert" im 1. Semester und „vorzüglich" im 2. Semester. Insgesamt war es ein Zeugnis mit Vorzug.

In beiden Schulen, im Akademischen Gymnasium und im Piaristengymnasium, wurden als Freifächer Französisch, Italienisch, Zeichnen, Stenographie und Gesang angeboten. Welche davon Moritz belegte, ist nicht überliefert. Doch kann man mit einiger Sicherheit annehmen, dass er die Kurse für Französisch, Zeichnen und Stenographie besuchte, da er für diese Kenntnisse später besonders ausgewiesen ist. Es fällt außerdem auf, dass Moritz außerhalb der Unterrichtsstunden im Gymnasium in den Jahren 1868 und 1869 Lehrgänge für Vulgärarabisch an der Orientalischen Akademie besuchte. Das weist auf sein Interesse einerseits an Sprachen andererseits an ein erweitertes Weltbild hin.

Im Frühjahr 1870 maturierte Moritz mit Auszeichnung. Noch davor, am 4. November 1868, verlor er im Alter von 16 Jahren seinen Vater. Der ausgezeichnete Ruf von Moritz Hörnes dem Älteren in der geologischen Fachwelt gab den Ausschlag für eine eigens nach ihm benannten Gasse im 3. Bezirk.

Von außerordentlichem Einfluss auf sein Interesse für Wissenschaft und Politik, aber auch für seine Weltoffenheit war der gesellschaftliche Rahmen, in dem Moritz aufwuchs. Und hier spielte nicht nur der Vater als hervorragender Gelehrter, sondern auch ein ganzer Personenkreis aus Verwandten und Freunden, mit denen die Familie im „Marzer Kreis" verkehrte, eine beträchtliche Rolle. Marz bzw. Márczfalva lag damals auf ungarischem Gebiet. Gegen Süden liegen bewaldete Hügel, die Ausläufer des Rosaliengebirges. Im Norden ist das Land nur sanft gewellt, hier herrschen kleine Waldungen und Weinberge vor. In der zweiten Hälfte des 18. Jhs. lebte in Marz ein wohlhabender Müller und Fleischhauer, Mathias Strauß, der auch über Ländereien verfügte. Er war der Urgroßvater von Moritz Hörnes mütterlicherseits. Sein Sohn Franz war Bezirksarzt in der Wiener Leopoldstadt, der als Modearzt etwa Feldmarschall Graf Radetzky, Johann Strauss Sohn, Johann Nestroy oder den Dichter Johann Mayrhofer behandelte. Er ließ am Südrand von Marz ein ebenerdiges Herrenhaus für die Sommerfrische errichten. Er heiratete Aloysia, eine Schwester von Paul Partsch, der Vorstand des Mineralogischen Hof-Kabinetts war.

Aus der Ehe von Franz und Aloysia gingen drei Töchter hervor. Alle verheirateten sich mit damals hochangesehenen Forschern und Wissenschaftlern. Aloysia Karoline, genannt Louise, mit Moritz Hörnes dem Älteren, der Nachfolger von Partsch in der Mineralogischen Sammlung wurde; Sidonie mit dem Mediziner Johann Natterer, einem Neffen des berühmten Forschungsreisenden gleichen Namens; und schließlich Hermine, die Eduard Suess ehelichte. Suess war ein überaus erfolgreicher Geologe, der in Form von „angewandten Geologie-Projekten" die 1. Wiener Hochquellenwasserleitung oder die Dauerregulierung der Donau plante und ausführen ließ.

Hermine und Eduard gestalteten das Sommerhaus der Familie Strauß in Marz zum Treffpunkt eines Altwiener, des erwähnten Marzer Kreises, wo Verwandte, Freunde und Kollegen häufig zusammenkamen[2]. In der „Villa Suess", wie sie heute genannt wird, fanden nicht nur Treffen zur Erholung und familiären Geselligkeit, sondern auch und vor allem zu Diskussionen über Politik und Wissenschaft statt[3]. An diesen Gesprächsrunden nahm natürlich auch die nächste Generation eifrig teil, darunter besonders Moritz Hörnes. Im Jahr 1926 erhielt die Suess-Villa ein zusätzliches Stockwerk. Sie befindet sich noch immer im Besitz der Nachkommen von Eduard und Hermine Suess (Abb. 2).

Abb. 2 Villa Suess in Marz, Burgenland

Moritz und seine Geschwister verbrachten jährlich viele Tage und Wochen im Marzer Haus. Die Verbundenheit der Brüder Rudolf und Moritz mit dem Ferienhaus ihrer Jugend zeigt sich auch in archäologischen Forschungen der bereits jungen Männer in der näheren Umgebung. Im Sommer 1876 nahmen die beiden – der eine bereits Archäologe, der andere Geologe – auf den Schlattenbruchäckern am südlichen Ortsrand eine kleine Ausgrabung vor, wo sie einen gemauerten römerzeitlichen Raum auf Hypokausten mit Resten von Wandbemalung freilegten. In seiner 1877 erschienenen Publikation äußert Moritz Hoernes die Absicht, weitere Untersuchungen an dieser villa rustica durchzuführen, wozu es allerdings nicht mehr kam[4]. 1879 folgte dann die Freilegung von drei größeren hallstattzeitlichen Grabhügeln auf der Leberweide, ebenfalls südlich von Marz. Die Ausgrabung von weiteren sechs Tumuli sowie auch die Publikation der gesamten Ergebnisse unternahm später aber Franz Heger[5], Direktor der anthropologisch-ethnographischen Sammlung des naturhistorischen Hofmuseums. Er gehörte übrigens ebenfalls dem Marzer Kreis an. Rudolf und Moritz arbeiteten auch in späteren Jahren immer wieder bei archäologischen Themen zusammen.

Anmerkungen

1. Archiv des RG Wien VIII.
2. E. Suess, Erinnerungen (Leipzig) 1916; Hubmann/Wagmeier 2017, 38–40.
3. K. Kaus, Geschichte der archäologischen Forschung. In: Allgemeine Landestopographie des Burgenlandes III (Verwaltungsbezirk Mattersburg), Bd. 1, (Eisenstadt) 1981. 137–56; Dsb., Der Marzer Kreis. Wiege altösterreichischer Wissenschaft und Forschung. In: R. Widder (Hrsg.), Festschrift „800 Jahre Marz – 1202–2002" (Marz) 2002, 389–392.
4. Hoernes (1877a)
5. F. Heger, Die Tumuli bei Marz im Oedenburger Comitate, Ungarn. MPK I, 1903.

Altertumskundliche Studien (1870–1878)

Nach dem Schulabschluss begann Moritz Hörnes im Wintersemester 1870/71 seine Studien an der Philosophischen Fakultät der Universität Wien. Es gab damals noch kein gemeinsames Gebäude, die Studienrichtungen waren seit der Übergabe der Universitätsaula an die Akademie der Wissenschaften neben dem Jesuitenkolleg in der Inneren Stadt provisorisch untergebracht. Während Moritz´ Bruder Rudolf ein Geologiestudium an der Universität Wien begonnen hatte und damit in die Fußstapfen des Vaters trat, interessierte sich Moritz zunächst für die antiken Überlieferungen in Griechisch und Latein und somit für altphilologische Studien. Seine Lehrer waren unter anderen Johannes Vahlen und Wilhelm August Ritter von Hartel, beide betreuten ihn noch bis zum Abschluss seines Studiums im Jahr 1878. Mit diesem Studium verband sich die Absicht, die Befähigung für das Gymnasial-Lehramt zu erreichen.

Die Hausarbeiten bezogen sich auf ein damals gerade erschienenes Buch zur Entstehungsgeschichte der Odyssee, die Epoden des Horaz und die Frage: welche erzieherischen und methodischen Grundsätze lassen sich für den Unterricht – im Gymnasium – in den klassischen Sprachen ableiten?

Hoernes befasste sich sehr intensiv mit den Dichtungen von Horaz. Am 13. November 1875 schrieb der schon mehrsemestrige Student – damals in Berlin – unter seinen modifizierten Namen Moritz Hoernes einen Beitrag in der Wiener „Presse"[1] mit dem Titel „Horatius Apostata". In dem wohlformulierten Artikel geht er von dem in den Oden besungenen Abfall des Dichters vom Vielgötterglauben, ja von einer berechtigten Religion überhaupt, aus und zieht Vergleiche mit anderen antiken Autoren. Seine Bewertung ist schon deswegen beachtenswert, weil er die Gedanken von Horaz der neuzeitlichen Aufklärung gegenüberstellt.

Im Oktober 1871 unterbrach Moritz sein Studium, um seinen Militärdienst als Einjährig-Freiwilliger abzuleisten. Diese Art von Dienst wurde ursprünglich

A. Lippert, *Moritz Hoernes*, https://doi.org/10.1007/978-3-658-43559-2_2

im Königreich Preußen für Wehrpflichtige mit höherem Schulabschluss eingeführt, seit 1868 aber auch im österreichischen k.u.k. Heer übernommen. Die
Wehrpflichtigen konnten nach freiwilliger Meldung den pflichtigen Wehrdienst
in einem Truppenteil ihrer Wahl dienen. Nach Abschluss der Grundausbildung
konnten sie Offizier der Reserve werden. Voraussetzung für den Einjährigen-
Freiwilligendienst war jedoch, sich während der Dienstzeit einzukleiden, auszu-
rüsten und zu verpflegen. Nur für Männer, denen die Mittel dazu fehlten, gab es
Ausnahmen. In seinem militärischen Erfassungsbogen für 1871 wird er als „ledig,
hat Beihilfe und ist gut rangiert" beschrieben. Unter „gut rangiert" war gemeint,
dass er der oberen Gesellschaftsschicht angehörte und sich das Freiwilligenjahr
finanziell leisten konnte. Moritz Hoernes beendete seinen Dienst im Rang eines
Reserveleutnants im September 1872 und konnte dann schon im Wintersemester
1872/73 weiter studieren.

Es waren wirtschaftlich schwierige Jahre in Österreich. Am 9. Mai 1873 kam
es zum „Großen Börsenkrach" in Wien, dem sogenannten „Schwarzen Freitag".
Die Banken hatten davor 30 bis 70 % an Dividenden ausgeschüttet. Mit dem Geld
wurde übermäßig spekuliert und es gab zu hohe Kredite. Der Staat konnte aber
die ärgsten Schäden finanziell rasch abdecken. Mit der trotz allem wirtschaftlichen Misere hängt auch die Gründung der Sozialdemokratischen Arbeiterpartei
am 5. April 1875 zusammen. Sie fand in einem kleinen ungarischen Ort, in St.
Nikolaus an der Leitha, statt, weil der Versammlungsort Baden bei Wien nicht
genehmigt worden war. Treibende Kraft war der jüdische Kaufmannssohn Viktor
Adler. Er war Armenarzt in Wien und hatte Erfolg vor allem deswegen, weil er
ausgesprochen volksnahe agierte. Mit der Arbeiterzeitung erhielt die Bewegung
ein angemessenes Sprachrohr.

Daneben gab es an wichtigen Zeitungen die Reichspost, die kaisertreue Neue
Freie Presse und das liberale Neue Wiener Tagblatt. In allen diesen Zeitungen
hat Hoernes später Beiträge verfasst, wie auch in diesen über seine Laufbahn,
Publikationen und Aktivitäten berichtet wurde.

Die 70er Jahre waren auch eine Zeit neuer politischer Kräfte. So fühlten sich
die Tschechen zurückgesetzt und wollten erstmals eine staatliche Unabhängigkeit. Zwar waren die sogenannten Alttschechen eher kaisertreu, daneben gab es
aber die radikalen Jungtschechen, die eine völlige Trennung von Österreich for-
derten. Aus diesem Grund kam es immer wieder zu Blockaden und Störungen
im Reichsrat. Sie wurden von Tomáš Masaryk angeführt. Auch die Deutschböh-
men übten Widerstand, da sie um Erhalt der deutschen Sprache in den Ämtern
kämpften. Ministerpräsident Kasimir Felix Graf von Badeni verkündete am 5.
April 1897 eine Zweisprachenordnung, die festlegte, dass Beamte in Böhmen und

Mähren beide Sprachen beherrschen mussten. Diese wurden von den Jungdeutschen schon 1899 wieder gekippt. Ein Ausweg aus diesen und anderen Problemen wäre vielleicht die Verwirklichung des Vorschlags der Sozialdemokraten gewesen, einen demokratischen Bundesstaat mit Selbstverwaltung der Nationen, also von 16 Mitgliedstaaten, einzurichten.

Im Herbst 1874 ging Hoernes auf ein Studienjahr an die Friedrich-Wilhelms-Universität in Berlin, das ihm durch ein Stipendium ermöglicht wurde. In Berlin legte er den Schwerpunkt seines Studiums auf die Archäologie der Antike. Sehr wahrscheinlich waren für diese neuen Interessen die Lehrveranstaltungen ausschlaggebend, die sehr oft in den reichen musealen Sammlungen anhand von Anschauungsmaterial stattfanden, was den jungen Hoernes wohl stark beeindruckte.

In Berlin lebten damals die großen Erforscher der Alten Welt, die auch an der Universität lehrten. So Carl Richard Lepsius, der Begründer der modernen Archäologie, also der Spatenwissenschaft, und der erste deutsche Professor für Ägyptologie. Er war auch Direktor des ägyptischen Museums in Berlin, wo er anhand der ständig wachsenden Sammlung anschauliches Wissen vermitteln konnte. Ein weiterer einflussreicher Gelehrter für Moritz Hoernes war Ernst Curtius, der als Professor für Archäologie bahnbrechende Forschungen im antiken Athen und auf der Akropolis durchführte. Mit Emil Hübner, einem lateinischen Epigraphiker, und Wilhelm Wattenbach, Professor für Geschichte, hatte Hoernes zwei weitere namhafte Universitätslehrer, die seine eigenen Arbeiten noch lange prägen sollten. Im Gesamten waren es also sicher die Persönlichkeiten in Berlin, die mit ihrem Anschauungsunterricht materieller Hinterlassenschaften der Antike – und darunter fielen natürlich auch römische Inschriften – einen wesentlichen Einfluss auf Moritz Hoernes ausübten. Damit begann für ihn eine immer stärkere Ausrichtung auf archäologische Themen.

Nach seiner Rückkehr nach Wien setzte er seine Studien an dem neugegründeten Archäologischen-Epigraphischen Seminar fort. Die Leitung dieses Instituts lag in den Händen von Alexander Conze, der aus Hannover stammte und nach einigen Stationen in Deutschland im Jahr 1869 als Ordinarius an die Lehrkanzel für Archäologie der Universität Wien berufen wurde. Conze führte zwei äußerst erfolgreiche Ausgrabungen in Samothráke in der nördlichen Ägäis durch und rief die „Epigraphisch-Archäologischen Mitteilungen" ins Leben, die eine Sammelreihe für archäologische Studien in Österreich wurden.

Conze ermunterte Hoernes zu näheren Studien antiker Vasen im k.k. Antiken-Kabinett. Es entstanden Seminararbeiten, die auch publiziert wurden, und in denen Hoernes Bilder mythischen Inhalts auf zwei Krateren und einer Kanne beschrieb. Ganz meisterhaft und sensibel erscheint etwa eine Beschreibung einer

Abb. 1 Diomedes und Odysseus. Hoernes' Umzeichnung einer figural bemalten griechischen Vase aus dem Antikenkabinett im Kunsthistorischen Museum, Wien

Darstellung auf einem der Kratere mit der Darstellung von Diomedes und Odysseus auf ihrem nächtlichen Spähgang ins troische Lager (Abb. 1): der vorausgehende Odysseus senkt seine Lanze, streckt den Schild vor, während sein Körper angespannt ist, als ob er etwas Verdächtiges gesehen oder gehört hätte[2]. Ein anderes Vasenbild, das er publizierte, galt der Beute eines Jägers[3].

Im Wintersemester 1877/78 nahm Alexander Conze einen Ruf an das Skulpturenmuseum in Berlin an. Sein Nachfolger in Wien wurde Otto Benndorf, der aus Greiz in Preußen stammte. Seine Laufbahn als klassischer Archäologie begann an den Universität Bonn und Göttingen, setzte sich in Zürich und Prag fort und hatte zweifellos ihren Höhepunkt in Wien. Zu seinen bedeutendsten Forschungen in seiner Wiener Zeit gehörten die Freilegungen des Heroon von Gjölbaschi-Trysa in Lykien in den Jahren 1881 und 1882. Auch in Ephesos führte er 1895 am Artemision, dem Tempel der Göttin Artemis, eine Ausgrabung durch, die die Geburtsstunde kontinuierlicher österreichischer Ausgrabungen in dieser antiken Stadt bis in unsere Zeit markierte. 1898 gründete er das Österreichische Archäologische Institut, dessen Direktor er bis 1907 war.

Moritz Hoernes schrieb seit 1877 an seiner Dissertation mit dem Titel „Der Raub der Kassandra in griechischen und etruskischen Bildwerken mit Rücksicht auf verwandte Darstellungen, vergleichend betrachtet". Sehr wahrscheinlich geht die Beschäftigung mit diesem Thema noch auf eine Anregung von Alexander Conze zurück, der Hoernes wohl anfänglich auch betreute. Er reichte seine Dissertation in zwei Teilen am 11. Jänner 1878 für das Rigorosum an der Universität Wien ein. Die notwendigen Vorlagen dafür bestanden nicht nur aus der Dissertation selbst, sondern auch aus dem Maturazeugnis, den Absolutorien der Wiener und Berliner Universität, einschlägigen Kolloquien-Zeugnissen, dem Meldebogen für außerordentliche Hörer an der Universität Wien und dem Curriculum Vitae.

Die Gutachten von der Dissertation fielen ziemlich kritisch aus. Der Erstbeurteiler Otto Benndorf legte sein Gutachten bereits zwei Wochen nach der Einreichung der Dissertation am 2. Februar vor. Er schreibt in seinem Gutachten unter anderem[4]: „… trägt die Arbeit viele Spuren an Flüchtigkeit. Beispielsweise hebe ich drei Schreibfehler in einem langen griechischen Citat auf p. XII hervor". Und weiter: "Dem Zusammenhang der Kunstdarstellungen mit der griechischen Literatur ist der Verfasser nirgends – geschweige denn selbständig – nachgegangen und doch war dies, speziell bei der versuchten Unterscheidung späterer Kassandra- und Helenendarstellungen eine der ersten und wichtigsten Vorbedingungen".

Trotz dieses ziemlich niederschmetternden Urteils erklärte sich Benndorf „nicht dagegen", den Kandidat zu den strengen Prüfungen zuzulassen und zwar wegen der „formellen Gesamtheit und wiederholter Versuche, selbständig neue

Auffassungen zu begründen". Gleichzeitig sprach sich Benndorf aber gegen die Drucklegung der Dissertation aus.

Das zweite Gutachten verfasste Rudolf von Eitelberger, Ordinarius für Kunstgeschichte und Direktor des Österreichischen Museums für Kunst und Industrie, des nachmaligen Museums für Angewandte Kunst am Wiener Stubenring. Ihm schienen die Ergebnisse der Dissertation nicht ausreichend begründet, womit er sie auch ablehnte. Da aber zumindest ein positives Gutachten für die Zulassung zu den strengen Prüfungen ausreichte, konnte Moritz Hoernes am 10. Juli 1878 nachmittags zwischen 3 und 5 Uhr zum Rigorosum antreten. In den Hauptfächern Klassische Archäologie und Altphilologie bei vier Prüfern, darunter auch Otto Benndorf, erhielt er jeweils ein „genügend". Auch im unmittelbar darauf folgenden Philosophikum, das mit zwei Prüfern zwischen 5 und 6 Uhr abgehalten wurde, schnitt Hoernes mit „genügend" ab. Hoernes konnte somit bereits am 24. Juli zum Doktor der Philosophie promoviert werden.

Anmerkungen

1. Die Presse, 28.Jahrgang, Nr. 314.
2. Hoernes (1877b), T.V.
3. Hoernes (1877c).
4. Archiv der Universität Wien.

Bosnien und Herzegowina: archäologisches Neuland (1878–1885)

Im Jahr 1875 kam es in der Herzegowina zu einem Massenaufstand, der vor allem von der christlichen Bevölkerung getragen wurde. Der Aufruhr dauerte bis 1877. Es ging darum, die osmanische Macht zu brechen und abzuschütteln. Schon 1527 hatte das osmanische Reich das Eyalet Bosnien gegründet, das den heutigen Gesamtstaat Bosnien und Herzegowina, das südliche Dalmatien, Montenegro sowie den Sandschak von Novi Pazar umfasste. 1580 wurde aus all dem der Paschalik Bosnien und Herzegowina.

Angeregt von der militärischen Schwäche der Hohen Pforte, die am Schwarzen Meer eine schwere Niederlage gegen Russland erlitten hatte, ergriffen unzufriedene Bewohner der Herzegowina und dann auch Bosniens die Gunst der Stunde, um sich von dem türkischen Großreich zu lösen.

Am Berliner Friedenskongress im Juni und Juli 1878 wurde unter deutscher Führung und Beteiligung der Großmächte eine Neuordnung am Balkan beschlossen. Demnach unterstellte man die bisherigen osmanischen Provinzen Bosnien und Herzegowina der österreichischen Verwaltung. Zusätzlich erhielt Österreich-Ungarn das Garnisonsrecht im Sandschak von Novi Pazar, das aber unter selbständiger Verwaltung stehen sollte. Somit konnte das gesamte Gebiet von österreichischen und ungarischen Truppen besetzt werden.

Moritz Hoernes wurde im August 1878 – nur wenige Wochen nach seiner Promotion – als Leutnant der Reserve zum Fuhrwesenkorps einberufen. Schon am 4. November desselben Jahres wurde er zum Reserve-Oberleutnant befördert. Im militärischen Erfassungsbogen werden seine finanziellen Verhältnisse für die Jahre 1876 und 1877 mit 800 Gulden pro Jahr beschrieben. Das entspricht heute einem Wert von ungefähr je € 11.000.[1]

Der Feldzug der Truppen ging insgesamt verhältnismäßig friedlich vor sich. Im Frühjahr 1879 war die Besetzung bereits weitgehend abgeschlossen. Allerdings kam es da und dort zu einem bewaffneten Widerstand, so etwa gab es bei

A. Lippert, *Moritz Hoernes*, https://doi.org/10.1007/978-3-658-43559-2_3

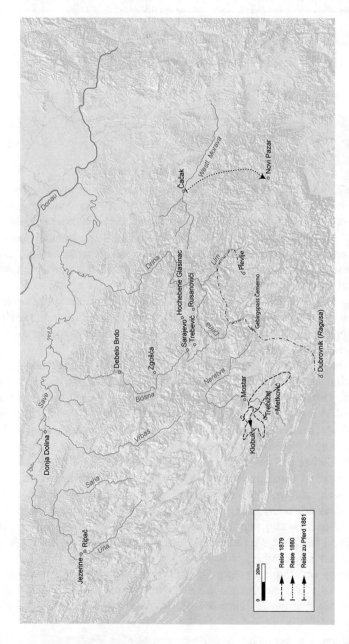

Abb. 1 Die frühen Reisen von Hoernes durch Bosnien und die Herzegowina sowie wichtige im Text genannte Fundorte

der Ali Pascha Moschee in Sarajewo erbitterte Straßenkämpfe. Es wurden sodann aber militärische Stützpunkte für die Besetzung des Landes geschaffen, für die nicht mehr alle Soldaten und Offiziere gebraucht wurden.

Nun konnte das österreichische Ministerium für Cultus und Unterricht auch Aufträge zur geologischen, botanischen, zoologischen und archäologischen Erkundung des okkupierten Landes an verschiedene Forschungsinstitute, aber auch persönlich an Offiziere mit entsprechender Ausbildung erteilen.

Schon im Mai und Juni 1879 wurde Oberleutnant Moritz Hoernes zunächst in die westliche Herzegowina, also das Küstengebiet, entsandt, um dort möglichst alle römischen Monumente aufzunehmen, aber auch den „gegenwärtigen Stand der Kunstgewerbe" zu erfassen (Abb.1).

Archäologische Forschungen oder systematische Dokumentationen römischer Bauwerke, wie Gebäude, Siedlungen, Straßen, Brücken oder auch Grabsteine und deren Inschriften hatte es bis dahin kaum gegeben. Hoernes betrat buchstäblich archäologisches Neuland. Sicher waren für ihn frühere Berichte, wie jene des französischen Konsuls in Mostar, E. de St. Marie, die sich auf die Geographie des Landes bezogen und Abbildungen römischer Altertümer, hauptsächlich Grabsteine, enthielten, von Nutzen. Außerdem spielten gewisse Vorarbeiten des Althistorikers und Archäologen Arthur Evans, den Hoernes auch persönlich kennenlernte, eine nicht unerhebliche Rolle. Dieser hatte sich ebenfalls – und zwar schon einige Jahre vor Hoernes – mit römischen Bauwerken und Inschriftsteinen in der Region befasst.

Evans, der sich später als Pionier der Erforschung der minoischen Kultur, vor allem auf Kreta, einen großen Namen machte, absolvierte 1879 im Alter von 24 Jahren an der Universität Oxford die klassischen Fächer. Sein wichtigster Lehrer war Edward Augustus Freeman, der nicht nur von Evans' besonderer Begabung überzeugt war, sondern auch dessen Interesse an den Freiheitskämpfen der Herzegowiner teilte. Freeeman sollte schon bald den Posten eines britischen Konsuls in Sarajewo übernehmen. Zusammen mit seinem Bruder Lewis beteiligte sich Arthur Evans an den Aufständen der Christen im Sandschak von Novi Pazar im Sommer 1875. Sie wurden allerdings bald von der türkischen Verwaltung des Landes verwiesen, wonach sie einige Zeit die Herzogwina und Bosnien bereisten, um Gesellschaft und Kultur kennenzulernen. Schon 1876 und 1877 veröffentlichte A. Evans das zweibändige Werk „Through Bosnia and Herzegovina", womit er sich den Ruf eines hervorragenden Fachmannes für den Balkan erwarb.

1878 heiratete Arthur Evans eine Tochter von Edward Freeman und ließ sich in einer venezianischen Villa, der Casa San Lazzaro, in der Altstadt von Ragusa, dem heutigen Dubrovnik, mit direktem Blick auf das adriatische Meer nieder. Einerseits befasste er sich in den Jahren danach mit antiken Spuren in Ragusa

Vecchia und im unteren Dalmatien. Ihn interessierten dabei vorwiegend Gemmen, Heiligtümer und Grabinschriften, die er genauestens studierte und veröffentlichte. Bei diesem Thema gab es viele Berührungspunkte mit den Feldforschungen von Moritz Hoernes. Davon soll später noch die Rede sein.

Andererseits schrieb Evans als Korrespondent der slawenfreundlichen Zeitung Manchester Guardian viele Beiträge, die sich um die Unabhängigkeitsbestrebungen von Montenegro, der Herzegowina und von Bosnien drehten Er sah in der neuen – österreichischen – Verwaltung absolut keine Verbesserung gegenüber der früheren ottomanischen Herrschaft. So schrieb er etwa: „The people are treated not as a liberated, but as a conquered and inferior race…"[2]. Für die österreichisch-ungarische Seite waren diese Bemerkungen und ganz besonders auch die dezidierten Aufrufe zur Erhebung gegen die Verwaltung nicht mehr akzeptabel. Da Ragusa zum kroatischen Dalmatien und somit zu Österreich-Ungarn gehörte, nahm man Evans als „agent provocateur" fest und sperrte ihn sechs Wochen ins Gefängnis. Danach mussten er und seine junge Frau das Land verlassen. Evans' archäologische Forschungen am westlichen Balkan waren damit ein für alle Male zu Ende. Wenn man sich aber einem Denkspiel hingibt und überlegt, welche bahnbrechenden Ausgrabungen in Knossos auf Kreta, die Evans seit 1900 durchführte, sonst der Fachwelt entgangen wären, ist man dem Schicksal von Arthur Evans, der 1909 aufgrund seiner eminenten archäologischen Erfolge 1909 eine Lehrkanzel an der Universität Oxford erhielt, dankbar.

Im Zuge neuer Straßenbauten und der Errichtung der Eisenbahnlinie Sarajewo-Metković, also zwischen der bosnischen Hauptstadt und dem Küstengebiet der Herzegowina, wurden viele Fundstätten entdeckt. Besonders junge Offiziere engagierten sich in ihrer Freizeit, Funde zu bergen und zunächst an das k.k. Naturhistorische Hofmuseum, später auch – ab 1888 – an das neugegründete Landesmuseum in Sarajewo zur Konservierung, Aufbewahrung und Bearbeitung zu schicken. Besondere Funde stammen aus Grabhügeln in der Hochebene vom Glasinac östlich von Sarajewo, darunter auch das reich ausgestattete Grab mit Vogelwagen, Trinkhorn, griechischer Kanne und einem Paar schwerer, verzierter Armreifen aus Bronze[3] (Abb. 2). Diese und andere Grabbeigaben sind der Aufmerksamkeit von Leutnant Lexa und der Hauptleute Brudl und Glossauer zu verdanken. Moritz Hoernes hat einige der Grabfunde vom Glasinac in späteren Jahren veröffentlicht.

Abb. 2 Der
Vogelrindwagen vom
Glasinac, Bosnien (um 600
v. Chr.)

Ein mit Hoernes befreundeter Reserve-Offizier, der Anthropologe Felix von Luschan, legte eine – heute sicher eher fragwürdige Sammlung von Skeletten aus mittelalterlichen und neuzeitlichen Bestattungen an. Körper- und Schädelmessungen an diesen, aber auch an lebenden Personen in Bosnien versuchte er einer speziellen ethnischen Menschengruppe zuzuordnen. Hinsichtlich der mittelalterlichen Grabdenkmäler erwähnt er die „vorzüglichen Skizzen meines Freundes Dr. Hörnes"[4]

Die ersten Begehungen und Feldforschungen von Moritz Hoernes in der Herzegowina im Mai und Juni 1879 lassen sich ganz gut in einem erhaltenen Brief an seinen früheren Universitätslehrer Otto Benndorf nachvollziehen[5]:

Mostar, 13. Juni 1879

Verehrter Herr Professor,
 vorgestern bin ich von meiner ersten Tour durch die Herzegovina, welche 18 Tage in Anspruch nahm und den oberen Theil des Landes zwischen Narenta, Trebižat und Mostarkso Blato umfasste, sicher zurückgekehrt. Ich besuchte Gradnići, Gradac, Čitluk, Čerin, Ljubuški, Humac, Kutac, Vitina, Veljaci, Klobuk, Tihaljina, Drinovči, Ružici, Ledinac, Rasno, Širokibrig, Mokro, Uzarići, Biograci und Ljuti Dolac. Römische Alterthümer fand ich in Gradac, Čitluk, Čerin, Ljubuški (resp. Ligat), Humac, Vitina, Veljaci (bei Mlade) und im Thal der Tribižat.

Von Klobuk aufwärts die römische Straße... Sonst überall nur Einzelnes, zumal Inschriften auf Grabsteinen, ganz besonders in Čerin.

An allen genannten Orten fand ich die größte Fülle altslawischer Denkmäler, die ich, weil sie bisher wenig beachtet, besser: verachtet, waren und weil ich zur Hälfte meines Weges von Forschern bisher ganz unbetretenes Gebiet durchstreifte, ebenfalls in den Kreis meiner Aufnahmen zog und die mir ein sehr willkommenes Bild des hier vor der türkischen Invasion sesshaft gewesenen Volkes zu geben scheinen.

Leider beziehen sich viele ungenaue Nachrichten des Franziskaner Schematismus[6], die römische Alterthümer beschreiben, auf diese in ihrem Style zum Teil prächtigen und imposanten Denkmäler. An diesen letzteren ist die Herzegovina überreich -, da ich sie jedoch nur in zweiter Linie betrachte, lasse ich die untere Herzegovina, wo sie ausschließlich dominieren, unberührt und gehe nach ein paar Tagen, die ich in Mostar zubringen muss, nach Sarajewo. Bitte daher, etwaige Briefe an mich dorthin zu richten. Meine Inschriftenabdrucke habe ich zum Teil schon von Ljubuški nach Wien geschickt, jedoch, weil ich der Sendung auch andere Dinge beischloss, nicht an die Seminar-Direction.

Indem ich mir alles Nähere für die Zeit meiner Rückkehr aufspare, bitte ich Herrn Professor Hirschfeld[7] nebst meinen besten Empfehlungen den Inhalt dieses Briefes mitzutheilen und verbleibe hochachtungsvoll

Dr. M. Hoernes

Aus diesem Brief geht hervor, dass der Auftrag des Cultus-Ministeriums an Moritz Hoernes zur Erforschung der Herzegowina mit einer Berichterstattung und Zusammenarbeit mit dem Archäologisch-Epigraphischen Seminar an der Universität Wien verknüpft war. Hoernes spricht übrigens davon, dass er noch einige Tage in Mostar verbringen wird: offenbar beabsichtigte er, in der herzegowinischen Hauptstadt noch einige Untersuchungen ihrer römischen Vergangenheit durchzuführen. Immerhin hatte sich genau im Stadtgebiet ein römisches Standlager befunden. Dazu kam die berühmte Narenta-Brücke, die Hoernes entgegen anderen Zuweisungen in seinen Beschreibungen mit Recht als frühes türkisches Bauwerk aus der Regierungszeit von Sultan Suleiman ansah[8]. Die Brücke überspannt den Fluss in einem einzigen hohen Bogen mit einer Spannweite von etwas mehr als 27 m. Ihre Breite beträgt nur 4,55 m. Auf der Nordecke des östlichen Brückenkopfes ist eine Inschrift mit dem Datum der Errichtung eingemeißelt, das das Jahr 974 der Hedschra, also 1596 n. Chr. angibt Der Name der Stadt leitet sich übrigens von der Bezeichnung der Brücke „Mos-tar" – alte Brücke – ab (Abb. 3).

THE OLD BRIDGE OF MOSTAR.   PLATE XXI.

Abb. 3   Die osmanische Brücke über die Narenta in Mostar

Ein erstes Ergebnis seiner Erkundungsreisen durch die westliche Herzegowina waren die von August bis Oktober 1879 in elf Folgen der Abendpost, Beilagen der Wiener Zeitung, erschienenen „Archäologische Streifzüge in der Herzegowina"[9]. Sie sind für ein vorgebildetes, interessiertes Publikum geschrieben und enthalten unendlich viele, vor allem ethnografische Einzelheiten, manchmal allerdings mit einer recht persönlichen Beurteilung. So etwa, wenn Hoernes von der osmanischen Zeit schreibt: "Die Türken waren ärgere Feinde älterer Culturen denn irgend ein anderes Volk der Erde. Der religiöse Fanatismus war noch unduldsamer gegen Denkmäler mit lateinischen Schriftzeichen als gegen solche mit cyrillischen oder glagolithischen Lettern. Beabsichtigt war eine Vertilgung abendländischer, nach türkischer Meinung katholischer Herrschaft".

An anderer Stelle erwähnt Hoernes aber, dass Kirchenbauten durch Landzuweisung und finanzielle Unterstützung des Sultans profitierten. Wahrscheinlich ging es den türkischen Machthabern weniger um eine kulturelle Auslöschung, sondern vielmehr um eine damnatio memoriae der älteren römischen, später oströmischen Herrschaft am Balkan. Dem würde nämlich auch die Erzählung von Hoernes entsprechen, dass „vor mehreren Jahren aus Konstantinopel der Befehl des Sultans erging, an einer römischen Fundstelle (in der Herzegowina) eine Freilegung vorzunehmen und alles, was gefunden wurde, zu zerschlagen". Gemeint waren wohl Grabsteine und Bauwerke.

Hoernes verfasste 1880 dann noch weitere Berichte in Fortsetzungen in der Abendpost, nämlich „Reiseskizzen aus Bosnien" und „Österreich und Albanien" in der Freien Wiener Presse. 1881 folgten Darstellungen von Land und Leuten im Artikel „Kossovo" in der Wiener Zeitung und 1882 die „Boccheren", also die montenegrinischen Küstenbewohner, in der Militärzeitung Der österreichische Soldatenfreund.

Bei der Sitzung der philosophisch-historischen Klasse der kaiserlichen Akademie der Wissenschaften am 12. Mai 1880, die von Erzherzog Rainer eröffnet wurde, präsentierte und überreichte Hoernes voll Stolz sein Manuskript „Alterthümer der Hercegovina" mit der Bitte, es in den „Sitzungsberichten" zu veröffentlichen[10]. Noch ein anderes Mal sollte der junge Hoernes über seine „Inventarisierungen" in der Herzegowina berichten und zwar auf der Festsitzung der kaiserlichen Akademie am 30. Mai 1881. In Anwesenheit von Erzherzog Karl Ludwig hielt er einen Vortrag über die „Alterthümer der Herzegowina".

Im Frühjahr 1880 übertrug das Ministerium für Cultus an Hoernes erneut einen Forschungsauftrag: Diesmal sollte die östliche Herzegowina, das Gebiet um den Fluss Lim, und der Sandschak von Novi Pazar bereist und erkundet werden. Hoernes fuhr von Triest nach Ragusa am Schiff, um dann teilweise zu Fuß mit Tragtieren, teilweise zu Pferd die Reise ins Landesinnere fortzusetzen. Ganz besonders widmete er sich dem römischen municipium in der Nähe von Plevlje, wo er auch einige Bestattungen mit beschrifteten Grabsteinen untersuchte. Diese Geländeforschungen fielen in die Zeit von Mitte Juni bis Ende Juli.

Hoernes publizierte seine Geländeforschungen in der Herzegowina, aber auch vielfach die Ergebnisse seiner Grabungen in der Zeit am naturhistorischen Hofmuseum vor allem in den „Mitteilungen der Anthropologischen Gesellschaft in Wien", womit er in der 1870 gegründeten Institution hohe Wertschätzung erfuhr. 1883 wurde er Mitglied der Gesellschaft, 1886–1889 wirkte er als 2. Sekretär und 1889 wurde er durch Wahl in den Ausschuss aufgenommen. Zu dieser Zeit war der Geologe und Anthropologe Ferdinand Freiherr von Andrian-Werburg Präsident der Gesellschaft.

Neben den römischen Bauwerken und Inschriftsteinen galt das Interesse des jungen Forschers besonders den altslawischen Grabsteinen. Er zeichnete die Darstellungen auf diesen genauestens ab. Sie bestanden aus Jagd- und Kampfszenen mit Fuß- und Reiterkriegern, Bogenschützen, tanzenden Frauen und Männern und geometrischen Motiven, wie Rosetten, Halbmonden und Rundbögen (Abb. 4). Überdies dokumentierte Hoernes auch alte Brücken, Kirchenruinen oder mittelalterliche Burgen. In den Veröffentlichungen nehmen auch anschauliche Schilderungen der Landschaften, durch die er reiste, einen wichtigen Platz ein.

Abb. 4 Mittelalterliches Grabrelief in Dolnji Zgošca (Bezirk Visoka), Herzegowina. Darstellung einer Burg, eines Herren mit Dienern sowie von gesattelten Pferden

Beim Studium vieler Monumente konnte sich Hoernes auf den schon erwähnten lateinisch geschriebenen Schematismus des Franziskanerfraters Peter Bakula stützen[11]. Dieser hatte eine Neumissionierung der in der Herzegowina lebenden Katholiken unternommen, die im Glauben und in der Liturgie während der Osmanenherrschaft einen jahrhundertelangen Stillstand erfahren mussten. Bakula beschrieb im Schematismus nicht nur mittelalterliche Burgen und Befestigungen, sondern auch vorrömische Hügelgräber mit Brand- und Körperbestattungen und römische Grabsteine. Er unternahm aber keine eigenen Forschungen, vieles erfuhr er von den Einheimischen (Abb. 5).

Abb. 5 Frater Peter
Bakula, früher Erforscher
der Altertümer in Bosnien
und in der Herzegowina,
auf einer Briefmarke

Hoernes befasste sich auch gerade mit dieser katholischen Bevölkerung, ihren Priestern und Ordensleuten, deren Tracht und Messgewänder er bis ins Detail beschrieb. Die Geistlichen trugen bis 1878 durchgehend Bärte, damit sie möglichst nicht von muslimischen Kaufleuten und Bauern unterschieden werden konnten. Es bestand nämlich immer die Gefahr, von der türkischen Bevölkerung und deren muslimischen Würdenträgern angegriffen zu werden. Nach der Okkupation im Jahr 1878 legte man die Priestern aber nahe, sich nunmehr glattzurasieren[12].

Das Hauptinteresse von Moritz Hoernes galt aber der römischen Epoche[13]. Dabei ging es besonders um die Rekonstruktion der antiken Straßenverläufe und der Entzifferung römischer Inschriftsteine. Bei seinen Geländebegehungen konnte Hoernes viele römische Straßenabschnitte rekonstruieren. Es gab da und dort noch gut sichtbare Straßendämme, Pflasterungen oder auch Meilensteine. Dazu kam, dass der Verlauf der antiken Straßen durch Kombinationen aus Distanzangaben der Itinerarien, vor allem des Itinerarium Antonini Augusti, eines um 300 n.Chr. überarbeiteten Wegebuches aus der Zeit von Caracalla, und der sogenannten Tabula Peutingeriana, einer Landkarte aus dem 2. Jh. n. Chr., zu einem guten Teil im Gelände nachvollzogen werden konnte. Neben Hoernes bemühten sich auch einige Amateurarchäologen, wie O. Blau und W. Tomaschek, die römischen Straßenrouten wieder aufzufinden[14]. Jedenfalls bezog sich Arthur Evans in seinen Publikationen aber besonders auf die Forschungen von Hoernes und gab immer wieder seine Übereinstimmung und sprach Hoernes Anerkennung aus: „The inscriptions are accuratedly described by Dr. Hoernes and need not be repeated here"[15]. Allerdings übte Evans auch Kritik an Hoernes´ gewagter Identifikation mancher römischer Straßenstationen mit jenen in der Tabula Peutingeriana. Evans erwähnte im übrigen auch Exkursionen mit Moritz Hoernes, bei denen sie gemeinsame epigrafische Studien betrieben[16] (Abb. 6).

Abb. 6 Sir Arthur Evans um 1900 mit minoisch-bronzezeitlichen Fundstücken aus seinen Ausgrabungen in Kreta

In einem sorgfältig verfassten langen Aufsatz beschreibt Hoernes einige bosnisch-herzegowinische Gebirgsübergänge[17]. Im Mai und Juni 1881 war er vor allem zu Pferd unterwegs, um Pässe zwischen Dalmatien und Montenegro und zwischen der Herzegowina und Montenegro kennenzulernen und historische wie antike Routen ausfindig zu machen. Er betont aber, dass es ihm nicht nur um archäologische Fragen, sondern auch um die Landeskunde ging, da von dem

Land, wo Menschen lebten und wanderten ja „Licht auf die Leute, vom Gegebe-
nen auf das Gewachsene, von der Natur auf die Geschichte fällt". Umwelt und
Natur prägten also nach seiner – fast modern anmutenden Ansicht – Mensch
und Kultur. Im 17. März des darauf folgenden Jahres hielt Hoernes ein Vortrag
im Österreichischen Touristen-Club mit dem schönen Titel „Wanderbilder aus der
Herzegowina und dem südlichen Bosnien". Interessant sind nicht nur seine Schilderungen der umfangreichen Reisen, sondern auch seine Unterscheidung einer
„mitteleuropäischen" und einer „orientalischen Kultur" in Bosnien und in der
Herzegowina.

Bei seinen Beobachtungen kommt das Volkskundliche nicht zu kurz. So dokumentiert er auch Volksbräuche und -lieder. In einem uralten herzegowinischen
Lied ist die Rede von einem selbstbestimmten Mädchen, das im felsigen Bergland aufwächst, aber dort zwei Freier ausschlägt, um dann später einen Mann in
dem im Tal gelegenen Mostar zu heiraten. Hier ein Ausschnitt:

Ringsumher erhebt sich weites Hochland,

eines eben, das andere hügelig.

Und das dritte nichts als kahle Felsen.

Niemals, Mutter, höret dort der Schnee auf,

ewig liegt dort Schnee über´m anderen.

Nimmer, Mutter, wähl´ ich diesen Freier.

Dass Frauen in der Herzegowina und in Bosnien durchaus selbständig waren und
auch wichtige Rollen außerhalb von Haus und Herd einnahmen, wollte Hoernes mit der Wiedergabe einiger Sagen hervorheben[18]. Diese Erzählungen sind
offenbar in der kritischen Zeit der türkischen Eroberung im 15. Jh. entstanden.
Wir hören in diesen Sagen von heldenhaften, meist adeligen Frauen, die ihrem
christlichen Glauben treu blieben und mutig gegen den Feind kämpften.

Hoernes berichtet an anderer Stelle auch über das alltägliche Leben, das Handwerk und etwa über die vielfältige Nutzung von Holz[19]. Es gab damals noch
Pflüge, deren Schar bloß aus einem zugespitzten Aststück bestand, die aus Lehm
gebauten, kuppelförmigen Backöfen auf dicken Holzplatten, die wegen Brand-
gefahr nicht im, sondern vor dem Haus auf vier Pfählen standen, die einfachen
Rauchabzüge durch eine überhöhte Dachstelle oder die vielen kleinen Mühlen,
die die Bauern oft selbst betrieben, um ihr Getreide zu mahlen.

Im März 1881 legte Hoernes der Central-Commission für Kunst und historische Denkmale in Wien ein Manuskript über ein bedeutendes mittelalterliches,
rundum mit Flachreliefs versehenen Grabmal aus Steinplatten vor, das in dere

„Mittheilungen" aufgenommen wurde. Weitere Arbeiten und Beiträge über diese Fundgattung sollten folgen[20]. Die präzise Dokumentation in den „Mittheilungen" trug Hoernes die Ernennung zum Correspondenten der Institution ein, wofür sich der junge Gelehrte überschwänglich bedankte[21]. Aufgrund seiner besonders geschätzten Mitarbeit an der von der Central-Commission herausgegebenen Österreichischen Kunsttopographie im Band I (Krems), 1907, und Band V (Horn), 1911, wurde er viele Jahre später, im Jahr 1910, zum Mitglied bestellt.

Aber nochmals zu den aufwendig figural geschmückten Grabmonumenten aus dem späten Mittelalter. Sehr häufig bestehen sie nicht nur aus einzelnen aufrecht stehenden Grabsteinen, sondern aus Steinkisten mit dachförmiger Abdeckung. Die Ornamente sind entweder eingeritzt oder in Flachrelief eingehauen. Hoernes schrieb diese Grabmale dem altslawischen Adel in Bosnien und in der Herzegowina zu, „der um den Kaufpreis ihrer Jagdgründe, Marstalle und Waffenkammern den (christlichen) Vaterglauben dahingab", also den islamischen Glauben annahm, um ihre Privilegien zu erhalten. Tatsächlich ist bekannt, dass der slawische Hochadel seinen Besitz behalten durfte, wenn er muslimisch konvertierte.

In der Auswahl der Motive auf den Grabdenkmälern zeigt sich „die Gleichgültigkeit gegen religiöse Ideen", Kreuzmotive oder auch Halbmonde treten nämlich selten auf ihnen auf, während die zugehörigen Beisetzungen im vollen Ornat und Tracht bei den Freilegungen gefunden wurden. Dazu kommen auch Waffen und Reitsporen, was im christlichen Sinn jedenfalls heidnisch anmutet. Hoernes erkannte – nach heutiger Sicht – völlig richtig, dass die mit Darstellungen und geometrischen Zeichen überzogenen Grabmonumente nicht von Bogomilen, mit denen sie oft auch noch in der modernen Fachliteratur in Verbindung gebracht werden, geschaffen wurden. Die Bogomilen bildeten ursprünglich eine bulgarische christliche Sekte, die eine streng asketische und dualistische Theologie mit dem Glauben an eine Gleichzeitigkeit von Gott und Satan verfolgten. Christus war für diese Sekte kein Gott, womit das Kreuzzeichen auch vermieden wurde.

Hoernes irrte aber in seiner zeitlichen und gesellschaftlichen Einordnung der figuralverzierten Grabsteine. Sie sind nach dem heutigen Stand der Forschung überwiegend bereits in das späte 14. und in die erste Hälfte des 15. Jhs. zu datieren und der katholischen, aber auch orthodoxen Oberschicht zuzuordnen. Im Jahr 1463 unterwarf sich der letzte König von Bosnien, Stjepan Tomašević, dem Osmanischen Reich. Die Darstellungen geben lokale heidnische Mythen, Rituale, aber auch besondere Ereignisse aus dem Leben des slawischen Adels wieder[22].

Viele Jahre nach seinen „archäologischen Streifzügen" am Westbalkan, im Jahr 1888, fasste Hoernes seine damaligen Beobachtungen und Studien in einem auf großes Interesse stoßenden Buch, das in zwei Auflagen erschien, zusammen: in den „Dinarischen Wanderungen"[23]. In viele Kapitel gegliedert charakterisiert es die Landschaften von Bosnien und der Herzegowina, die Tracht, die

Gewohnheiten sowie die religiösen und ethnischen Zugehörigkeiten der Bewohner. Ebenso findet man in diesem, in Oktav-Format verfassten Handbuch Angaben zu römischen und mittelalterlichen Siedlungen und Grabstätten im Abschnitt „Geschichte und Alterthümer", aber auffallend wenige Hinweise auf prähistorische Fundstätten, von denen es zum Zeitpunkt des Erscheinens des Werkes vor allem durch die intensiven Forschungen des Landesmuseums in Sarajewo schon viele gab, so etwa reich ausgestattete Tumuli auf der Hochebene vom Glasinac. Offensichtlich hängt dieser Mangel damit zusammen, dass diese Aufdeckungen zur Zeit seiner Reisen nicht zu den unmittelbaren Forschungsinteressen von Hoernes zählten.

Hoernes war übrigens nicht der einzige, der das Land kulturgeschichtlich beschrieb. Unter den gewichtigeren Arbeiten und Büchern, die bis dahin veröffentlicht wurden, zählen jedenfalls T. Geiger und B. Lebret mit ihren „Studien über die Herzegowina und die bosnischen Bewohner"(Wien 1873), Murad Efendi (recte: Franz von Werner) mit den „Türkischen Skizzen" (Leipzig 1877) oder J.v. Asboth mit „Bosnien und die Herzegowina. Reisebilder und Studien" (Wien 1888). Es spricht nicht gegen, sondern für Moritz Hoernes, dass er diese Publikationen sehr wohl anführte, aber seine „Dinarischen Wanderungen" fast zur Gänze aus eigenen Beobachtungen und mit eigenen Einschätzungen schrieb. Das heute durchaus noch lesenswerte Buch ist mit 50 zum Teil nach seinen Skizzen angefertigten Abbildungen von Ortschaften, Trachten und Denkmälern sowie einer Übersichtskarte des Landes ausgestattet.

Über eine abweisende Haltung der Bosnier gegenüber Forschern in ihrem Land beklagt sich Hoernes in seinem Aufsatz „Die Fortuna der Südslawen"[24]. Er schreibt von mancherlei Bestrebungen, die Arbeit österreichischer Forscher zu behindern oder sogar zu verhindern. Anlass für seinen Artikel im „Ausland" war eine fanatischer Aufruf in einer bosnischen Zeitschrift an die nationale Lehrerschaft: „Den verhassten Fremden, die dem Land wissenschaftliche Schätze rauben, soll das Handwerk gelegt werden". Außerdem erzählt Hoernes, dass er während seiner Feldforschungen immer wieder sehr kritische Stimmen der Einheimischen vernommen hätte.

Die Gründe für die mancherorts so ablehnende Haltung legte Hoernes in nicht immer nachvollziehbaren Argumenten dar. Er meinte, dass vorslawische religiöse Traditionen und Vorstellungen den Ausschlag für solche Abweisungen geben würden. Untergründig spielten dabei mythische Gestalten im südslawischen Volksglauben, wie etwa der Schutzgeist Sreća – dieser ist etwa mit der römischen Fortuna gleichzusetzen – eine größere Rolle. Sreća sollte davor bewahren, Fremden etwas vom eigenen Boden und der eigenen Kultur preiszugeben.

Aus einem Vortrag, den Moritz Hoernes vor dem Touristen-Club am 16. Februar 1883 hielt, erfahren wir über eine „Expedition nach Kleinasien". Er hatte an einer Ausgrabung in Gjölbaschi-Trysa im antiken Lykien teilgenommen, die sein früherer Lehrer Otto Benndorf im Frühjahr 1882 auf einem 2400 m hohen Bergplateau im Südwesten Kleinasien durchführte und dabei einen attischen Grabbau, ein Heroon, aus der Zeit um 400 v. Chr. mit langen Relieffeldern aus Festszenen, Jagden und Darstellungen von griechischen Sagen dokumentierte (Abb. 7). Dabei beklagt Hoernes, dass archäologische Institutionen Deutschlands, Amerikas, Frankreichs und Englands die großen Fundorte griechischer Kultur „gleichsam in Pacht genommen hätten": Der nördliche Teil Kleinasiens durch die Grabungen Schliemann's und Humann's in Troja und Pergamon, in Assos durch die Amerikaner, in Myrina durch die Franzosen und in Sardes durch die Engländer. Otto Benndorf wählte daher ein noch fast unbekanntes gebirgiges Land in Anatolien für seine Forschungen. Er war es auch, der in diesen Jahren eine Österreichische Gesellschaft zur archäologischen Erforschung Kleinasiens gründete. Schon 1881 hatte Benndorf eine Erkundungsreise nach Lykien und Karien unternommen, um im darauffolgenden Jahr eine Expedition mit 30 Teilnehmern,

Abb. 7 Das Heroon von Gjölbaschi-Trysa, Anatolien

darunter auch Moritz Hoernes, nach Gjölbaschi durchzuführen. Als Ergebnis wurden 167 Kisten mit den Reliefs nach Wien gebracht, wo sie der Antikenabteilung des kunsthistorischen Hofmuseums übergeben wurden.

Übrigens war der 1869 gegründete Österreichische Touristenclub Vorgänger des Österreichischen Alpenvereins. Er stellte sich neben der Betreuung und Förderung des Tourismus die Aufgabe, „die Mitglieder von Zeit zu Zeit durch wissenschaftliche Vorträge und gesellige, heitere Abende zu unterhalten"[25].

Anmerkungen

1. Nationalbank (2020).
2. C. Gere, Knossos and the prophets of modernism. (Chicago, University Press) 2009, 63.
3. Hochstetter (1880/81); Lippert (2022); Abb. 1.
4. Vortrag F.v. Luschan im Wissenschaftlichen Club in Wien: MWC I/6, 1880, 52–53.
5. ÖNB 646-8-03.
6. Bakula (1867).
7. Ordinarius für Alte Geschichte an der Universität Wien.
8. Hoernes (1888a).
9. Hoernes (1879a).
10. Hoernes (1880b).
11. P. Bakula, Schematismus topographico historicus vicariatus Apostolici et custodiae provincialis Franciscanico Missionariae in Hercegovina pro a.d. (Spalato-Split), 1. Aufl. 1867, 2. Aufl. 1873.
12. Hoernes (1881c).
13. Hoernes (1880a).
14. Zusammenfassung der Ergebnisse: P. Battif, Römische Straßen in Bosnien und der Herzegowina. 1.Teil, Hg. Bosnisch-Herzegowinisches Landesmuseum in Sarajewo. (Wien) 1893.
15. Evans (2006, 118, 121, 128–130).
16. Evans (2006, 88, 92).
17. Hoernes (1881c).
18. Hoernes (1882c).
19. Hoernes (1882b).
20. Hoernes (1883a, b).
21. Schreiben vom 4.1.1883, Archiv des BDA Wien, 7/cc.
22. N. Malcolm, Bosnia. A short history. (London) 2016.
23. Hoernes (1888a).
24. Hoernes (1887g).
25. Deutsche Kunst- und Musik-Zeitung 11, 27.3.1834, 156.

Im Naturhistorischen Hofmuseum: Aufstellung der Prähistorischen Schausammlung (1885–1889)

Viele Jahre hatte sich Moritz Hoernes mit der Geschichte und Landeskunde von Bosnien und der Herzegowina befasst und dabei auch römische Monumente dokumentiert. Einige der Forschungsreisen wurden vom k.k. Ministerium für Cultus finanziert. Ein geregeltes Einkommen hatte Hoernes aber nicht. Aufsätze in Tageszeitungen und Vorträge, vielleicht auch sein Büchlein „Atlantis"[1], ergaben zwar Honorare, deckten aber kaum den Bedarf für das Leben,

Eine Überbrückung bildete immerhin eine Subvention, heute würde man sagen Stipendium, welches das Ministerium für Cultus und Unterricht für eine Studienreise nach Griechenland und Kleinasien im Frühjahr 1884 gewährte. Gleichzeitig bot diese auch die hervorragende Gelegenheit für Hoernes, sich in der Archäologie fortzubilden. Die Unterstützung war über Empfehlung von Otto Benndorf, dem Leiter des archäologisch-epigraphischen Seminars an der Universität Wien, zustande gekommen.

Hoernes besuchte die Ausgrabungen in Mykene und Tiryns auf der Argolis, von Orchomenos im mittelgriechischen Böotien und Troja an der nordwestlichen Küste Anatoliens. Er lernte dabei auch den Leiter der Ausgrabungen, den berühmten Autodidakten in der Archäologie, Heinrich Schliemann, und dessen Assistenten, Architekt Wilhelm Dörpfeld, kennen. Von ihnen konnte er nicht nur über die Grabungsergebnisse, sondern über die größeren vorgeschichtlichen Kulturzusammenhänge viel erfahren. Man kann sich vorstellen, mit welcher Begeisterung Hoernes die vielen Eindrücke aufnahm, die er bei den Gesprächen mit den Ausgräbern und bei der Besichtigung der Grabungsplätze erhielt. Über diese Reisen berichtet Hoernes dann ausführlich im folgenden Jahr, am 9. Dezember 1885, vor der Anthropologischen Gesellschaft und zwar in den Räumlichkeiten des Wissenschaftlichen Clubs, der diese in der Zeit vor der Fertigstellung des Naturhistorischen Hofmuseums der Gesellschaft gerne zur Verfügung stellte.

A. Lippert, *Moritz Hoernes*, https://doi.org/10.1007/978-3-658-43559-2_4

Den Wissenschaftlichen Club gründete Ferdinand von Hochstetter in seiner Eigenschaft als Präsident der Geographischen Gesellschaft im Jahr 1876. Er wurde in der Art eines englischen Clubs geführt. Es gab gesellige Zusammenkünfte vieler in Wien tägigen Fachgelehrten, die ihre Forschungsergebnisse austauschen und Vorträge halten konnten. Auch Exkursionen und Bildungsreisen gehörten zu den Aktivitäten.

Natürlich sah sich der junge Forscher auf seiner Reise durch Griechenland auch die einschlägigen Sammlungen in Athen und anderen Städten genau an. Aus seinen musealen Studien sind auch zwei Arbeiten hervorgegangen, die ganz besondere Denkmäler zum Inhalt haben. In einem Beitrag in den Mitteilungen der Anthropologischen Gesellschaft rezensierte er unter anderem eine Publikation von W.J. Stillman im Bulletin de correspondence hellénique VII aus dem Jahr 1883 über einen früheisenzeitlichen Brustpanzer aus Bronze aus dem Fluss Alfios am Peloponnes, auf dem figürliche Darstellungen aus der griechischen Mythologie abgebildet sind. In einem zweiten Beitrag schrieb er über die Kriegerfigur auf dem einen ins 6. Jh.v.Chr. datierenden archaischen Grabstein mit Inschrift auf Lemnos. Im Stil dieser Gravuren sah er Ursprünge der eisenzeitlichen Situlenkunst im südlichen Mitteleuropa, also den getriebenen szenischen Darstellungen auf Bronzeblecheimern. Ähnlichkeiten sind tatsächlich nicht zu übersehen. Die Inschrift auf dem Stein von Lemnos stellte er ganz überzeugend an die Seite der rätischen und oberitalienischen Inschriften der Eisenzeit[2]. Sowohl sprachlich als auch von den Buchstaben her gab es nach heutigem Wissen gemeinsame Wurzeln.

Schließlich setzte sich Hoernes auch mit einem 1886 erschienenen Buch von Heinrich Schliemann „Der prähistorische Palast der Könige von Tiryns" auseinander[3]. Er referiert über die damaligen sensationellen Entdeckungen und verglich sie mit den bisherigen Studien. Es ist typisch nicht nur für ihn, sondern für seine fachlichen Zeitgenossen, eine ethnische Zuweisung der Bewohner Tiryns nach einzelnen Bauphasen zu versuchen oder sogar vorzuschlagen. In der älteren Siedlung, die um die Mitte des 2. Jahrtausends einsetzte, waren es demnach Menschen vorderasiatischer Herkunft. Nach der mit Mykene gleichzeitig erfolgten Zerstörung, die in das 11. Jahrhundert gesetzt wurde – nach heutigem Wissen um 1200 v. Chr. -, besiedelten dann seiner Meinung nach Griechen die Burgstadt und stellten eine Tonware mit Bemalungen im protogeometrischen und geometrischen Stil her. Hoernes interessiert sich in diesem Zusammenhang besonders für die Bemalung der Keramik und für Tonfiguren (Abb. 1).

Abb. 1 Die „Königsburg" von Mykene, Argolis, Griechenland

Mit dieser Reise in die Ägäis war erstmals das Interesse an vorgriechischen bronze- und eisenzeitlichen Kulturen in Hoernes geweckt. Er verließ damit gewissermaßen den Boden der klassischen Archäologie und wandte sich von nun an auch der Prähistorie zu. Das soll hier betont werden, da diese neuen Themenfelder für ihn richtungsweisend waren und ihn für die Arbeit in der Prähistorischen Sammlung im Hofmuseum vorbereiteten.

Im Mai 1886 unternahm Hoernes eine weitere Reise nach Griechenland und Kleinasien. In einem Feuilleton-Artikel in der Neuen Freien Presse vom 15. Mai schilderte er seine Bahnreise nach Smyrna und Ephesos. Er bewunderte die Reste des Tempels der Göttin Artemis und zählte noch 127 erhaltene Säulen. Er berichtete auch über das Magnesische Tor, das Gymnasium und den Hafen. Etwas Romantik kam bei ihm auf, da er sich darüber freute, dass „hier noch keine gelehrten Maulwürfe den Frieden der Ruinen zerstören". An sich hatte schon der britische Eisenbahningenieur John Turtle Wood kleine, erste Grabungen zwischen 1863 und 1874 in Ephesos unternommen. Aber erst ab 1896 führte Otto Benndorf größere Freilegungen in dieser antiken Weltstadt durch. Seit 1898 setzte er diese als Direktor des neu gegründeten Österreichischen Archäologischen Instituts regelmäßig fort.

Im März 1884 hielt Moritz Hoernes im Touristen-Club zwei Vorträge über die „Anfänge der bildenden Kunst in den Alpenländern Österreichs"[4]. Beide Vorträge fanden in der Wochenversammlung des Clubs im Hotel Goldener Krug in der Mariahilferstraße, im 5. Wiener Gemeindebezirk, statt. Auswahl und Ausführung des Themas sind insoferne bemerkenswert als sie gewissermaßen eine Brücke seiner Interessen von den antiken Hochkulturen zu den prähistorischen Kulturen Mitteleuropas schlugen. Es ist erstaunlich, dass sich zu diesen anspruchsvollen Fachvorträgen im Club dennoch ein großes Publikum einfand. Offenbar war damals in vielen Kreisen das Interesse an prähistorischer Kultur bereits recht besonders groß. Es ging um figürlich verzierte Bronzegefäße und Gürtelbleche von hallstattzeitlichen Fundplätzen, vor allem Gräberfeldern, in Österreich und Krain, und ihre Beziehung nach Italien und Griechenland.

Hoernes unterschied – nach heutigem Wissen bereits richtig – zwischen einem Bronzegeschirr mit „orientalisierenden" Motiven, so beispielsweise dem bekannten bronzenen Eimerdeckel aus Grab 696 in Hallstatt mit elegant ausgeführten Tieren und Pflanzen, und Blechgefäßen, die oft nur in Punktbuckelmanier ausgeführte einfache gegenständliche oder geometrische Verzierungen aufweisen und autochthon entstanden sind.

Während der frühe Erforscher Hallstatts, Eduard von Sacken, die Mehrzahl der Bronzegefäße, der sogenannten Situlen, als aus Etrurien eingehandelte Ware ansah, vertrat Ferdinand von Hochstetter, der Grabungen in Hallstatt durchgeführt hatte, eine ganz andere These. Für ihn waren die großen Bronzeblechgefäße einheimische Erzeugnisse und die figürlichen Verzierungen im Zusammenwirken europäischer Kunststile entstanden. Hoernes widersetzte sich vehement dieser Ansicht. Er stellte deutliche Einflüsse aus dem Süden fest und erkannte in manchen Stücken, wie etwa in dem erwähnten Eimerdeckel, Importe aus Italien. Er vermutete einen „gemeinsamen Ausgangspunkt dieser Kunstübung der mit Reihen getriebenen Figuren, Szenen und Ornamenten geschmückten Bronzegefäße, obwohl sie nicht aus einem und demselben Fabrications-Centrum hervorgegangen sein können". Dieser „gemeinsame Ausgangspunkt", war also nicht eine bestimmte Großwerkstätte irgendwo in den Ostalpen, sondern der Südostalpenraum. Nach heutigen Erkenntnissen bildeten das östliche Oberitalien, Krain, Tirol und Kärnten den Entstehungsraum.

Der prähistorischen Kunst widmete sich Hoernes in späteren Veröffentlichungen immer wieder. Für ihn war es ein großes Anliegen, Impulse und Wurzeln nachzugehen. Wahrscheinlich waren es gerade die ornamentalen, vor allem kunstbezogenen Elemente in der Urgeschichte, die ihn zu seinen eigenen Studienanfängen in der klassischen Archäologie, die ja in hohem Maß mit Architektur und Kunst verbunden ist, zurückführten.

Bevor Moritz Hoernes mit seiner Arbeit im Hofmuseum begann, ergab sich eine interessante Aufgabe in Graz. Moritz´ älterer Bruder Rudolf war schon 1876 zum außerordentlichen Professur am Institut für Geologie und Paläontologie der Universität der steiermärkischen Landeshauptstadt ernannt worden. Als sich am 30. Juni 1883 ein Verein bildete, der die Gründung eines Landesmuseums zum Ziel hatte, regte Rudolf Hoernes an, seinen Bruder Moritz als Vertreter der Archäologie in das Exekutiv-Comité aufzunehmen. Neben Moritz Hoernes gehörten namhafte Historiker und Kunstgeschichtler diesem Vorbereitungsgremium an.

Bereits 1811 hatte Erzherzog Johann ein „Landschaftliches Museum" gegründet, das auch der Ausbildung junger Männer in den Naturwissenschaften und in der Technologie diente. Das Komitee erwirkte nun die Übernahme der Sammlungen dieses Museums in das geplante Landesmuseum. Außerdem bemühte man sich, interessante Objekte, die sich im Privatbesitz befanden, als Geschenke zu erwerben oder anzukaufen. Im Herbst 1883 wurde dann eine „Ausstellung culturhistorischer Gegenstände" präsentiert, dann aber mit der Einrichtung des neuen Landesmuseums begonnen, das man nach dem großen Förderer von Kultur und Technik Erzherzog Johann „Joanneum" benannte. Es zog in den Lesliehof in der Grazer Raubergasse ein. Das Inventar bestand zunächst aus Mineralien, archäologischen und volkskundlichen Exponaten. Erst einige Zeit nach der Eröffnung im Jahr 1887 kam noch eine kunstgeschichtliche Abteilung und Schausammlung hinzu.

Im Frühjahr 1885 suchte Moritz Hoernes – wohl auf Anraten seines Mentors Benndorf – um eine Volontärstelle in der anthropologisch-ethnographischen Abteilung des Naturhistorischen Hofmuseums an. Mit Dekret des Cultus-Ministeriums wurde er dann am 12. Juni zum unbesoldeten Volontär bestellt. Es war Hoernes voll bewusst, dass diese Abteilung nur wenig mit klassisch-griechischen oder römischen Funden zu tun hatte. Vielmehr lag der Schwerpunkt dieser Abteilung von vorneherein auf der Prähistorie, also den schriftlosen Kulturen sowie auf der physischen Anthropologie und Völkerkunde. Sehr wahrscheinlich hatte ihn seine Studienreise nach Griechenland zu den Fundstätten der mykenischen Kultur, aber auch nach Troja, der vielschichtigen, vor allem prähistorischen Stadt, zu dieser Bewerbung bewogen.

Das Naturhistorische wie auch das Kunsthistorische Hofmuseum gehören zu den glänzenden Prachtbauten an der Wiener Ringstraße, die nach der Schleifung der Stadtmauern und Bastionen 1857 auf dem verfüllten, davor liegenden Befestigungsgraben entstanden waren. Schon 1859 begann man entlang dieser breiten Straße repräsentative öffentliche und geschäftliche Prunkbauten sowie Palais des Adels zu errichten. Die Verbauung war erst um 1900 weitgehend abgeschlossen.

Die Gebäude zeigen ganz verschiedene historische Stile. Die beiden Hofmuseen sind in der Art florentinischer Patrizier-Paläste gestaltet. Die Architekturpläne aus dem Jahr 1871 stammen vom Hamburger Gottfried Semper und dem Wiener Karl von Hasenauer. Das Naturhistorische wurde ein Jahr vor dem Kunsthistorischen Hofmuseum, nämlich 1884 baulich fertiggestellt (Abb. 2). Dann folgten einige Jahre der Einrichtung der Schausammlungen. Erst im Sommer 1889 konnte es eröffnet werden. Die Amtsräume besaßen damals noch eine Beleuchtung durch Gaslampen, waren aber immerhin mit Telefonanschlüssen ausgestattet. Die Öffnungszeiten der Schausammlungen richteten sich nach dem Tageslicht, da dort kein künstliches Licht vorgesehen war. Erst nach 1918 wurde die Elektrifizierung des Hauses in zwei Etappen in Angriff genommen: zuerst die Büros, dann die Schausäle[5].

Abb. 2 Das Naturhistorische Hofmuseum in Wien

Die Sammlungen des Hofmuseums gehen auf eine lange Entstehungsgeschichte zurück. 1748 kaufte Kaiser Franz Stefan eine umfangreiche Naturalienkollektion von Johann Ritter von Baillou, einem gebürtigen Franzosen, der am Hof von Herzog Francesco Farnese in Parma das Amt eines Generalingenieurs bekleidete. Mit dem Verkauf seiner Sammlung wurde er am Österreichischen Kaiserhof zum Direktor des neuen Naturalienkabinetts ernannt. Die Aufstellung erfolgte im Lesesaal der Hofbibliothek.

Franz I erwarb 1793 weitere Sammlungen und auch Einzelobjekte aus privaten Besitz, – es waren hauptsächlich präparierte inländische Säugetiere und

Vögel, aber auch ein Herbarium. 1806 ließ er die gesamte Kollektion im linken Flügel der Hofbibliothek zusammenführen. Diese dann auch später immer wieder erweiterte Sammlung des Kaiserhauses übergab Franz Joseph I dem im Jahr 1870 gegründeten neuen Naturhistorischen Hofmuseum, das am äußeren Ring gegenüber der Hofburg errichtet werden sollte.

Nach Beendigung der Bauarbeiten für das Hofmuseum konnten die Schausammlungen nach und nach eingerichtet werden. Im Hochparterre und im 1. Stock standen 39 große Säle zur Verfügung. Im Hochparterre fanden die Mineralogie, die Paläontologie, die Urgeschichte und die Anthropologie, Im 1. Stock die Zoologie mit Einzellern, Korallen, Weichtieren, Krebsen, Spinnentieren, Insekten und Wirbeltieren Platz. Es wurden einheitliche Wand- und Standvitrinen geschaffen, die noch heute in Verwendung und unter Denkmalschutz stehen.

Das Hofmuseum bestand aus fünf Abteilungen, der Zoologie, Geologie und Paläontologie, Mineralogie und Petrographie, Botanik sowie der Anthropologie und Ethnographie. Der erste Intendant in der Zeit von 1876 bis 1884, der auch das Gesamtkonzept des Museums entwarf, war der Geologe und Geograf Ferdinand von Hochstetter. Er sollte aber die Eröffnung des Museums nicht mehr erleben. Er hatte an der Geologischen Reichsanstalt Forschungen betrieben und war Professor am Polytechnischen Institut, der späteren Technischen Hochschule. Zu seinen wichtigsten Verdiensten gehörte die gemeinsam mit Freiherrn Ferdinand von Adrian-Werburg 1870 gegründete Anthropologische Gesellschaft. Diese widmete sich der Urgeschichte, Volks- und Völkerkunde und der Physischen Anthropologie. Hochstetter ist es zu verdanken, dass die Gesellschaft von Anfang an im Naturhistorischen Museum angesiedelt war, wenn auch der Gründungsakt am 13. Februar 1870 unter ihrem ersten Präsidenten Carl von Rokitansky, Pathologe und Rektor der Universität Wien, im Konsistorialsaal der Universität stattfand[6]. Sie hatte Jahr für Jahr eine eigene Sammlung aufgebaut, die sie 1876 dem Hofmuseum vermachte[7]. Bis zur Eröffnung des Museums im Jahr 1889 setzte sich die Hauptmenge der archäologischen Objekte und Fundstücke im Depot und in der Ausstellung aus diesen und später auch aus den laufenden, von der Anthropologischen Gesellschaft angeregten und finanzierten Ausgrabungen zusammen.

Eine Grundhaltung der Wiener Anthropologischen Gesellschaft war an das „Bekenntnis" zur Darwin'schen Evolutionslehre und zur Deszendenzlehre von Ernst Haeckel. Im Rückblick auf die 1870 gegründete Gesellschaft zeigt sich hier eine vorbehaltlose und fortschrittliche Gesinnung, die alle Vorstands- und Ausschussmitglieder vertraten. Im übrigen war die Gesellschaft bei ihren Forschungen weitgehend unabhängig, da sich ihr Budget kaum über private Spenden, sondern vorwiegend aus regelmäßigen Subventionen des Kaiserhauses und des Cultus-Ministeriums zusammensetzte.

Hochstetter war eine vielschichtige und weitsichtige Persönlichkeit in den neuen Wissenschaften. An prähistorischen Funden war er schon früh interessiert. Noch als Professor an der Polytechnischen Schule verfasste er einen Bericht über „Die Nachforschungen nach Pfahlbauten in den Seen von Kärnten und Krain"[8]. 1877 führte Hochstetter selbst Ausgrabungen im Gräberfeld von Hallstatt durch, das wegen seiner fundreichen Aufdeckungen seit den 40er Jahren einen Brennpunkt prähistorischer Forschungen bildete. Sehr wahrscheinlich war dies auch der entscheidende Anstoß für ihn, am 4.April 1878 eine „Prähistorische Commission" in der mathematisch-naturwissenschaftlichen Klasse der Akademie, der er angehörte, ins Leben zu rufen. Er war auch deren erster Obmann und begann eine eigene Schriftenreihe, die „Mitteilungen der Prähistorischen Kommission", herauszugeben. Es lag für Hochstetter natürlich nahe, die Gründung der Kommission zunächst in der naturwissenschaftlichen Sektion der Akademie anzusiedeln, wo er selbst die Fäden in der Hand hatte. Erst 1888 wurde die Kommission der philosophisch-historischen Klasse angegliedert (Abb. 3).

Abb. 3 Ferdinand von
Hochstetter. Er war der
erste Direktor des
Naturhistorischen
Hofmuseums in Wien

Jedenfalls kann das Jahr 1878 als Geburtsjahr einer wissenschaftlich geführten Prähistorischen Archäologie in Österreich gelten. Das war viele Jahre, bevor Moritz Hoernes sich selbst diesem Fach zuwandte.

Auch der Nachfolger von Hochstetter als Intendant war Geologe: Franz Ritter von Hauer. Er war Mitbegründer der Geologischen Reichsanstalt im Jahr 1849 und dann auch Direktor dieses Instituts, bevor er die Gesamtleitung des Naturhistorischen Hofmuseums Anfang 1886 übernahm. Übrigens befanden sich im Tiefparterre des Hauses nicht nur die „Dienerzimmer", sondern auch die vielen Räume der Wohnung für den Intendanten und seine Familie, die von Hauer nun bezogen wurden.

Die anthropologisch-ethnographische Abteilung wurde vom Ethnologen Franz Heger geleitet, wobei er zusammen mit seinem Assistenten Michael Haberlandt auch die völkerkundliche Sammlung betreute. Die anthropologischen und prähistorischen Sammlungen waren dem Kustos Josef Szombathy zugeteilt, der bei der Ordnung und Neuaufstellung der letzteren vom Volontär Moritz Hoernes unterstützt wurde.

Intendant Franz von Hauer, der die Jahresberichte der Annalen verfasste, schrieb über die besondere Bedeutung der Volontärstellen: „Es sind die teils jungen Männer, welche, sei es, um ihre Kenntnisse zu erweitern, sei es, um eine etwaige Zwischenzeit bis zur Erlangung irgendeiner von ihnen angestrebten wissenschaftlichen Stellung nützlich auszufüllen, ohne Entlohnung und ohne dadurch Anspruch auf eine Anstellung im Museum zu erlangen, demselben ihre Dienste widmen"[9].

Franz von Hauer war es auch, der gleich nach seiner Bestellung zum Intendanten eine jährlich erscheinende Zeitschrift, die „Annalen des k.k. Naturhistorischen Hofmuseums", begründete. Sie enthielten Jahresberichte des Intendanten, aber auch kurze wissenschaftliche Beiträge der akademischen Mitarbeiter. Sie waren – und sind es noch heute – für den Tausch von Veröffentlichungen von anderen Museen, Akademien und wissenschaftlichen Gesellschaften sehr wichtig. Schon im ersten Erscheinungsjahr, 1887, stand das Hofmuseum im Austausch ihrer Annalen mit 287 wissenschaftlichen Instituten in aller Welt in Verbindung, deren Veröffentlichungen und periodisch erscheinenden Fachpublikationen die Bibliotheken der einzelnen Abteilungen bereicherte.

Hoernes, der nun endlich eine, wenn auch unbezahlte Anstellung als Volontär im Hofmuseum gefunden hatte, war mit dieser aus pekuniären Gründen nicht zufrieden. In einem Brief vom 5. Jänner 1886 an seinen Mentor Otto Benndorf, bezog er sich auf ein vorangegangenes Gespräch, in dem verschiedene Optionen für einen bezahlten Posten erörtert worden waren und bat um seine weitere Unterstützung[10]. Tatsächlich wurde Hoernes – es ist nicht klar, ob nun auf Empfehlung von Benndorf – am 31. Dezember desselben Jahres zum „wissenschaftlichen Hilfsarbeiter" in der anthropologisch-ethnographischen Abteilung bestellt. Sein jährliches Adjutum betrug 500 Gulden, was heute etwa 8300.- Euro entspricht[11].

Offensichtlich sagte Hoernes auch diese sehr bescheiden besoldete Stelle nicht ganz zu. Auf Anraten von Professor Benndorf teilte er nämlich am 27. April 1887 dem für Bosnien und die Herzegowina zuständigen Reichsfinanzminister Benjamin von Kállay seine „Bereitwilligkeit, mich zu Musealzwecken für Sarajewo zur Verfügung zu stellen" mit. Damals gab es schon die neue Institution eines bosnischen Landesmuseums in Sarajewo, dessen Neubau und Einrichtung gerade vorbereitet wurden. Hoernes konnte in seinem Angebot reiche Erfahrungen bei der Dokumentation bosnisch-herzegowinischer Altertümer ins Treffen führen. Allerdings kam es zu keiner Anstellung in Sarajewo.

Moritz Hoernes stand also dem Kustos der anthropologisch-ethnographischen Abteilung, Josef Szombathy, weiterhin mit allen Kräften zur Seite und war an der Aufstellung der ur- und frühgeschichtlichen Fundbestände beteiligt. Szombathy, ein hervorragender Forscher und Ausgräber, hatte sich aus einfachen Verhältnissen emporgearbeitet[12]. Sein Vater war Herrenschneider, seine Mutter Bauerntochter. Er besuchte die Kommunal-Oberrealschule in Wien, an der weder Latein noch lebende Fremdsprachen unterrichtet wurden. Nach der Matura studierte Szombathy am Polytechnischen Institut, der späteren Technischen Hochschule, Chemie, daneben aber auch Geologie und Mineralogie bei Prof. Ferdinand von Hochstetter. Schon 1874 wurde er sein Assistent.

Hochstetter, der 1876 zum ersten Intendanten des Naturhistorischen Hofmuseums ernannt wurde und zur Ausarbeitung eines Gesamtkonzeptes für die Aufteilung und Einrichtung beauftragt wurde, übernahm schon 1877 zusätzlich die Funktion des Direktors des Hofmineralienkabinetts an diesem Museum. 1878 berief er Josef Szombathy als Assistent an diese Abteilung. Nach der Gründung der anthropologisch-ethnographischen Abteilung im Jahr 1882 wechselte Szombathy zunächst als Assistent dorthin, um die anthropologisch-prähistorische Unterabteilung zu übernehmen. Schon 1886 übte er unter dem nach dem Tod von Hochstetter neu bestellten Intendanten Franz von Hauer die Stellung eines Kustos an dieser Unterabteilung aus. Unmittelbar nach seinem Wechsel in das naturhistorische Hofmuseum begann Szombathy mit Ausgrabungen in Österreich, Böhmen und bald danach auch in Krain und der Küstenlande. Schon einige Jahre davor, im Jahr 1877, hatte er seine ersten archäologischen Grabungserfahrungen gesammelt, als er an den Ausgrabungen Hochstetters im Gräberfeld von Hallstatt teilnahm. Feldforschungen mit entsprechenden Funderträgen waren aus der Sicht des Museums enorm wichtig, da eigene Grabungen natürlich viel neues Fundmaterial ergaben, an dem es zunächst in dem großzügig gebauten Museum noch mangelte. Archäologische Forschungen standen also im höchstem Interesse der Museumsleitung. Alle Sammlungen, nicht nur die Prähistorische, sollten vergrößert und rasch um möglichst viele Objekte vermehrt werden.

Obwohl die Fundbestände der Prähistorischen Sammlung noch überschaubar waren, kamen sie immerhin aus verschiedensten Gebieten und Kulturen. Wie entstand die Sammlung ur- und frühgeschichtlicher Funde überhaupt? In den bisherigen kaiserlichen Sammlungen befanden sich nur sehr wenige Fundstücke, die als Geschenke der General-Direction der Allerhöchsten Privat- und Familienfonde eingetragen wurden. Nun kamen Ankäufe aus früheren Grabungen und von alten Lesefunden hinzu. Auch durch Tausch von Duplikaten oder Kopien konnte das Museum weitere Fundstücke erwerben. Es waren dies hauptsächlich Objekte aus dem Ausland, namentlich aus Deutschland, Frankreich, Italien

und der Schweiz, dort beispielsweise Funde aus den neolithischen und bronzezeitlichen Seeufersiedlungen, die damals noch als Pfahlbausiedlungen verstanden
wurden.

Szombathy hatte für die Neuaufstellung der Sammlung ein klares Konzept:
sie sollte nach chronologischen Gesichtspunkten erfolgen. In der damaligen
Museumswelt war eigentlich das Königliche Berliner Völkerkunde-Museum Vorbild. Dort waren alle Ausstellungsstücke geographisch, also nach Ländern und
Regionen aufgestellt, was bei einer ethnologischen Sammlung durchaus nach-
vollziehbar war. Für prähistorische Exponate wollte Szombathy aber nicht diesen
Weg gehen. Zusammen mit Moritz Hoernes ordnete er die Siedlungs-, Grab-
und Depotfunde für die Neuaufstellung nach Epochen und Phasen und innerhalb dieser nach kultureller Zugehörigkeit. Die Zusammenarbeit mit dem fast
gleichaltrigen und ihm als wissenschaftlichen Hilfsarbeiter zugeteilten Hoernes
beschrieb er viele Jahre später, in seinem Nachruf, als sehr konstruktiv und har-
monisch[13]: „Hoernes stellte eine entscheidende Hilfe (bei der Neuaufstellung der
Prähistorischen Sammlung) dar. Es war Hoernes, der sich im kameradschaftlichen
Zusammenwirken mit mir gänzlich neuen Plänen erschloss und dessen eminenter
Ordnungssinn sich glänzend bewährte. Und wir ernteten auch den Erfolg, dass
bei der Eröffnung des Hofmuseums 1889 die Prähistorische Sammlung als gleich-
wertiges Glied neben den übrigen Sammlungen des Museums auftreten konnte
und dass sie bei der an die Eröffnungsfeier angegliederten gemeinsamen Versammlung der Deutschen und der Wiener Anthropologischen Gesellschaft die
Feuerprobe vor einem großen Aeropag der angesehensten Fachmänner glänzend
bestand".

Es ist übrigens sehr bemerkenswert und unbedingt festzuhalten, dass sich
nach der Eröffnung der Prähistorischen Sammlung des Wiener Hofmuseums die
meisten archäologischen Sammlungen Europas nun an ihr orientierten und ihre
Exponate ebenfalls in chronologischer Reihenfolge präsentierten.

Aber noch ein Wort zur musealen Tätigkeit von Moritz Hoernes: Diese bestand
zu einem guten Teil aus der systematischen Inventarisierung des Fundguts, bei der
ihm nur gelegentlich der provisorische Präparator Franz Brattina helfen konnte.
Schon Ende 1887 enthielt der „Zettelkasten" 496 Fundorte und 10.861 inventarisierte Objekte. Zum Zeitpunkt der Eröffnung des Hofmuseums, also im August
1889, waren es bereits 16.140 Fundstücke mit Inventarnummern (Abb. 4).

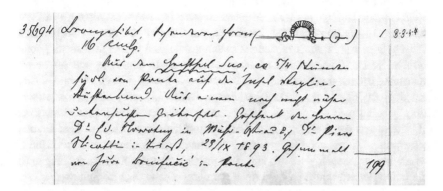

Abb. 4 Inventarisierung einer Bronzefibel von der Insel Krk (Dalmatien) in der Prähistorischen Sammlung. Handschrift und Zeichnung von M. Hoernes

Ausgestellt wurden interessante Funde, möglichst auch in ihrem Fundzusammenhang, also aus einer Grabausstattung oder einer bestimmten Siedlungsschichte. Drei Säle waren für die Prähistorische Schausammlung vorgesehen. Saal XI war bereits 1888 mit den paläolithischen und neolithischen Funden ausgestattet. Ebenso weitgehend der Saal XII, in dem Siedlungs- und Grabfunde der Bronzezeit, aber sonst hauptsächlich früheisenzeitliche Grabinventare von Hallstatt und Funde aus dem reichen Kultdepot der Byciskala-Höhle in Mähren gezeigt wurden. Bis zum Juni 1889 konnten auch die Fundstücke in den Vitrinen im Saal XIII ausgelegt werden. Es waren dies Grabfunde aus den Tumuli im weststeirischen Wies und solche aus Krain und der Küstenlande, die bei kürzlichen Grabungen von Josef Szombathy aufgedeckt worden waren. Sie gehörten noch zur Eisenzeit. Neben den früh- und späteisenzeitlichen Siedlungsfunden von der Gurina im Kärntner Gailtal, die größtenteils aus den Grabungen von Moritz Hoernes stammten, wurden im Saal auch Fundstücke der Latènezeit, also der jüngeren Eisenzeit, ausgestellt, darunter Fundstücke aus dem Oppidum bei Stradonitz in Böhmen, einer befestigten spätkeltischen Stadt. Den Abschluss bildeten Objekte der Germanen- und Völkerwanderungszeit.

Anfang 1889 war die Einrichtung des Hofmuseums noch im vollen Gange. Die Schaukästen waren überall aufgestellt, ihre Ausstattung mit Exponaten zwar noch nicht zur Gänze fertig, aber bereits geplant und vorbereitet. Im Neuen Wiener Tagblatt vom 3. März werden das Museumsgebäude und die bisher schon eingerichteten Schausammlungen gepriesen: „Das gewaltige Bauwerk ist eine monumentale Huldigung für die Naturwissenschaften wie sonst nirgends in Europa". Besonderes Lob fand man für die Bilderkränze an den oberen Saalwänden. Die Ölbilder waren von den damals bekanntesten und besten Künstlern gemalt worden. In der Prähistorischen Sammlung zeigen sie berühmte und oft bereits erforschte Bauten und Fundstätten der Urzeit, wie etwa das Hochtal von Hallstatt mit dem Rudolfsturm und dem berühmten Gräberfeld oder die bronzezeitliche Burg von Mykene. Es gibt aber auch recht phantasievolle Bilder, wie etwa das „Idealbild aus der Steinzeit", das Höhlenbewohner zeigt (Abb. 5). Das Tagblatt schwärmte: „Kunst und Gelehrsamkeit vereinen sich in diesen Bildern". Und es wurde hervorgehoben, dass das Hofmuseum gleicherweise Schausammlungen für die Öffentlichkeit und Forschungsinstitute unter einem Dach beherberge.

Abb. 5 Paläolithische „Wohnhöhle". Wandbild im Naturhistorischen Museum

Am 10. August 1889 um 11 Uhr vormittags war es soweit. Das Naturhistorische Hofmuseum wurde von der „Allerhöchst Sr. Majestät dem Kaiser" feierlich eröffnet[14]. Moritz Hoernes beschrieb das eröffnete Museum und vor allem die in einem so großem Umfang präsentierte Prähistorie: „ Sie dient dem Erkennen, dem Verhalten des Menschen"[15]. Er verstand es in seinen weiteren Ausführungen treffend, das neue Fachgebiet zu charakterisieren, indem er die archäologische Erforschung der Entwicklungsgeschichte der Menschheit als Ziel nannte. Schon in diesem kleinen Zeitungsbeitrag spricht er sein später noch genauer formuliertes Credo aus: Griechenland und Italien waren Vermittler zwischen den vorderasiatischen Hochkulturen und Mittel- und Westeuropa, wo schon während der Bronze-, besonders aber während der Eisenzeit Einflüsse aus dem Süden eine beachtliche Rolle spielten und schließlich zu einer eigenen kulturellen Blüte führten. Einen Höhepunkt innerhalb der prähistorischen Kultur sieht Hoernes in der Hallstattzeit, die „durch die gallische Kultur von La Tène, eine entwickelte Eisenkultur, von keltischen Stämmen auf Kriegspfaden verbreitet, ein Ende findet".

Für viele Mitarbeiter des Hofmuseums gab es noch am Tag vor der Eröffnung als Anerkennung ihrer Leistungen eine berufliche Vorrückung, die das Kaiserhaus angeordnet hatte. So wurde auch Moritz Hoernes zum Assistenten ernannt. Er bezog in dieser neuen Stellung ein Jahreseinkommen von 1100 Gulden, also mehr als das Doppelte wie bisher. Nach heutigem Maßstab sind dies rund 17.000.- Euro[16]. Damit war Hoernes nun endlich auch in der finanziellen Lage, eine Familie zu gründen. Noch im selben Jahr heiratete er seine langjährige Verlobte Emilie Edle von Savageri, die damals 31 Jahre alt war. Die Savageri gehörten einem erbländischen österreichischen Adelsstand an. Schon 1752 hatte ein Vorfahre, der Hofkriegsagent Johann Georg Savageri, das Adelsdiplom erhalten[17].

Die Hochzeit des nunmehr 38jährigen Moritz Hoernes mit Emilie fand am 25. November um 6 Uhr abends in der Kirche St. Elisabeth am Karolinenplatz in Wien 4 statt. Bisher hatte Moritz bei seiner verwitweten Mutter Louise in der Aloisgasse 3 im 3. Bezirk gewohnt. Nun zog das frisch vermählte Paar in der Bechardgasse 22 im selben Viertel ein, wo es dann bis 1899 wohnen sollte.

Anmerkungen

1. Hoernes (1884b).
2. Hoernes (1885c, d).
3. Hoernes (1886a).
4. Öst.Touristenzeitung (1884, 5 und 11).
5. Freundl.Mitt. Dr. Martin Krenn, Wissenschaftsarchiv des NHM.
6. Fatouretchi (2009, 41).
7. A. Heinrich, Vom Museum der Anthropologischen Gesellschaft in Wien zur Prähistorischen Sammlung imk.k. Naturhistorischen Hofmuseum. MAG 125/126, 1995/96, 11–42.
8. Hochstetter (1865).
9. F.v. Hauer, Jahresbericht für 1886. Ann. I, 1887.

10. ÖNB, Handschriftensammlung 646/8–6.
11. Nationalbank.
12. Heinrich (2003).
13. Szombathy (1917b, 145–146).
14. Ann. I, 1890.
15. Neues Wiener Tagblatt, 19.08.1889.
16. Nationalbank.
17. Adelsarchiv im Allgemeinen Verwaltungsarchiv, Wien.

Über die Anfänge prähistorischer Forschung

Während die klassischen Kulturen schon seit dem 15. Jh. neugierig machten und man in der Architektur und Kunst, Philosophie und Dichtung Vorbilder in der Antike sah, blieb in Europa alles Vorgriechische und Vorrömische lange unbeachtet. Noch 1806 schreibt der Direktor des neugegründeten dänischen Nationalmuseums, Asmus Nyerup, ganz offen: „Denn alles, was aus der ältesten, heidnischen Zeit stammt, schwebt für uns gleichsam in einem dichten Nebel, in einem unermesslichen Zeitraum. Wir wissen, dass es älter ist als das Christentum, doch ob es ein paar Jahre oder ein paar Jahrhunderte, ja vielleicht um mehr als ein Jahrtausend älter ist, darüber lässt sich mehr oder weniger nur raten"[1].

Im frühen 19. Jh. entstanden in vielen Teilen Europas Geschichtsvereine in Verbindung mit den aufkommenden Nationalstaaten und dem Wunsch nach kultureller Selbstfindung. Diese Vereine gründeten meist eigene Zeitschriften und sammelten römische und vorrömische Funde. Auch erste kleine Ausgrabungen wurden durchgeführt, um die Sammlungen zu ergänzen und zu vergrößern[2]. In Deutschland führte diese Entwicklung 1852 zu einem Zusammenschluss der Verbände in einem „Gesamtverein der deutschen Geschichts- und Altertumsvereine".

Es gab zunächst aber noch viele offene Fragen zu den gesammelten Fundmaterialien. Selbst eine klare Epocheneinteilung fehlte. Es ist das große Verdienst des Dänen Christian Jürgensen Thomsen erstmals eine richtige Gliederung zu finden. Thomsen arbeitete als Kaufmann in der Reederei seines Vaters, interessierte sich aber schon bald auch für antike Münzen und Fundstücke, die er sammelte. Um seine Kenntnisse zu vertiefen, bot er sich als freiwilliger Helfer der Kommission zur Erhaltung von Altertümern an, die das neugegründete Dänische Nationalmuseum in Kopenhagen unterstützte. 1816 wurde Thomsen nach Asmus Nyerup zum Direktor dieses Museums bestellt. Bei der Erwerbung verschiedener Fundposten für die Sammlungen fiel ihm allmählich auf, dass unter den eingesandten

A. Lippert, *Moritz Hoernes*, https://doi.org/10.1007/978-3-658-43559-2_5

Steingeräten keine Metallfunde vorkamen, während sich Bronzeobjekte aus anderen Fundkomplexen weitgehend von Eisensachen unterschieden. Aus Briefen von Thomsen wissen wir, dass er schon in seiner frühen Zeit als Museumsleiter ein Dreiperiodensystem vor Augen hatte, das er allerdings erst in einer kleinen Publikation 1836 näher beschrieb[3]. Es bestand aus der Gliederung prähistorischer Funde in eine Stein-, Bronze- und Eisenzeit[4]. Diese Gliederung hat Thomsen's Nachfolger als Museumsdirektor am „Altnordischen Museum", Jens Jacob Asmussen Worsaae durch nähere Definition der Inhalte noch verfeinert. Er war seit 1855 auch Professor für Altertumskunde an der Kopenhagener Universität und gilt als Begründer der wissenschaftlichen Archäologie in Dänemark.

Neben diesen ersten Versuchen, prähistorische Fundmaterialien zeitlich zu ordnen, stellte schon früh die Stratigraphische Methode eine Hilfe dar. Sie wurde anhand altsteinzeitlicher Funde in Frankreich aufgestellt und lehnte sich an die seit dem Ende des 18. Jhs. übliche geologische Vorgangsweise an, die das relative Alter von Erdschichten nach ihrer Lage beurteilte. Die Reste von Rast- und Wohnplätzen paläolithischer Jäger und Sammler im Eingangsbereich südfranzösischer Höhlen befanden sich in Fundschichten zwischen natürlichen Ablagerungen. Die „Kulturschichten" enthielten Holzkohle von den Herdfeuern, Tierknochen von den Mahlzeiten sowie Steingeräte und -waffen. Aus der Stratigraphie konnten Rückschlüsse auf ihr zeitliches Hintereinander gezogen werden. Da in Kulturschichten bestimmte Objektformen gleich wie Leitfossilien, also paläontologische Überreste von Säugetieren, Muscheln oder Schnecken in geologischen Schichten, eine wichtige Rolle für die Datierung spielten, nannte man die prähistorische Forschung in Frankreich folgerichtig zunächst „Paléontologie humaine".

Die grobe Einteilung und Abfolge von Kulturepochen, die Thomsen und Worsaae geschaffen hatten, waren aber ebenso wie die stratigraphischen Erkenntnisse nur eine erste Grundlage, um die Fundmaterialien zeitlich zu ordnen. Dem schwedischen Archäologen Oscar Montelius gelang es dann auch, die Steinzeit in eine Alt-, Mittel- und Neusteinzeit, also Paläolithikum, Mesolithikum und Neolithikum, aufzuteilen. Auch seine Gliederung des skandinavischen Neolithikums in eine prämegalithische Phase, sowie in die Dolmen- und in die Ganggrabzeit (Montelius I–III) bedeutete einen großen Fortschritt. Dies ging Hand in Hand mit der erstmaligen Gliederung des Neolithikums in Frankreich durch Gabriel de Mortillet.

Montelius studierte an seinem Geburtsort Stockholm Altertumskunde. Seine 1869 approbierte Dissertation verfasste er über die Nordische Vorzeit. Das chronologische Gerüst entwickelte er analog zu den Forschungsmethoden des

Engländers Charles Darwin, der 10 Jahre davor in seiner legendären Publikation„ Die Entstehung der Arten" die lange Evolution und Entfaltung der Tierwelt behandelt hatte. Dabei ging er von einer fortwährenden Anpassung der einzelnen Tierarten an die Umwelt aus[5]. Die Typologische Methode von Oscar Montelius beruht ebenfalls auf Anpassungen und zwar auf der Bewältigung der funktionalen Herausforderungen von Waffen, Gerätschaften und Schmuckobjekten. Er bestimmte ihre Entwicklungsstufen nach ergonomischen und stilistischen Gesichtspunkten, indem er feststellte, dass jedes Artefakt, also vom Menschen hergestellte Objekt, eine technische Verbesserung oder eine modische Veränderung oder beides gegenüber einem älteren Gegenstand gleicher Funktion bildete[6].

Im Vergleich mit allen diesen ersten wichtigen Schritten der Urgeschichtsforschung in West- und Nordeuropa setzte diese in Österreich erst um einiges später ein. Moritz Hoernes selbst schreibt in einem Rückblick auf die Forschungsgeschichte der Prähistorie, dass die Urgeschichte anfänglich – ähnlich wie in Frankreich – in der Geologie und Paläontologie eingebettet, dann aber stark mit der Ethnographie, also der Völkerkunde, verbunden war[7]. Am Beginn der österreichischen Forschung standen für Hoernes zwei bedeutende Persönlichkeiten. Einer davon war Baron Eduard von Sacken, der erste Ausgrabungen in der Hallstätter Nekropole initiierte und fachlich leitete. Die Freilegungen selbst nahm der Salinen-Bergmeister Georg Ramsauer in den Jahren 1846–1863 alljährlich vor. Dabei wurden bereits 980 Gräber aufgedeckt[8]. Von Sacken war übrigens von 1876 bis 1883 Direktor der neugegründeten Münzen-, Medaillen- und Antikensammlung im Kunsthistorischen Hofmuseum in Wien. Weitere systematische Grabungen in Hallstatt erfolgten dann 1871 durch das oberösterreichische Landesmuseum in Linz und 1877 durch den Direktor des Naturhistorischen Hofmuseums in Wien, Ferdinand von Hochstetter.

1870 gründete Hochstetter, wie schon angeführt, gemeinsam mit Freiherr Ferdinand von Andrian-Werburg die Anthropologische Gesellschaft, die in sich die Fachgebiete Physische Anthropologie, die Prähistorie und Ethnologie vereinigte. Auch eine Fachzeitschrift, die „Mitteilungen der Anthropologischen Gesellschaft in Wien", wurde gleichzeitig ins Leben gerufen. Es war bezeichnend für das Wissenschaftsverständnis der damaligen Zeit, dass die Gesellschaft, die sich die Erforschung des aus dem Tierreich stammenden Menschen zum Ziel genommen hatte, räumlich im Naturhistorischen Hofmuseum angesiedelt wurde.

Ganz entscheidend für die ersten Schritte der urgeschichtlichen Archäologie in Österreich, war Hochstetter's Gründung der Prähistorischen Commission an der Akademie der Wissenschaften im Jahr 1878. Es war die erste Institution, die sich ausschließlich der Urgeschichte widmete.

Am Hofmuseum richtete Hochstetter eine anthropologisch-ethnographische Abteilung ein, aus der noch vor der Eröffnung Mitte 1889 die Unterabteilung „Prähistorische Sammlung" hervorging. Das war auch die Geburtsstunde einer eigenen, in Österreich zunächst nur an diesem Museum vertretenen Disziplin. Mit dem ersten Kustos und Leiter der Prähistorischen Sammlung Josef Szombathy und dessen engstem Mitarbeiter Moritz Hoernes begann eine Ära zahlreicher Ausgrabungen, Fundberichte und wissenschaftlicher Abhandlungen und somit eine rasche Weiterentwicklung der Urgeschichte in Österreich.

Eine gewisse Rolle für die Beachtung prähistorischer Fundplätze in Österreich spielte auch die k.k.Central-Commission zur Erforschung und Erhaltung von Kunst- und historischen Denkmälern. Ihr gehörte Moritz Hoernes seit 1885 als Korrespondent für die nördlich der Donau gelegenen Bezirke Gmünd, Horn, Krems, Pöggstall, Weidhofen a.d. Thaya und Zwettl an Erstmals nahm er an einer Konservatoren-Konferenz dieser Institution vom 2. bis 4. November in diesem Jahr teil[9]. 1900 wurde Hoernes zum Konservator, 1911 zum Mitglied des Denkmalrates, also des Vorstandes, der Central-Commission gewählt. Er publizierte auch einige wertvolle Aufsätze in den Mitteilungen der Kommission.

Anmerkungen

1. A. Nyerup, Danmark og Norge, aeldre og nyere tid. (Kopenhagen) 1802–1806.
2. S.C. Wagener, Handbuch der vorzüglichsten, in Deutschland entdeckten Alterthümer aus heidnischer Zeit. (Charleston, Nabu Press) 1842.
3. H.-J. Eggers, Einführung in die Vorgeschichte. (München), 1. Aufl. 1959, 52–53.
4. C.J. Thomsen, Leidfaden zur nordischen Alterthumskunde. (Kopenhagen) 1836.
5. C. Darwin, On the origin of species by means of natural selection. (London) 1859.
6. O. Montelius, Svenska fornsaker, (Stockholm) 1872/74; Dsb., Die Methode. In: Die älteren Kulturperioden im Orient und in Europa. (Stockholm)1903.
7. Hoernes (1889p).
8. F.v. Sacken, Das Grabfeld von Hallstatt in Ober-Österreich und dessen Alterthümer. (Wien) 1868.
9. Mitteilungen der kaiserlich-königlichen Central-Commission zur Erhaltung und Erforschung der Baudenkmale. 1885, 138–139.

Moritz Hoernes als Ausgräber

Für die Prähistorische Sammlung des naturhistorischen Hofmuseums wurde neues und anschauliches Fundmaterial benötigt. Daher begannen schon viele Jahre vor der Eröffnung intensive Ausgrabungen in Österreich und in den Kronländern. Als besonders fundträchtig sah man die Gurina – „Gorina", slowenisch „Brandstätte – im oberen Gailtal in Kärnten an, wo neben prähistorischen Siedlungsresten auch architektonisch interessante Bauten aus römischer Zeit erwartet wurden. Auf Initiative des Direktors des Hofmuseums, Ferdinand von Hochstetter, führte A.B. Meyer, Leiter des zoologisch-anthropologischen Museums in Dresden, im Sommer 1884 eine zweiwöchige Ausgrabung an dieser Fundstelle durch. Die Fundstücke gelangten vereinbarungsgemäß in die Prähistorische Sammlung[1]. Die Gurina ist ein hoher Hügel an der Nordseite des Tales. Nach Westen und Osten bricht er steil ab, nach Norden geht er in das dahinter gelegene Bergland über. Am südlichen, in zwei Stufen gegliederten Südhang befinden sich teils natürliche, teils künstliche Terrassen, auf denen die prähistorischen und antiken Siedlungen standen. Auf der schmalen Hügelkuppe legte Meyer ein kleines Gebäude frei, das er als römisches Tempelchen deutete (Abb. 1).

A. Lippert, *Moritz Hoernes*, https://doi.org/10.1007/978-3-658-43559-2_6

Abb. 1 Luftbild von der
Gurina bei Dellach,
Kärnten, mit sichtbaren
Gebäudegrundrissen

Diese ersten Aufdeckungen setzte ein Jahr später Josef Szombathy mit finanzi-
eller Hilfe der Anthropologischen Gesellschaft in Wien fort, wobei ihm Hoernes
assistierte und dieser somit auch eigene Grabungserfahrungen sammeln konnte.
Immerhin dauerte die Kampagne bereits fünf Wochen und ergab einen groben
Einblick in die Siedlungsabfolge auf der Gurina. Hoernes berichtete dann am 28.
Mai 1886 in einem Vortrag vor der Anthropologischen Gesellschaft über die bisherigen Grabungen. Am gesamten Südhang des Hügels befanden sich demnach
eisenzeitliche und römisch-kaiserzeitliche Siedlungen, in denen er eine Verhüttung von Kupfererzen vermutete. Später sollte sich herausstellen, dass vor allem
Blei- und Zinkerze verarbeitet wurden.

Die Anthropologische Gesellschaft finanzierte auch die weiteren Ausgrabungen auf der Gurina in den Jahren 1886 und 1887, die nun von Moritz Hoernes
alleine vorgenommen wurden. Im Jahr 1886 dauerten die mit 1000 Gulden,
also etwa einem heutigen Betrag in der Höhe von 16.000 € [2] geförderten

Feldforschungen zehn Wochen, nämlich vom 4. Juni bis 9. August. Anfänglich war noch Josef Szombathy dabei, der einen ersten Plan vom Gelände mit den bislang freigelegten Gebäudefundamenten zeichnete. 10 bis 13 Erdarbeiter waren wöchentlich an den Grabungen beteiligt. Ob auch Präparatoren des Hofmuseums teilnahmen, ist nicht sicher. Jedenfalls gehörten Einmessungen und Planaufnahmen zur Aufgabe des Grabungsleiters Moritz Hoernes. Dieser untersuchte zunächst das kleine Gebäude auf der Anhöhe und stellte entgegen Meyer's Befund fest, dass es weder eine Cella noch eine Apsis besaß. Am Südhang kamen Steinfundamente mehrerer eisenzeitlicher Holzgebäude sowie die Grundmauern von drei römischen Gebäuden, eines davon mit 16 Räumen, zum Vorschein. Die Funde waren überaus reichlich, wenn sie auch meist keinen spezifischen Siedlungsphasen zugeordnet werden konnten. Besonders auffallend waren Gefäßfragmente mit venetischen Inschriften, also Inschriften der Este-Kultur, dann kleine Bronzefiguren und „Rückstände eines entwickelten Bergbaues". Der „Schmelzofen" diente aber wohl nicht der Verhüttung, wie Hoernes vermutete, sondern zum Aufschmelzen und Gießen von verhüttetem Blei, Zinn oder Kupfer. Jedenfalls erkannte Hoernes, dass die Gurina ein „Industrie- und Bergwerksort" war, obwohl er die Bedeutung der Siedlungen für Handel und Kultur noch nicht gebührend einschätzen konnte[3].

Schon am Ende der Grabung im Sommer 1886 war die Ausbeute an Funden enorm: 14 Kisten mit einem Gesamtgewicht von 1400 kg, wobei die Keramik die Hauptmasse der Funde ausmachte. In seinem Grabungsbericht zählt Hoernes – charakteristisch für die damaligen primären Ziele – die Funde nach Art und Zahl genau auf: unter den 635 Fundposten gab es unter anderem 75 Fibeln und Fibelfragmente, 77 keltische und römische Münzen, 20 Eisengeräte, 20 bronzene „Beschläge", also Votivbleche, 100 Nadeln und Nadelfragmente, 17 Nähnadeln, 24 Glasperlen, 7 Fingerringe, 21 Ringe und 35 „Zierstücke".

Die abschließende Grabung auf der Gurina fand dann von Mitte August bis Ende September 1887, also sechs Wochen lang, statt. Wie schon im Vorjahr stieg Hoernes im Gasthof Glantschnig in Dellach ab. Die Klagenfurter Zeitung in ihrer Ausgabe vom 18 August 1887 spricht schon am Beginn der Freilegungen die Hoffnung aus, dass „wenigstens einige der ausgegrabenen Stellen für den Tourismus offen gehalten werden" und ruft zum Geldspenden für diesen Zweck auf, offenbar aber nicht mit dem gewünschten Erfolg.

Es ist interessant, wie Moritz Hoernes in seinem Vortrag am 13. März 1888 vor der Anthropologischen Gesellschaft seine eigenen Grabungsergebnisse beurteilte[4]. In diesem Generalbericht über die Ausgrabungen auf der Gurina erzählte er von dem großen Fundanfall an Waffen, landwirtschaftlichen und häuslichen Geräten, Figuren und bronzenen Votivtäfelchen. Ein gewisse Enttäuschung schwingt aber mit, wenn er festhält: „Das Ergebnis blieb weit hinter den Erwartungen zurück. Die Fundstelle erwies sich als arm und die wenigen Gräber als leer". Diese Worte sind wohl so zu interpretieren, dass die Siedlungsfunde meist nicht zeitlich eingeordnet werden konnten und damit häufig der kulturelle Zusammenhang fehlte. Hoernes gelang es nicht, die Siedlungsschichten und die damit verbundenen Fundstücke von anderen Kulturschichten zu trennen, was für eine Zuweisung zum kulturellen Kontext aber notwendig gewesen wäre. Die Funde wurden schon während der Grabung vermischt, da für die Ausgräber keine stratigraphischen Unterscheidungen möglich waren. Allerdings muss auch gesagt werden, dass die Erschließung mehrphasiger Siedlungen, zumal an einem Berghang mit komplizierten Überschichtungen damals erst von wenigen Archäologen beherrscht wurde. Nur zu oft waren die Ausgräber mit dieser Aufgabe völlig überfordert und vermochten schmale und oft auch unterbrochene Kulturschichten nicht zu erkennen.

Diese mangelnde Gliederung von Kulturschichten trug auch zum irrigen Schluss von Hoernes bei, dass die Hallstattkultur auf der Gurina bis zum Beginn der römischen Kaiserzeit gedauert hätte. Er kündigte übrigens in seinem Vortragsbericht an, eine Gesamtpublikation der bisherigen Resultate zu verfassen. Eine solche Bearbeitung und Veröffentlichung wurde von ihm aber nie in Angriff genommen, sei es aus zeitlichen Gründen oder aus einem gewissen Desinteresse.

In das Fundmaterial und die Befunde der alten Grabungen brachte erst in unseren Tagen Peter Jablonka eine weitest mögliche Klarheit[5]. Die älteste Besiedlung setzte demnach im 10. Jh. vor Chr., also im jüngeren Abschnitt der späten Bronzezeit, ein, und währte mit Unterbrechungen von der Eisenzeit über die römische Kaiserzeit bis in das frühe Mittelalter (10. Jh. nach Chr.), also insgesamt und 2000 Jahre. Die Hauptfunktion der eisen- und römerzeitlichen Siedlungen, die auf teils gemauerten Terrassen lagen, ergab sich aus der hervorragenden Verkehrslage an einem Kreuzungspunkt wichtiger Handelswege von Oberitalien in den Alpenraum und von westlichen Alpentälern zum Drautal im Osten. Auf der Gurina befand sich demnach ein Umschlagplatz für den Handel, dessen Bedeutung sich noch durch Abbau von Kupfer-, Blei- und Zinkerzen am nahen Jaukenberg und deren Verhüttung und Verarbeitung im 2. oder 1. Jh. vor Chr. erhöhte. Sicher bestand bereits in der jüngeren Eisenzeit ein Heiligtum, ähnlich den venetischen Kultplätzen in Oberitalien, worauf kleine Figuren von Gottheiten und Votivbleche mit Inschriften hinweisen. Die Personennamen auf diesen Blechen sind teils venetisch, teils keltisch.

Ein romantisch-ironischer Artikel von Moritz Hoernes in der Neuen Freien Presse vom 11.08.1886 hat das „Ausgräberleben im Obergailthal" zum Thema.

Zunächst betont er, dass das Zeitalter der Ausgrabungen an prähistorischen Fundstätten gerade erst begonnen habe. Und weiter: „Der Ausgräber ist in der Regel noch mehr als der Landmann an die Scholle gefesselt, die er bearbeitet. Er verbringt Tag für Tag vom hoffnungsvollen Frühmorgen bis zum erlösenden Spätabend … auf jenem Erdenfleck". Die einheimischen Arbeitskräfte „sind urwüchsige Elemente", die aber im Gegensatz zu intellektuellen Besuchern „vernünftige Fragen" stellen. Er – der Ausgräber – leide an der „ungebetenen Assistenz sogenannter gebildeter, richtiger bloß neugieriger Laien an manchen Tagen, die weit öfter als die Erdarbeiter nach dem höheren Gewinn der Grabungen fragen". Dann fügt Hoernes noch hinzu, dass „es dankbarer als eine Schuttmasse zu durchgraben ist, Gräber zu öffnen". Andererseits hält er aber die Erforschung prähistorischer Siedlungen für wertvoller, da aus ihnen der Alltag des Menschen erfahren werden kann. In den Siedlungen „findet man, was schonungslos abgenützt, zerbrochen und weggeworfen wurde und was selbst der letzte Plünderer mitzunehmen verschmäht" Im letzten Punkt spricht Hoernes das Problem von Grabraub in seiner Zeit an. Einen wichtigen Vorteil von Forschungen im Gelände sah Hoernes auf jeden Fall gegenüber dem bloßen Studium von Fundobjekten im Museum oder sonst am Schreibtisch. Freigelegte Strukturen ließen das Bild einer alten Siedlung oder Bestattung viel unmittelbarer entstehen.

Exkursionen der Anthropologischen Gesellschaft führten nicht selten zu nachfolgenden archäologischen Untersuchungen. Am 30. Juni 1887 unternahm die Gesellschaft eine Exkursion zu Hausbergen in Hippersdorf und zu Erdställen in Gösing und Hohenwarth. Die Teilnehmer wurden von Moritz Hoernes und dem Künstler Ignaz Spöttl geführt. Damals wie auch heute rätselte man an der Funktion und Zeitstellung dieser Erdställe. Humorvoll bemerkt Hoernes in seinem Bericht über die mühsame Begehung in den Erdställen: „Vielleicht wird einmal ein erfinderischer Arzt in dem Bekriechen dieser Erdbauten ein wirksames Heilmittel gegen irgendwelche Krankheiten, jedenfalls zur Verdauung, entdecken". Während der Exkursion besuchte man auch den Pfarrhof in Gösing, wo Pater Lambert Karner eine „hübsche kleine Collection prähistorischer Gegenstände aus der Umgebung präsentierte[6]. Karner war Stiftskapitular im Stift Göttweig und Pfarrer in Roggendorf, Gösing, Brunnkirchen und St. Veit an der Gölsen. Er befasste sich ganz intensiv mit den Erdställen[7]. In einer Besprechung seines Buches in der Neuen Freien Presse vom 4. Juni 1903 beurteilt Hoernes diese Forschungen so: „Pater Karner's Verdienst und Mühe stecken außer dem Text besonders in den zwölf Doppeltafeln mit zahlreichen Höhlenplänen, von denen ich, um etwas auszusetzen, nur gewünscht hätte, daß sie durchgängig Maßangaben und neben dem Grundriss auch den Aufriss enthielten".

Unter besonderen Umständen kam es zu einer Grabung am Hausberg in Hippersdorf nördlich von Tulln. Am 17. Juni 1888 führte die Anthropologische Gesellschaft eine Exkursion unter anderem nach Hippersdorf und Großweikersdorf durch. Die beiden Fundplätze lagen an der neuen Bahnstrecke Wien-Stockerau-Eggenburg und konnten auf dieser Route gut besucht werden. Die damaligen Ausflüge mit mehreren Dutzend Teilnehmern waren nur durch Benützung der Bahn möglich. Außerdem galten die Exkursionen vorrangig jenen Geländedenkmälern, die zu „Recognisierungszwecken" ausgewählt wurden, also eine gewisse Bedeutung für einen bei einer Grabung zu erwartenden Fundanfall besaßen. Meist wurde daher an Ort und Stelle während der Exkursionen eine kleine Probegrabung unternommen. Die Leitung der Exkursion nach Hippersdorf und Großweikersdorf hatte, wie früher, Ignaz Spöttl. Es ist aber bezeichnend für den besonderen Zweck dieser Exkursion, dass an ihr der Intendant des Naturhistorischen Hofmuseums, Franz von Hauer, teilnahm, der überdies Ausschussmitglied der Anthropologischen Gesellschaft war.

Hoernes erzählt von der Einkehr der Exkursionsteilnehmer beim Bürgermeister von Großweikersdorf, der einen Weinkeller besaß und wo „sich die unermüdlichen Wühler im Schutte der Vorzeit mit Wein stärken" konnten.

Schon im Juli desselben Jahres wurde Moritz Hoernes von der Anthropologischen Gesellschaft beauftragt – er war damals ihr 2. Sekretär – zusammen mit Ignaz Spöttl Grabungen in Hippersdorf und Großweikersdorf durchzuführen. Am Fuß eines Hausberges in Hippersdorf kamen frühbronzezeitliche Siedlungsgruben zum Vorschein, die in keinem Zusammenhang mit dem Hausberg selbst standen. Damals hielt man die zahlreichen, für die Landschaft des Weinviertels so typischen Hausberge noch für Opferstätten oder Aussichtswarten aus prähistorischer Zeit. Hoernes erkannte aber richtig, dass es sich um hochmittelalterliche, auf kleinen Anhöhen oder Bodenwellen gelegene, mächtig befestigte Adelssitze handelte (Abb. 2). Weitere gemeinsame Grabungen mit Spöttl, die prähistorische Siedlungsfunde ergaben, führte Hoernes in der Ziegelei von Großweikersdorf, in Großharras und am Haslerberg durch[8].

Abb. 2 Hausberg in Hippersdorf, Niederösterreich

Ignaz Spöttl lebte in Eggenburg und war akademischer Maler, Amateurarchäologe und Sammler. 1888 schenkte er einen Teil seiner Sammlung dem Naturhistorischen Hofmuseum. In diesem Jahr war er auch Kassier der Anthropologischen Gesellschaft, in deren Auftrag er selbständige Ausgrabungen in Niederösterreich und Mähren durchführte[9]. 1890 erfuhr er wegen seiner umfangreichen archäologischen Tätigkeit eine besondere Anerkennung durch die Zentralkommission zur Erforschung und Erhaltung der Baudenkmale: er wurde zu einer ihrer Korrespondenten ernannt.

Spöttl's Grabungsweise und seine Ausdeutung der Fundplätze waren allerdings umstritten. Im Spätherbst 1880 wurde beim Bau einer Lokalbahn durch Hadersdorf am Kampf ein spätbronzezeitliches Urnenfeld angeschnitten und teilweise zerstört. Spöttl legte dann einige Jahre später noch ungestörte Gräber frei, deren Beigaben alle in die Prähistorische Sammlung des Naturhistorischen Museums gelangten, nicht aber das Grabungstagebuch mit den Grabskizzen. Dieses übergab er der Zentralkommission.

Fast 20 Jahre später übte Hoernes heftige Kritik an der Spöttl's Vorlage der Grabungsergebnisse in Hadersdorf. Die Beschreibung sei ungenügend, es fehlten Abbildungen und überhaupt sei die hallstattzeitliche Datierung der Gräber falsch[10]. Hoernes' Beurteilung der Arbeiten Spöttl's war aber ambivalent. Einerseits sah er in ihnen wichtige Beiträge zur Kenntnis der prähistorischen Besiedlung in Niederöstereich nördlich der Donau. Andererseits nahm er berechtigen Anstoß an der „Vorliebe Spöttl's, manchen Befunden kultischen (sepulkralen) Charakter zuzuordnen". So hielt Spöttl Speicher- und Wohngruben mehrfach für „bienenkorbförmige Gräber oder Hausgräber" sowie Aschengruben von Feuerherden für „Aschemulden für Brandbestattungen".

Eine ganz andere Zusammenarbeit bei Ausgrabungen ergab sich mit Lajos Bella in Ödenburg, dem ungarischen Sopron. Bella war dort Gymnasialprofessor und ehrenamtlicher Mitarbeiter am Museum. Während sich gebildete Kreise zunächst nur für Scarabantia, die römische Vorgängerstadt von Ödenburg interessierten, gelang es Bella durch mehrere archäologische Forschungen in der Umgebung auch ihr Interesse für prähistorische Fundplätze zu wecken. In mehreren wissenschaftlichen Beiträgen erwies sich Bella als profunder und ernst zu nehmender Kenner der damals bekannten Urgeschichte. Schon seit 1880 begann Bella mit Grabungen in den Grabhügelfeldern am Burgstall und am Warischberg in der Nähe von Ödenburg. Um auch Grabfunde, vor allem die großen Kegelhalsgefäße mit eingeritzten figuralen Darstellungen und Verzierungen, für das Hofmuseum zu erwerben, schickte Josef Szombathy seinen Assistenten Hoernes nach Ödenburg, um gemeinsam mit Bella Tumuli freizulegen oder zumindest „die Überführung überaus interessanter Funde ins Hofmuseum zu überwachen"[11]. Im Juli und August 1890 fanden diese gemeinsamen Aktionen statt, die von der Anthropologischen Gesellschaft finanziert wurden. In dem südlich der Wallburg liegenden großen Gräberfeld wurden 17 Tumuli „geöffnet", die zu den 31 schon vorher von Bella untersuchten Grabhügeln hinzukamen. Darüber hinaus erkannte man bei sorgfältigen Begehungen weitere 169 Grabhügel. Es fiel damals bereits auf, dass außer den großen Urnen in manchen Gräbern umfangreiche Geschirrsets, aber nur wenige Metallobjekte, wie Bronzenadeln oder Eisenmesser, lagen. Auch die Vergleiche mit Grabhügelfunden in Gemeinlebarn, Zögersdorf und Pillichsdorf, waren richtungsweisend und zeigten, dass sie zu einer gleichartigen Gruppe der östlichen Hallstattkultur gehörten. Später wurde diese Kulturgruppe nach der charakteristischen Höhensiedlung am Kalenderberg bei Mödling benannt.

Die mit Wällen befestigte Siedlung, der eigentliche und namengebende Burgstall, wurde erstmals in den Sommermonaten 1890 untersucht. Es gelang, die beiden Haueperioden der Besiedlung zu definieren: eine hallstatt- und eine latènezeitliche Phase. Die Befestigung wurde allerdings nur der Hallstattzeit zugeordnet[12]. Sie ist aber, wie wir heute wissen, in keltischer Zeit nochmals ausgebessert und erhöht worden.

Ein weiteres archäologisches Betätigungsfeld für Hoernes stellten Ausgrabungen im Küstenland und Istrien dar. Auch hier gab es schon vorher Feldforschungen. So engagierte sich der Museumsdirektor von Triest, Carlo de Marchesetti, durch Freilegungen großer eisenzeitlicher Gräberfelder in Santa Lucia (Most na Soči) und Idria di Bača (Idrija pri Bači). Diese Nekropolen lagen nur 4 km voneinander entfernt am oberen Isonzo und konnten daher gleichzeitig ausgegraben werden. Die Finanzierung der Grabungen übernahm die Zentralkommission. Sie wurden später von Josef Szombathy fortgesetzt. Somit kamen Funde aus diesen Gräberfeldern auch in die Prähistorische Sammlung[13].

Moritz Hoernes wurde mit Grabungen in St. Michael (Šmihel pod Nanos) unweit von Adelsberg (Postojna) und etwa 30 km östlich von Triest durch Josef Szombathy betraut. Es ging hier um die Erforschung einer befestigten Höhensiedlung am unteren, östlichen Hang des Nanos-Berges, und der zugehörigen, nahegelegenen Gräberfelder. Schon am 23. Juli 1878 hatte Ferdinand von Hochstetter auf dem Höhenplateau, dem Grad, einzelne flüchtige Grabversuche unternommen und vor allem einen Lageplan mit den Wallresten, den früheren Fundstellen und den Flurnamen angefertigt[14]. Wie schon an anderen Fundplätzen, begann Szombathy im Jahr 1885 mit den Grabungen am Grad und in den zugehörigen Gräberfeldern, um dann die Leitung Moritz Hoernes im September 1886 ganz zu überlassen. In einer dreiwöchigen Grabungskampagne untersuchte dieser zuerst den „Grad", die Wallburg, an einigen Stellen, dann wandte er sich aber dem Gräberfeld Pod Karulem zu[15]. Hoernes veröffentlichte später die Beigaben aus den drei Nekropolen, die rund 300 Bestattungen umfassten[16]. Diese Arbeit, die er als Habilitationsschrift 1892 an der Universität Wien einreichte, ist sehr genau in der Beschreibung der Grabinhalte, die Auswertung entspricht aber verständlicherweise noch nicht den heutigen Ansprüchen. Fundtypen und Keramik werden jeweils für sich besprochen, ohne auf Grabzusammenhänge einzugehen, die Hinweise auf chronologische Fragen oder die soziale Stellung der Bestatteten geben könnten (Abb. 3).

Abb. 3 Wallburg „Grad" bei St. Michael (Šmihel), Krain, Slowenien. Planzeichnung von
Ferdinand von Hochstetter

Grabungstagebücher von Moritz Hoernes, die es wohl gegeben haben muss,
sind leider verschollen. Dort, wo sie eigentlich sein sollten, in der Prähistorischen
Abteilung, finden sie sich nicht. Vermutlich nahm Hoernes die Grabungsproto-
kolle seiner Ausgrabungen mit nach Hause, wo sie vielleicht auch eine Zeit aufbewahrt wurden. Es ist schade, dass diese Tagebücher, die sicher Befundskizzen
enthalten haben, nicht erhalten sind.

In einem Vortrag am 11. Jänner 1887 vor der Monatsversammlung der Anthropologischen Gesellschaft in den Räumlichkeiten des Wissenschaftlichen Clubs in
der Eschenbachgasse 9 im 1. Wiener Gemeindebezirk, präsentierte Hoernes seine
Grabungsergebnisse in St. Michael. Er erkannte eine erste Siedlungs- und Grä-
berphase in der Hallstattzeit und einen „tiefen Bruch" ab dem 4. Jh. v. Chr.,

den er dem Hereinströmen und der nunmehrigen Dominanz der La Tène-Kultur zuschrieb. Allerdings setzte er den Beginn der hallstattzeitlichen Belegung der Gräber mit dem 5. Jh. zu niedrig an, da er ältere Fibelformen, wie etwa die Brillenfibel, ungenau datierte. Interessant ist aber die Behandlung der ethnischen Zuweisung, die damals ein wichtiges und herausforderndes Thema war und nicht ohne weiteres übergangen werden konnte. Am Beispiel des Castelliere von St. Michael und seiner Gräberfelder skizzierte er seine Vorstellung von Mischkulturen. Die latènezeitlichen Gräber waren für ihn nicht die Bestattung von „reinen" Kelten, sondern spiegelten eine Vermischung einer älteren Bevölkerung, den Illyrern, mit den keltischen Neuankömmlingen wieder. Obwohl wir heute wissen, dass in Istrien während der Eisenzeit keine Illyrer, sondern Istrer saßen, ist die Darstellung einer Mischbevölkerung in der Latènezeit durchaus belegbar und plausibler als die totale Ablösung einer ethnischen Gruppe durch eine andere. Ein Jahr später publizierte Hoernes die Gräberfelder von St. Michael[17].

Hoernes war in der Prähistorischen Sammlung in diesen Jahren bis zur Eröffnung des Hofmuseums im Jahr 1889 in den unterschiedlichsten Bereichen unermüdlich tätig. Es waren vielleicht die intensivsten Arbeitsjahre seines Lebens überhaupt, in denen er die Chance erkannte, sich der Prähistorie, der neuen archäologischen Wissenschaft, voll und ganz zu erschließen. Er inventarisierte und bereitete Fundstücke für die Schausammlung vor. Er brachte sich intensiv bei der Anthropologische Gesellschaft ein und nahm an fast allen ihren Exkursionen teil. Er hielt Vorträge und führte Grabungen durch, um neues Schaumaterial für das Museum zu gewinnen. Und er publizierte prähistorische Fundobjekte aus der Sammlung ebenso wie er sich brisanten prähistorischen Themen für eine wissenschaftliche Bearbeitung widmete.

Ein Aufsatz aus dieser Zeit in den Mitteilungen der Anthropologischen Gesellschaft zeigt schon einer seiner, auch später betonten Schwerpunkte: die Frage der ältesten Beziehungen zwischen Mittel- und Südeuropa[18]. Hoernes bezog sich in diesem Beitrag auf eine 1887 erschienene Veröffentlichung von Rudolf Virchow in den Verhandlungen der Berliner Anthropologischen Gesellschaft. Virchow war eine in Fachkreisen hoch angesehene und vielseitige Persönlichkeit. Von Haus aus Pathologe und Begründer der pathologischen Anatomie lehrte er an der Berliner Universität. 1869 gründete er die Berliner Gesellschaft für Anthropologie, Ethnologie und Urgeschichte, also ein Jahr vor jener in Wien. Er interessierte sich weit über medizinische Themen hinaus, so besonders für prähistorische Fragestellungen, die er auf Kongressen, Vorträgen und in Publikationen erörterte. Sein Wort galt geradezu – und das ist nicht übertrieben – als sakrosankt. Allerdings war genau dieses „Machtwort", das Virchow in vielen Fragen der Urgeschichtsforschung besaß, sicher auch ein Nachteil. So lehnte er – zumindest in seinen frühen Jahren – die Existenz eines „Vormenschen" ab. Der Fund vom Neandertal war seiner Ansicht nach im Lichte einer pathologischen Veränderung eines Individuums zu sehen[19]. Ihm widersprach unter anderen Carl Rokitansky, damals Präsident der Anthropologischen Gesellschaft in Wien, der auch einen weiteren Fund in Brix in Böhmen der Menschenform Neandertaler zuordnete[20]. Aber auch in seiner Gesellschaft war man nicht einig: während J. Woldřich ihm zustimmte, wendete sich F.v. Luschan vehement gegen diese Auffassung[21].

Daher war es auch durchaus ein Wagnis, Virchow zu widersprechen, seine Thesen abzuändern oder auch nur zu ergänzen. Hoernes ging dieses Risiko ein. Virchow vertrat in dem erwähnten Beitrag die Auffassung, dass die mitteleuropäische Hallstattkultur unter starkem Einfluss der italischen Kulturen stand. Hoernes diskutiert diese Annahme recht ausführlich, stimmt ihr teilweise auch zu, belegt aber mit Beispielen zusätzliche, entscheidende Beziehungen der Hallstattkultur zur Balkanhalbinsel und darüber hinaus. Er ging in seiner Analyse nach heutiger Sicht wahrscheinlich zu weit, wenn er behauptete, „die Hallstatt-Cultur geht in ihrer letzten Quelle auf orientalische, das heißt vorderasiatische Einflüsse zurück". Die Wege der Beeinflussung reichten seiner Meinung nach über Griechenland und den Balkan bis nach Mitteleuropa. Er fasst seine Ansicht dann so zusammen:" Die Einflüsse auf diese räthselhafte hochentwickelte, archaische Metallcultur. weisen mit Sicherheit nach dem Südosten als der Richtung ihrer Herkunft und nur zum Teil nach Italien".

In diesem Aufsatz, aber auch in weiteren Arbeiten der nächsten Jahre irritiert es heute, dass Hoernes die Illyrer als Träger der ostalpinen Hallstattkultur ansah. Dazu gehörten nach seinen Vorstellungen nicht nur die Kulturgruppen in Istrien und Krain – die Krainische Hügelgräberkultur – sondern auch die Este-Kultur in Oberitalien. So hielt er beispielsweise die Votivinschriften auf den Bronzetäfelchen von der Gurina, von denen er selbst welche bei seinen Grabungen entdeckt hatte, für illyrisch, da für ihn die Veneter als Träger der Este-Kultur „illyrische Veneter" waren, also zur Ethnie der Illyrer gehörten.

Anmerkungen

1. A.B. Meyer, Die Gurina im Obergailthal, Kärnten. (Dresden) 1885.
2. Nationalbank.
3. Hoernes (1886e).
4. Hoernes (1888c).
5. P. Jablonka, Die Gurina im Gailtal. (Klagenfurt) 2001.
6. Hoernes (1887c).

7. L. Karner, Künstliche Höhlen in Niederösterreich. MAG 9, 1880, 289-; Dsb., Künstliche Höhlen in alter Zeit. (Wien) 1903.
8. Hoernes (1888h).
9. I. Spöttl, Fundberichte über die Grabungen in Niederösterreich und Mähren. MAG 20, 1890, 59–100.
10. Hoernes (1907a, 4–6).
11. Neues Wiener Tagblatt, 03.08.1890.
12. Neues Wiener Tagblatt vom 03.08.1890.
13. Hoernes (1887f, 1889f, g).
14. B. Mader, Die Prähistorische Kommission der kaiserlichen Akademie der Wissenschaften 1878–1918. MPK 86, 2018, 347–350.
15. Hoernes (1887a).
16. Hoernes (1888b).
17. Hoernes (1888b). Heute ist das Verbreitungsgebiet der Illyrer, das sich jedenfalls nicht bis nach Krain (Slowenien) erstreckte, besser definierbar: Vgl. A.Lippert/J.Matzinger, Die Illyrer. Geschichte, Archäologie und Sprache. (Stuttgart) 2022.
18. Hoernes (1888d).
19. R. Virchow, Sitzungsbericht vom 09.12.1871, Punkt (2). ZfE 4/3, 1872, 157–162.
20. Fatouretchi (2009, 49).
21. Fatouretchi (2009, 49–50).

Der Anthropologenkongress im August 1889

Im Sommer 1889 wurde in Wien der Kongress der Deutschen und Wiener Anthropologischen Gesellschaft abgehalten. Erstmals veranstaltete die Deutsche Gesellschaft unter ihrem Präsidenten Rudolf Virchow damit ihre Jahresversammlung außerhalb der Landesgrenzen. Der gemeinsame Kongress, der auf eine Initiative des Präsidenten der Wiener Anthropologischen Gesellschaft, Freiherr Ferdinand Andrian-Werburg, zurückging, sollte zum unmittelbaren Austausch und zur Diskussion von Forschungsergebnissen ebenso beitragen wie zu einer engeren Zusammenarbeit sowohl der beiden Organisationen als auch ihrer Mitglieder. Der Kongress stand ursprünglich – in seiner langen Vorbereitungszeit – unter der Patronanz von Kronprinz Rudolf. Damit war auch der Wunsch und die Hoffnung verbunden, die Aufmerksamkeit von kulturhistorisch interessierten Wienern für die Anthropologie, Ethnologie und Urgeschichte auf sich zu ziehen. Kronprinz Rudolf nahm sich aber am 30.1.1889 das Leben, was für den Kongress einen gewissen Verlust an Interesse zur Folge hatte, wie sich aus der verhältnismäßig geringen Teilnahme von Mitgliedern und Besuchern zeigte.

Die Sitzungen und Vorträge fanden vom 5. bis 10. August in den Räumlichkeiten des Ingenieur- und Architektenvereines im Palais Eschenbach statt. Höhepunkt des Kongresses war die Teilnahme an der feierlichen Eröffnung des k.k. Naturhistorischen Hofmuseums am 10. August. Schon am 8.August gab es für interessierte Teilnehmer einen Ausflug in die Umgebung von Mistelbach sowie nach Carnuntum am Donaulimes, wo die bisherigen Freilegungen des Legionslagers und der Zivilstadt besichtigt wurden. Auch eine Besichtigung der Privatsammlung von Matthäus Much stand am Programm. Nach dem Kongress, vom 11. bis 14.August, nahmen viele Teilnehmer das Angebot einer Reise nach Budapest an, wo unter anderem das römische Aquincum und das Nationalmuseum besucht wurden.

A. Lippert, *Moritz Hoernes*, https://doi.org/10.1007/978-3-658-43559-2_7

Am Kongress nahmen 197 deutsche und österreichische Anthropologen, Ethnologen und Prähistoriker teil. In der Anmeldeliste werden auch 14 Damen, die Ehefrauen einiger Teilnehmer angeführt. Die deutsche Gesellschaft wurde von ihrem Präsidenten, dem Anatomen Rudolf Virchow, die Wiener Gesellschaft von dem Geologen und Anthropologen Freiherr Ferdinand von Andrian-Werburg, angeführt. Übrigens hatte die Wiener Gesellschaft damals bereits 333 Mitglieder, von denen viele nicht Fachleute, sondern Förderer waren.

Allen Teilnehmer wurde am Beginn des Kongresses eine von Franz Heger, dem Leiter der Anthropologisch-Ethnographischen Abteilung, redigierte Festschrift der Wiener Anthropologischen Gesellschaft überreicht, die im Rahmen ihrer Mitteilungen erschienen war[1]. Sie enthielt Beiträge über besondere deutsche und österreichische Forschungen auf allen Gebieten der Anthropologie, darunter auch einen Aufsatz von Moritz Hoernes über „Grabhügelfunde vom Glasinac". Das war ein Thema, das sein langjähriges Engagement in Bosnien bestens widerspiegelt[2]. Hoernes' Aktivitäten zeigten sich aber auch in der Begleitausstellung des Kongresses. In dieser Schau wurden besonders interessante Bronzefunde aus Bosnien präsentiert, die unter der Leitung von Hoernes für das neue Landesmuseum in Sarajewo ausgegraben worden waren. Die in einem Nebenraum des Naturhistorischen Hofmuseums präsentierte Ausstellung enthielt außerdem „die berühmtesten Fundstücke des Nationalmuseums in Agram (Zagreb)", die deren Direktor Simeon Ljubić, der auch den Kongress besuchte, zur Verfügung gestellt hatte. Dazu kamen Unica aus kürzlichen Ausgrabungen in Österreich[3].

Für Moritz Hoernes bedeutete die Gesamttagung der beiden Anthropologischen Verbände eine enorme Chance, viele Fachkollegen, vor allem Prähistoriker, persönlich kennenzulernen und darüber hinaus auch seine eigenen Leistungen vorzustellen. Dazu gehörten, wie erwähnt, sein Beitrag in der Festschrift, und die Präsentation der neu entdeckten Funde aus Bosnien in der Begleitausstellung. Hoernes hielt außerdem einen Vortrag am Kongress und zwar in der „Zweiten. gemeinsamen Sitzung" unter dem Vorsitz von Rudolf Virchow am 6. August „Über den gegenwärtigen Stand der Urgeschichtsforschung in Österreich"[4]. Damit erhob er gewissermaßen auch den Anspruch, zu den österreichischen Prähistorikern der ersten Reihe zu zählen. Sein Vortrag hatte, wie auch für alle anderen Referate vorgesehen, die bescheidene Länge von 20 min und wurde später im Archiv für Anthropologie publiziert[5].

Hoernes zog in seinem Vortrag eine rhetorisch einfallsreiche und inhaltlich prägnante Bilanz. Zunächst stellte er fest: „Die Urgeschichtsforschung in Österreich gleicht einem gesunden Organismus, der aber noch in voller Entwicklung begriffen ist und theilweise noch mit schwachen Mitteln arbeitet. Den Anfang machte die geschriebene Geschichte in Gestalt der Altphilologie, die als Mutter aller althistorischen Wissenschaften angesehen wurde. Dann, noch vor der Mitte des 19. Jhs., schlug die Stunde der Archäologie, des ausgrabenden Zeitalters. Damit wurde auch das naturwissenschaftliche Prinzip aufgegriffen, wonach greifbare Zeugnisse der alten Kulturen gegenüber der schriftlichen Überlieferung bevorzugt wurden". Hoernes betonte außerdem, dass prähistorische Sammlungen daher nun integrierende Bestandteile naturwissenschaftlicher Museen waren.

Hoernes führte weiter aus, dass die archäologischer Arbeiten in Österreich mit den Aufdeckungen des Gräberfeldes in Hallstatt begannen. Diese erfolgten seit 1846. Sie standen lange Zeit unter der Leitung von Eduard von Sacken, der nicht nur die Funde aus dieser Nekropole, sondern auch eine erste Übersicht von einer österreichischen Urgeschichte veröffentlichte[6]. Diese Publikationen boten aber noch keine Fundanalysen, der „eklektische Zug des Kunst-Archäologen überwog".

Hoernes bedauerte in seinem Vortrag abschließend, dass es in Österreich noch keine Lehrkanzel für Urgeschichte an der Universität gab. Diese hätte zwei wichtige Aufgaben: die Ausdeutung und Zusammenfassung der gesamten bisherigen Ergebnisse und die Schulung von Studenten, die nach Abschluss ihrer Studien eine fachbezogene Anstellung erhalten. Diese Wünsche und Ziele sollten sich eben in der Person von Moritz Hoernes selbst erst viele Jahre später erfüllen.

In der Denkmalpflege war man noch meilenweit von den modernen Gegebenheiten entfernt. Matthäus Much, ein wohlhabender Fabriksbesitzer und Amateurarchäologe von Rang, hielt zu diesem Thema einen Vortrag am Kongress. Er selbst war Mitglied der Kommission für Kunst- und historische Denkmale, einem Vorläufer des heutigen Bundesdenkmalamtes. Much zeigte seine Besorgnis über ungeordnetes Sammeln von urgeschichtlichen Funden: „Das Gründen von Museen wird als eine Art Sport betrieben, sodass wir Museen in ganz kleinen Marktflecken besitzen". Er beklagte die Dezentralisierung und die damit einhergehende Unübersichtlichkeit neuer Ausgrabungsfunde, die oft auch nicht fachgerecht restauriert und aufbewahrt wurden. Er forderte außerdem neue Maßnahmen gegen Raubgräberei und Verordnungen zu Notgrabungen, etwa bei Neuentdeckungen beim Bau von Eisenbahntrassen.

Josef Szombathy von der Anthropologisch-Ethnographischen Abteilung ging in der Diskussion auf einen Teil der Probleme ein und stellte das neue österreichische Fundgesetz in Frage. In diesem verzichtete nämlich der Staat auf das bisher ihm zufallende Drittel der Funde. Szombathy sah dies als Fehler und verwies auf die skandinavischen Länder, wo die Urgeschichtsforschung schon sehr früh aufgekommen war. Dort war der Finder oder Ausgräber verpflichtet, alle Funde an den Staat abzugeben, wofür er aber eine Fundprämie in der Höhe des vollen geschätzten Wertes zuzüglich einiger Prozente erhielt. Daran sollte sich nach der Meinung Szombathy's der österreichische Staat ein Beispiel nehmen und ähnliche Maßnahmen beschließen.

Noch vor der Eröffnung des Hofmuseums am 10.August war ein Nachmittag für den Besuch der prähistorischen Sonderausstellung vorgesehen. Danach, am Abend, gab es einen festlichen Empfang der Stadt Wien für alle Kongressteilnehmer im Rathaus. Dieses, damals erst vor wenigen Jahren fertiggestellte, im Stil italienischer Pseudogotik und der Renaissance von dem Württemberger Architekt Friedrich Schmidt errichtete Gebäude wurde zunächst besichtigt. Dann wurde zu einem Buffet, das vom Hof-Zuckerbäcker Schelle vorbereitet war, in den Magistratsitzungssaal geladen.

Am darauf folgenden Nachmittag, am 7. August, unternahmen viele Teilnehmer eine Exkursion, die sie am Dampfer von Wien nach Nußdorf und von dort in einer Wanderung auf den Kahlenberg, dem heutigen Leopoldsberg, führte. Hier erwartete sie um 7 Uhr ein Festessen im Hotel Kahlenberg. Bemerkenswert sind die Trinksprüche und Reden, die während des Diners gehalten wurden. Darüber berichtete am Tag darauf das Neue Wiener Tagblatt[7].

Den Beginn machte Rudolf Virchow, der einen Toast auf Kaiser Franz Joseph ausbrachte und dann sagte: „Österreich ist die Rettung des Abendlandes gegen den Orient. Man hat uns wohl gelehrt, den Orient als die Pflanzstätte unserer Kultur anzusehen, … aber es ist nicht zu verkennen, dass auch das Abendland seine Kultur wieder dem Orient zugewendet hat und gerade in dieser Hinsicht hat Österreich eine große Mission erfüllt". Virchow lobte dann den allgemeinen Fortschritt anthropologischer Fachgebiete und meinte: „In Deutschland hat der Adel niemals in so lebhafter Weise wie in Österreich an den Arbeiten der Anthropologen mitgewirkt und die wissenschaftlichen Bestrebungen gefördert". Virchow war in den anthropologischen Wissenschaften ein – wie man heute sagen würde – Allround-Fachmann. Von Haus aus Pathologe, führte er selbst auch archäologische und somatologische Untersuchungen und Forschungen durch. Er war ein universell gebildeter Gelehrter, von denen es damals immer wieder welche gab. Heute ist dies wegen der enorm angewachsenen Kenntnisse in jedem Fachgebiet und der damit notwendigen Spezialisierung kaum mehr möglich.

Auf die Ausführungen von Virchow antwortete Gundaker Graf Wurmbrand, der Landeshauptmann von Steiermark, der auch die Fachvorträge am Kongress besucht hatte: „Der Adel in Österreich ist zwar einer rückblickenden Forschung nicht abhold, ob sie nun der Geschichte des eigenen Hauses gelte oder der archäologischen Wissenschaft. Aber der Adel liebt es auch, nach vorne zu blicken. Die anthropologische Wissenschaft muss zur Verallgemeinerung des Fortschritts führen. Das Prinzip der Rassenunterschiede muss fallen. Nicht die allgemeine

Feindschaft, die allgemeine Freundschaft muss gelten, und sie wird, so hoffen wir, in nicht allzu langer Zeit den Sieg davontragen". Das war zweifellos ein Plädoyer für Wohlstand für alle und Frieden zwischen den Völkern, aber vor allem ein Appell gerade an die noch junge Anthropologie, dazu einen entscheidenden Beitrag zu leisten.

Weitere Trinksprüche wurden auf Kaiser Wilhelm, auf die Wiener Anthropologische Gesellschaft und die Stadt Wien ausgebracht. Selbst Moritz Hoernes erhob das Glas und ließ in charmanter Weise die anwesenden Damen hochleben.

Anmerkungen

1. MAG 19, 1889, [48–187].
2. Hoernes (1889e).
3. Wiener Zeitung, Nr.178, 1889, 4.8.1889.
4. MAG 19, 1889: hier sind alle Referate und Exkursionen des Anthropologenkongresses im Jahre 1889 in Wien angeführt.
5. Hoernes (1889k).
6. E. von Sacken, Leitfaden zur Kunde des heidnischen Alterthums mit Beziehung auf die österreichischen Länder. (Wien) 1865.
7. Nr. 215, 7.8.1889.

Die Universität fest im Blick

In den folgenden Jahren musste sich Moritz Hoernes anstrengen, um seine nun erweiterten Aufgaben in der Prähistorischen Sammlung zur Zufriedenheit seiner Vorgesetzten – der Kustoden Franz Heger und Josef Szombathy – zu bewältigen. Er war nun Assistent, blieb aber in dieser Position zehn Jahre lang. Das bedeutete eine Bezahlung, die nur knapp für das Leben reichte.

Bereits von Anfang an schwebte Hoernes eine Laufbahn an der Universität vor Augen. Er selbst hatte ja in seinem Vortrag am Anthropologenkongress in Wien nachdrücklich davon gesprochen, dass die Urgeschichte unbedingt auch an der Universität vertreten sein sollte, um Forschung und Lehre miteinander zu verbinden und wissenschaftlichen Nachwuchs auszubilden. Hoernes selbst fühlte sich zu diesem Ziel berufen und richtete seine wissenschaftlichen Publikationen und Vorträge ganz klar danach aus.

Sein Brotberuf bestand aber in der alltäglichen Arbeit in der Prähistorischen Sammlung. Sie beanspruchte viel Zeit und ließ für die Forschung nur wenig davon übrig, sodass er erst an den Abenden im Büro oder zuhause dazu kam. Neu erworbenes Fundmaterial, und davon gab es in dieser Zeit sehr viel, musste unter Aufsicht von Hoernes restauriert und dann von ihm inventarisiert werden. Es waren Kaufverträge aufzusetzen oder Dankschreiben an die Geschenkgeber zu richten. Die 1889 aufgestellte Schausammlung wurde immer wieder mit interessanten Neufunden ergänzt, auch das war eine Aufgabe des Assistenten. Überdies mussten recht häufig Besucher in den Amtsräumen empfangen oder Gäste durch die Schausammlung geführt werden. Da sich Kustos Szombathy oft mehrere Wochen auf Reisen oder Ausgrabungen befand, fiel Hoernes diese Verpflichtung zu.

Ein Brief von Josef Szombathy an Hoernes vom 2. Juli 1891 zeigt so recht die Vielfalt der notwendigen Tätigkeiten, die Hoernes aufgetragen wurden[1]. Szombathy war damals auf einer Funderwerbsreise quer durch Deutschland und gab seine

A. Lippert, *Moritz Hoernes*, https://doi.org/10.1007/978-3-658-43559-2_8

Anweisungen in einem freundschaftlichen, aber bestimmten Ton. Wie üblich, begann der Brief mit der vertrauten Ansprache „Mein lieber Freund" und war in Du-Form gehalten. In diesem Fall sollte Hoernes als erstes um 1000 Gulden bei der Intendanz für den Ankauf der Brigetio-Sammlung, die schon seit 1890 im Hofmuseum lagerte, ansuchen. Weiters waren die Tongefäße aus dem hallstattzeitlichen Gräberfeld von Gemeinlebarn zu restaurieren und auszustellen. Auch die neuen Grabfunde von Santa Lucia (Most na soči) sollten präpariert werden. Schließlich zeigte Szombathy großes Interesse am Erwerb – möglichst als Geschenk – von Grabbeigaben frühkeltischer Zeit aus Kuffarn im unteren Traisental, die Pater Lambert Karner vor kurzem aus einer Schottergrube geborgen und gleich darauf publiziert hatte[2]. Die Funde, unter denen sich eine stark beschädigte, figural verzierte Bronzesitula befand, wurden im Museum von Stift Göttweig aufbewahrt. Szombathy warnte Hoernes in diesem Zusammenhang mit ironischen Worten Pater Karner zu beleidigen „Ich habe bereits einen Fischzug nach ihr (der Situla) gethan, aber das Netz hat leider ein kleines Loch; die Erinnerung an deinen vorjährigen Feuilleton verdirbt den Köder. Ich bitte dich inständigst: wenn du kannst, so lass' diese Leute in Ruhe; ganz Göttweig hast du in Aufregung gebracht, dass sie bei der Nennung deines Namens auffahren wie gestörte Wespen".

Tatsächlich hatte Hoernes am 12. April 1890 einen Beitrag in der Abendpost, die von der Wiener Zeitung herausgegeben wurde, verfasst, in dem er sich humorvoll, aber auch kritisch über die archäologischen Aktivitäten von Pater Karner und Ignaz Spöttl äußerte: „Pater Lambert Karner – Ordenspater im Stift Göttweig und Pfarrer in Gösing – der furchtlose Erforscher jener prosaischen unterirdischen Labyrinthe, welche im Volksmunde „Erdställe" heißen, und der unermüdliche Tourist Ignaz Spöttl … sind Epigonen früherer Bahnbrecher in der Prähistorie. Wir möchten diese und andere geistliche und weltliche Herren nicht kränken, wenn wir die von ihnen mit Vorliebe gepflegte Richtung als solche bezeichnen, welche bereits der Vergangenheit angehört". Damit meinte Hoernes, wie auch aus seinen anderen Schriften hervorgeht, dass die beiden Heimatforscher zu wenig systematisch und mit zu vielen Spekulationen ihre Forschungen betrieben.

Hoernes erhielt vieleweitere Briefe von Szombathy, die meist alle paar Tage eintrafen und Ratschläge und verschiedene Anweisungen enthielten. In seinem Schreiben vom 26. Juli[3] sprach er die Grabungen von Hoernes' Bruder Rudolf in Ödenburg an, der dort selbständige Freilegungen an den eisenzeitlichen Grabhügeln vorgenommen hatte. Szombathy freute sich über die Erfolge der „Firma Hoernes" und besonders über den Fund einer großen Tonurne, eines Kegelhalsgefäßes, das am Hals Ritzdarstellungen von Tieren aufwies. Er gab Hoernes eine genaue Anleitung, wie die Grabkeramik zu präparieren wäre: „Gründliches und vorsichtiges Waschen der Scherben, vollständiges Trocknen derselben, gewissenhafte Tränkung mit gut viel Schellacklösung, neuerliches Trocknen, Anwärmung der Kanten beim Leimen und heikelste Hantierung beim Ausfüllen der Lücken mit Gips !". Rudolf Hoernes soll aus dem für die Grabungen in Ödenburg von der Anthropologischen Gesellschaft bereitgestellten Budget sein „Honorar" erhalten. Rudolf war eigentlich wohlbestallter Universitätsprofessor für Geologie in Graz und auf eine Bezahlung nicht angewiesen. Vermutlich sollten mit diesem Honorar nicht seine eigentliche Grabungsarbeit, sondern seine Aufenthaltskosten und vor allem die Löhne der Erdarbeiter abgedeckt werden.

Zu den ergiebigen Ödenburger Grabungen, deren Funde bisher immer in die Prähistorische Sammlung gelangten, bemerkte Szombathy: „Die (ungarischen) Museen in Budapest und Ödenburg werden bald auf unsere weitere (finanzielle) Unterstützung verzichten, da es bei den Grabungen so gute Erfolge gibt" und dass sie somit selbst leichter zu Mitteln kommen würden, um eigene Aufdeckungen vorzunehmen und Funde für ihre Sammlungen zu erwerben. Moritz Hoernes solle den beiden Museen daher Gipsabgüsse von wichtigen Grabbeigaben und Gefäßen in Aussicht stellen, um sie zu beruhigen.

Aber auch, wenn Hoernes selbst auf Reisen war, sparte Szombathy in seinen Briefen nicht mit Aufträgen an ihn. Im Juli 1891 hielt sich Hoernes in Bosnien und der Herzegowina auf und fuhr mit dem Zug auf der neuen Bahnstrecke von Sarajewo nach Metković. Dort erreichte ihn ein Brief von Szombathy[4], in dem er Hoernes bat, den Sohn eines gewissen Janes Gluščević aufzusuchen und von ihm Funde zu erwerben. Außerdem solle er den Bezirkshauptmann Alexander Nallini besuchen, um Siedlungs- und Grabfunde aus dem römischen Narona für das Hofmuseum zu kaufen. Die notwendigen Kaufbeträge wären vorläufig aus der Reisekasse zu begleichen.

Die Kanzleiarbeit in der Prähistorischen Sammlung musste von Hoernes und Szombathy selbst erledigt werden. Dazu schreibt Franz Hauer, der Kustos der Anthropologisch-Ethnographischen Abteilung, die auch die Prähistorische Unterabteilung umfasste, in seinem Jahresbericht 1892: „Es ist ein großer Übelstand, dass das Schreibgeschäft der Abteilung durch die Beamten besorgt werden muss, wodurch dieselben vielfach von den eigentlichen wissenschaftlichen Arbeiten abgehalten werden"[5]. Allein im Jahr 1892 erfuhr die Prähistorische Sammlung einen Zuwachs von 3070 Fundstücken, die von den Fachleuten eigenhändig inventarisiert werden mussten.

Das Naturhistorische Hofmuseum erfreute sich schon in den ersten Monaten nach der Eröffnung im August 1889 einer überraschend hohen Besucherzahl. Bis Ende Dezember wurden bereits 275.227 Eintrittskarten verkauft[6]. Natürlich war es nicht die einzige Aufgabe des Museums, Besucher zu den Schausammlungen

anzulocken. Es hatte auch den klaren Auftrag, die Sammlungen wissenschaftlich zu erschließen und die Ergebnisse zu veröffentlichen. Schon 1886 gründete
der Intendant des Hofmuseums, Franz von Hauer, zu diesem Zweck, wie bereits
erwähnt, eine hauseigene Fachzeitschrift, die „Annalen des k.k. Naturhistorischen Hofmuseums". Die Zeitschrift erschien in den ersten Jahren jeweils in
vier Heften. In ihr wurden ausschließlich Beiträge der eigenen wissenschaftlichen
Mitarbeiter publiziert. Im Vordergrund standen Beschreibung und Auswertung
noch nicht veröffentlichter Sammlungsobjekte. Einen besonderen Aufholbedarf
für die Bearbeitung ihrer noch wenig bearbeiteten Bestände hatten die jungen
ethnographischen und prähistorischen Sammlungen.

Die Annalen dienten nicht allein der Information der Fachwelt, sie hatten auch
die Aufgabe, Forschungen und Ergebnisse einem gebildeten Publikum näherzu-
bringen. Es wurden aber nicht nur wichtige Materialien untersucht und vorgelegt,
auch Feldforschungen und Expeditionen wurden publiiziert. So berichtete Moritz
Hoernes im Band 4 unter „Notizen" über seine im Frühsommer 1889 unter-
nommene Reise nach Bosnien, wo am Glasinac unter seiner Aufsicht bronze-
und eisenzeitliche Grabhügel freigelegt worden waren. Der interessierte Leser
erhielt bereits in diesem Beitrag einen Einblick in den Aufbau der ausgegrabenen
Tumuli und in die Bestattungsformen, bevor noch das Fundmaterial restauriert
und ausgewertet war.

Szombathy legte seinem Assistenten 1890 nahe, wieder eine eigene Grabung
durchzuführen und die Sammlung mit Funden zu bereichern. Als Grabungsplatz
kam ein Castellier in Betracht. Castellieri, die von Slowenen Gradište und von den
Kroaten Gradec genannt wurden, sind von Natur aus geschützte oder befestigte
Höhensiedlungen, von denen es in Istrien zahlreiche gibt. Sie lagen auf hohen und
steilen Hügelkuppen, von denen man weit ins umliegende Land sehen konnte, und
gehören der späten Bronze- und Eisenzeit an. Wasser gab es am Hügel keines,
man musste es als Regenwasser in einer Zisterne speichern oder aus Quellen
am Fuß des Hügels holen. Außerdem war der Weg von den Anhöhen zu den
Feldern im Tal oft recht weit. Die strategische Lage auf einem Hügel war offenbar
wichtiger als der leichte Zugang zum Wasser und zu den Äckern. Es war alles in
allem eine aufwändige und „unbequeme Siedlungsart", wie Hoernes schreibt[7].

Cassiodorus (490 – um 583 n.Chr.), Sekretär des Ostgotenkönigs Theoderich,
erzählt, dass Istrien in seiner Zeit fruchtbares Land mit Wäldern und Feldern
war. Das Klima war überdies wunderbar mild. An den Küsten gab es einen
Reichtum an Fischen[8]. Mit der späteren Abholzung im Mittelalter verkarstete
das Land. Und Hoernes gab wieder, was er von den Einheimischen hörte: „Tutto
il interiore della nostra Istria è brutto". Ende Oktober 1890 machte sich Hoernes auf zu einer Erkundungsreise durch Istrien. Andrea Amoroso, Präsident der

Società Istriana d'archeologia e storia patria, half ihm bei der Auswahl eines für die Grabung geeigneten Castellier. Die Wahl fiel schließlich auf eine Wallburg im Hinterland von Parenzo und am Talrand des größten istrischen Flusses, des Quieto (Mirna). Dieser Castellier trug seine Bezeichnung nach dem nächst gelegenen Dorf Villanova (Nova Vas). Die Einladung des Pfarrers, während der ersten Untersuchungen im Widum zu wohnen, lehnte Hoernes freundlich ab. Er zog es vor, in dem benachbarten größeren Ort Verteneglio eine Unterkunft zu finden. Diese ergab sich in einem Albergho, das in einem Eckturm eines nur mehr in Teilen erhaltenen venezianischen Schlosses untergebracht war. Dort bezog Hoernes ein kleines Zimmer im obersten Stock des Turmes. Es war Allerheiligen und Hoernes beklagte sich in launiger Weise über das nahe Glockengeläute: „Von 10 Uhr abends werden die Kirchenglocken bis gegen den Morgen unablässig in Schwung gehalten. Die frommen Läuter sind Ortsbewohner, welche die Nacht wachend meist in irgendeiner Osteria verbringen und sich abwechselnd an die Stränge stellen, um die Toten zu ehren und den Lebenden den Schlummer zu vertreiben".

Hoernes besichtigte im Regionalmuseum in Parenzo (Poreč) die bisherigen Funde vom Castellier Villanova, die bei kleinen Sondierungen zum Vorschein gekommen waren. Ihm fielen Fragmente von Tonsitulen auf, die mit schwarzen und roten oder nur roten waagrechten Streifen bemalt waren und die er als venetische Importware erkannte. Unter der Keramik befanden sich außerdem Kugelamphoren aus Apulien. Hoernes konnte diese Funde gut einordnen, da er sich schon früher damit befasst hatte[9]. Noch im November legte er dann kleine Flächen am Castellier frei, wo Fundmaterial der späten Bronze- und der Eisenzeit sowie der frührömischen Epoche, also des 2. und 1. Jhs. v. Chr. Zum Vorschein kam. In der dünnen Erddecke über dem Felsboden konnte Hoernes aber „keine Schichtung wahrnehmen"[10].

Erst wieder 1892, in der zweiten Septemberhälfte, kehrte Hoernes nach Villanova zurück, um den Castellier weiter freizulegen. Am Beginn seiner Grabungen entstand eine peinliche Konkurrenzsituation, weil Carlo de Marchesetti, Kustos am Museum in Triest, unangekündigt ebenfalls Aufdeckungen auf der Höhensiedlung vornahm. Allerdings gab Marchesetti „schon nach kurzer Zeit die Ausgrabungen als aussichtslos auf"[11].

Hoernes' Grabungen in Villanova dauerten nur wenige Wochen und waren für ihn dann abgeschlossen. Sie brachten hinsichtlich der Struktur der Befestigungen und Lage der Gebäude kaum eine brauchbare Aufklärung. Auch eine Gliederung in Bauphasen gelang Hoernes nicht. Spätestens an diesem Punkt muss gesagt werden, dass Hoernes kein Geschick für archäologische Freilegungen besaß. Er war keineswegs der „geborene Ausgräber", wie sein langjähriger Vorgesetzter

Josef Szombathy, und verfügte auch nicht über die erforderliche Geduld und Sorgfalt. In seinem viele Jahre später auf Hoernes geschriebenen Nachruf schrieb Josef Szombathy treffend: „Zwar führte Hoernes einige selbständige Grabungen durch, aber dieser Zweig seiner Tätigkeit befriedigte ihn nicht und so kam es bald zu einer kollegialen Arbeitsteilung zwischen ihm und mir, bei der dem einen hauptsächlich das Gebiet des Ausgrabens und des Einordnens der Funde und dem anderen des Vergleichens und Publizierens zufiel"[12]. Demnach war also die archäologische Praxis Sache von Szombathy, die Theorie jene von Hoernes.

Ein besonderes Anliegen von Hoernes war ein verstärktes Interesse der Öffentlichkeit an der Urgeschichte des Menschen. Sein Ziel war es, dieses Fachgebiet zu einer festen Institution an der Universität einzurichten. Nicht zuletzt aus diesem Grund hielt er immer häufiger Vorträge vor einem vielschichtigem Publikum über verschiedenste prähistorische Themen. Am Dienstag, den 12. November 1889, sprach er in der Anthropologischen Gesellschaft über die „Neuesten Funde in Istrien", die der Sammeltätigkeit des bereits erwähnten Andrea Amoroso zu verdanken waren. An diesem Vortragsabend gab es, wie so oft bei der Anthropologischen Gesellschaft, einen zweiten Vortrag. Emanuel Hermann, Professor für Nationalökonomie an der Technischen Hochschule in Wien, referierte „Über die Kulturbedeutung des Stehens, Sitzens und Liegens"[13]. Diese ganz unterschiedlichen Themen lassen die große Bandbreite der Interessen der Gesellschaft erkennen.

Am 14.März 1890 gab Hoernes in der Sektion für Naturkunde des Österreichischen Touristenklubs einen Einblick in die „Archäologischen Funde in Bosnien", ein Thema, wofür er wohl der erste Kenner war. Auch diesen Vortrag fand im Saal des Wissenschaftlichen Club in der Eschenbachgasse statt. Er schilderte das Land, beschrieb einige herausragenden Funde von der Jungstein- bis zur Eisenzeit und betonte – wie immer – den starken Einfluss des Vorderen Orients und Griechenlands[14]. An einem anderen Abend, dem 11. November 1890 trat er zusammen mit Prof. Lajos Bella von der Universität Budapest in der Anthropologischen Gesellschaft auf. Die beiden berichteten über „Prähistorische Funde aus der Umgebung von Oedenburg", wo sie gemeinsam geforscht hatten. Der zweite Vortrag an diesem Abend wurde von Moritz' Bruder Rudolf Hoernes gehalten, der zwar Geologe war, aber mitunter auch kleinere Ausgrabungen im Auftrag der Gesellschaft durchführte. Sein Thema war eine „Doppelurne von Marz in Ungarn"[15]

Ganz typisch für Hoernes' Absicht, die Prähistorie weiten Kreisen bekannt zu machen, war sein Einstieg in die „Volkstümlichen Vortragszyklen". Am 20. Dezember 1890 begann eine solche Vortragserie über Geographie, Geologie und Kultur im Volksbildungsverein des 7.Wiener Gemeindebezirkes. Unter anderen hielten Albrecht Penck und Michael Haberlandt allgemein verständliche Referate über die Geologie und Lage von Wien beziehunsweise Wiener Volksbräuche. Moritz Hoernes übernahm es, über die prähistorischen Funde im Stadtgebiet zu erzählen. Schon im darauffolgenden Jahr wurden „Volkstümlichen Vorträge" gleich in mehreren Bezirken gehalten. Hoernes hielt in der Wieden, im 4. Bezirk, bereits sechs Vorträge über die Urgeschichte Wiens. Bezeichnenderweise war der Ort dieser und anderer Vorträge der Gemeindesaal des Bezirks in der Schäffergasse 3.

In diesen Jahren bereitete Moritz Hoernes auch seine Habilitation vor, über die noch die Rede sein wird. Unter den Vorschlägen von Hoernes für einen Probevortrag gab es auch das Thema „Über Begriff und die Aufgaben der prähistorischen Forschung" Dieser Vorschlag wurde von der Kommission aber nicht aufgegriffen. Dennoch wollte Hoernes gerade über dieses Thema vor einem möglichst großen Publikum sprechen. So kam es am 18. März 1892 – nur drei Tage nach seinem erfolgreichen Probevortrag über ein ganz anderes Thema – zu einem Referat in der Anthropologischen Gesellschaft[16].

Es ist bemerkenswert, wie Hoernes sein Fachgebiet in diesem Vortrag einschätzte. Zunächst stellte er klar, dass die Prähistorie die Archäologie des anonymen Zeitalters bildete. Zu den wichtigsten Aufgaben der Prähistorischen Forschung gehört, wie Hoernes ausführte, die Antwort auf die Frage, ob die Funde auf eine autochthone Entwicklung oder eine kulturelle Entlehnung hinweisen. Es sollten also Ursprungsgebiete, Verbreitungswege, lokale und regionale Erscheinungsweisen untersucht werden[17]. Diese Fragestellung ist auch heute noch ganz aktuell.

Wenn man Zahl der Veröffentlichungen von Moritz Hoernes in den wenigen Jahren zwischen der Eröffnung des Hofmuseums (1885), wo er zusammen mit Josef Szombathy an der Aufstellung und Ergänzung der Sammlung arbeitete, und seiner Habilitation an der Universität (1892) betrachtet, staunt man über seinen enormen Fleiß, aber auch über die Vielfalt der Themen. Er behandelte zum einen Fundmaterialien der Bronze- und Eisenzeit aus Österreich und den südlichen Kronländern. Zu einem guten Teil waren dies besonders interessante Funde und Fundensembles, die in dieser Zeit in die Prähistorische Sammlung gelangten. Hoernes schrieb beispielsweise über die figuralverzierte Bronzesitula, die Pater Lambert Karner, wie schon erwähnt, bei einer frühkeltischen Körperbestattung in einer Schottergrube in Kuffarn geborgen hatte (Abb. 1). Zu den weiteren Beigaben dieses Grabes zählt ein Schöpfer aus Bronze und ein Eisenschwert mit einem bronzenen Ortband sowie eine Lanzenspitze und ein Haumesser aus Eisen[18]. Die auf dem oberen Eimerrand getriebene Festszene brachte Hoernes in einen Zusammenhang mit den Epulae, einem mit Spielen verbundenen Festschmaus, der in frühesten Zeiten eine etruskische, aber noch in römischer Zeit übliche Form der Götterverehrung bildete. Den Ursprung der Situlenkunst selbst sucht Hoernes bei den Phöniziern, die über die Etrusker im westlichen Mittelitalien die venetische Este-Kultur in Oberitalien beeinflusste. Seine Datierung der Kuffarner Situla mit dem 4. Jh. v. Chr. ist aber mit Sicherheit zu niedrig[19]. Die Situla zeigt Spuren einer längeren Verwendungszeit und Reparaturen und wurde noch eine oder zwei Generationen vor der Grablegung in der zweiten Hälfte des 5.Jhs. v. Chr. hergestellt und verziert.

Abb. 1 Die figuralverzierte Bronzesitula von Kuffarn, Niederösterreich, mit Teil der Abrollung

In einem anderen Aufsatz befasste sich Hoernes mit den deutschen Ausgrabungen in Olympia in den Jahren 1875 bis 1881. Dort hatte man auf der Altis, dem heiligen Hain, zahlreiche Weihegeschenke für Zeus, Hera und andere Gottheiten nicht nur aus der archaischen und klassischen, sondern auch aus der frühen Eisenzeit entdeckt. Obwohl der Beitrag nicht in einer archäologischen Fachzeitschrift, sondern im „Ausland", einem Periodikum für Erd- und Völkerkunde erschien, war er durchaus anspruchsvoll gehalten[20]. Die Arbeit war lange nach der Reise von Hoernes nach Griechenland im Mai 1886 entstanden, bei der er auch Olympia besucht hatte. Er hatte dort einen Einblick in das magazinierte Fundmaterial gewinnen können, und bemängelte nun in seinem Aufsatz, dass die Eisenobjekte damals bereits weitgehend von Rost zerstört waren, aber auch, dass die Funde nicht inventarisiert und die Keramik nicht restauriert worden war.

Die ältesten Funde in Olympia stellte Hoernes an den Beginn der Eisenzeit. Sie gehörten seiner Ansicht nach einem neuen Zeitalter an, das mit der Einwanderung der griechischen Dorer und dem Rückgang vorderasiatischer Kulturelemente einhergegangen war. Das kulturelle Niveau verglich Hoernes mit dem von Mitteleuropa und wies auf verwandte Fibelformen und eine gemeinsame, eigentümlich lineare Ornamentik hin. Das Problem für derartige Beurteilungen war damals zweifellos die fehlende genaue Datierung der kulturellen Entwicklungen und Vorgänge, sodass Hoernes zu klischeehaften Schlüssen kommen musste. Übrigens publizierte kurz nach seinem Olympia-Beitrag Adolf Furtwängler die Votivbleche von den Sanktuarien und bot damit eine brauchbare Vorlage der Funde[21].

Am Anthropologenkongress im Jahr 1889 hatte Hoernes ein Referat zur österreichischen Urgeschichtsforschung gehalten. In einer dreiteiligen Beitragserie im Berliner Archiv für Altertumskunde ging er noch näher auf das Thema ein und definierte die prähistorischen Kulturen in Mitteleuropa[22]. Bald darauf ging er einen Schritt weiter und gab einen Überblick von den bronze- und eisenzeitlichen Kulturen Europas und der Alten Welt nach einem neuen, geografischen Gesichtspunkt[23]. In diesem spielte das Mittelmeer und der Verlauf der Donau eine besondere Rolle, da sie seiner Meinung nach die Grenzen der Kulturregionen vorgaben. Zunächst ging er davon aus, dass sich die erste „Eisenkultur" von Süden nach Norden ausbreitete, womit er nach heutigem Wissen, recht behalten sollte. Dann schlug er vier Zonen der mediterranen und europäischen Kulturentfaltung während der Eisenzeit vor:

Der südliche und östliche Mittelmeerraum (die ägyptisch-phönizische Zone).

Der nördliche Mittelmeerraum (graeco-italische und illyrische Zone).

Das Gebiet südlich der Donau und westlich und östlich des Donauknies in Ungarn (illyrisch-keltische Zone).

Das Gebiet nördlich der Donau (germanische Zone).

Es ist natürlich keine Frage, dass Hoernes mit dieser Aufteilung eine sche-
matische Denkweise zum Ausdruck bringt. Das entsprach aber der Forderung
damaliger Wissenschaften ganz allgemein: alles musste definiert, gegliedert und
nach Kategorien eingeordnet werden. Was aber heute als gesicherte Tatsache gilt,
nämlich starke südliche Einflüsse auf nördliche Gebiete während der Eisenzeit,
war damals noch keineswegs ausgemacht und wurde von vielen, beispielsweise
von Mätthäus Much, der einer Nord-Süd-Diffusion das Wort redete, zurückge-
wiesen. Hoernes hat hier zwar Manches stark überzeichnet, lag aber in großen
Zügen in seiner Einschätzung richtig.

Anmerkungen

1. WB 126.252.
2. L. Karner, Fund einer Bronzesitula mit figuralen Darstellungen in Niederösterreich. MAG 11, 1891, [59] und [68–71].
3. WB 126.256
4. WB 126.255.
5. Ann.8, (1893).
6. Wiener Zeitung vom 18.1.1890.
7. M. Hoernes, Die Castellieri von Istrien. In: Wiener Zeitung vom 9.11.1890;
   Hoernes 1894 b, 155.
8. Cassiodor XII, 22.
9. Hoernes (1889f).
10. Hoernes (1891c).
11. Hoernes (1894b).
12. Szombathy (2017b), 146.
13. Neues Wiener Tagblatt vom 12.11.1889.
14. Neues Wiener Abendblatt vom 14. und 15.3.1890.
15. Die Neue Freie Presse vom 11.11.1890.
16. Wiener Zeitung vom 18.3.1892.
17. Hoernes 1892 d.
18. L. Karner, Über einen Bronzesitula-Fund bei Kuffarn in Niederösterreich. MAG
    21, 1891, [65–71].
19. Hoernes (1891d).
20. Hoernes (1891h).
21. A. Furtwängler, Olympia IV. Ergebnisse. Die bronzenen und übrigen kleinen
    Funde. (Berlin) 1892.
22. Hoernes 1889 p; 1890a.
23. Hoernes (1892e).

Der große Wurf: „Die Urgeschichte des Menschen"

Den Weg zur Habilitation ebnete eine umfangreiche und bedeutende Arbeit von Moritz Hoernes: Die Urgeschichte des Menschen nach dem heutigen Stand der Wissenschaft, ein Werk, das im Verlag A.Hartleben in Wien in 20 Lieferungen während des Jahres 1891 erschien. Die letzte Lieferung wurde im Dezember gedruckt[1]. Das Buch hat Octav-Format, rund 700 Seiten und 300 Abbildungen und kostete 7 Gulden und 50 Kronen, was heute etwa einem Wert von 110 € entspricht[2]. Weitere Auflagen kamen 1895 und 1897 heraus. 1905 erschien eine englischsprachige, 1912 eine russischsprachige Ausgabe.

Das Buch war für ein interessiertes und vorgebildetes Publikum, also populärwissenschaftlich, abgefasst. Es enthält keine Zitate oder Anmerkungen, obwohl Hoernes auf Ansichten und Theorien anderer Prähistoriker oft ausführlich einging. Dennoch stellte es ein Standardwerk für die damalige Urgeschichtsforschung dar, da es – wie ja auch aus dem Titel hervorgeht – die wesentlichen neuen Kenntnisse darlegte und zusammenfasste.

Der besondere „Heimvorteil" für Hoernes zeigte sich darin, auf wichtige Funde und Fundgruppen aus der Prähistorischen Sammlung zurückgreifen zu können. Dazu kamen mehrere Abbildungen aus dem Archiv der Anthropologischen Gesellschaft, die Hoernes zur Verfügung gestellt wurden. Viele urgeschichtliche Fund- und Landschaftsdarstellungen des akademischen Malers Ludwig Hans Fischer trugen zur attraktiven Illustration des Buches bei. Sie waren nach Anweisungen von Hoernes angefertigt worden.

Das Werk ist in neun Kapitel aufgeteilt. Da der damalige Stand der Prähistorie interessiert, soll auf die wichtigsten Inhalte eingegangen werden. Im ersten Kapitel diskutiert Hoernes die Gliederung der „Menschenrassen" und schildert die Einteilungen von Carl von Linné und Johann Friedrich Blumenbach, bevorzugt aber selbst jene des Engländers Thomas Henry Huxley, der Australoide, Negroide, Xanthochroide (Blonde und Hellhäutige) und Mongoloide unterscheidet.

A. Lippert, *Moritz Hoernes*, https://doi.org/10.1007/978-3-658-43559-2_9

Im zweiten Kapitel befasst sich Hoernes mit den ältesten Kulturzuständen der Menschheit und geht dabei von Gesellschaftsstrukturen der Naturvölker aus. Er sieht eine Abfolge von Jägern und Sammlern in einer ersten Stufe, Nomaden und Viehzüchtern in einer zweiten Stufe und Viehzüchtern und Ackerbauern in einer dritten Stufe. Ursprünglich stammen Gerste und Weizen von Wildpflanzen in der asiatischen Steppe, wo „ein Anbau primitivster Art betrieben wurde. Kleine Samenvorräte kamen von dort durch Wanderungen der Pflanzer nach Europa, wo dann ein vollentwickelter Ackerbau zustande kam".

Das dritte Kapitel ist dem Tertiär und Diluvium gewidmet. In Anlehnung an Charles Darwin schreibt Hoernes: „Es ist mit Bestimmtheit anzunehmen, dass der Mensch schon im Tertiär aus dem Tierreich entstand". Nach damaliger Vorstellung reichte das Tertiär bis in die Zeit vor etwa 300.000 Jahren. Heute gehen wir davon aus, dass es vor 2 Mio. Jahren endete. Die Feststellung, dass der Mensch tierischen Ursprung habe, trugt Hoernes heftigste Kritik von der katholischen Kirche ein: „Nachdem Dr. Hörnes in seinem Werk ‚Die Urgeschichte des Menschen' die Grundanschauungen Lamarck's und Darwins als im Großen und Ganzen gewiss richtig bezeichnet, steht er im Gegensatz zu der Lehre des Glaubens, und (es) ist daher der gläubige Katholik vor der Lektüre dieses Buches zu warnen"[3].

Hoernes sieht jedenfalls den Beginn der Menschheit erst im letzten Interglazial und rechnet aufgrund dessen geologischen Datierung mit einem Gesamtzeitraum von 237.000 Jahren. Damals war erst der Neandertaler als Frühmensch bekannt, von dem Schädelteile aus einer Höhle im Neandertal bei Düsseldorf erstmals 1857 veröffentlicht worden waren. Just 1891, also im Erscheinungsjahr seiner „Urgeschichte des Menschen", wurde von dem holländischen Militärarzt Eugène Dubois in Trinil auf Java (Indonesien) ein Schädeldach und ein Zahn eines viel älteren, aufrecht gehenden Frühmenschen ausgegraben. Aber erst drei Jahre später publizierte er seinen Fund und nannte die neu entdeckte erste Menschenform „Pithecanthropus erectus"[4]. Wie sich erst viel später anhand neuer naturwissenschaftlicher Datierungsmethoden herausstellte, stammte dieser Homo erectus aus der Zeit vor 1,5 Mio. Jahren. Inzwischen kennen wir mit dem Homo habilis in Afrika eine 2,7 Mio. Jahre alte Frühmenschenform.

Alle bisher beschriebenen Altsteinzeit-Kulturen wurden also von Hoernes in die letzte Zwischeneiszeit und die letzte Eiszeit eingeordnet: Cheléen, Mousterien, Solutréen und Magdalenien, die alle nach bedeutenden Fundplätzen in Mittel- und Südfrankreich benannt waren.

Im vierten Kapitel behandelt Hoernes die Jüngere Steinzeit, das Neolithikum. Bekannt waren schon die Kjökkenmöddinger, also die von Menschen angelegten

Muschelabfallhaufen an der dänischen Küste. In ihnen wurden Reste von spitzbo-
digen, grob hergestellten Tongefäßen gefunden, sodass man hier eine Fischfang
treibende und Muscheln sammelnde frühe neolithische Kultur, für die ja Keramik
ein wichtiges Merkmal ist, annahm. Heute spricht man von der Ertebölle-Kultur
zwischen 5400 und 4000 v. Chr. Gleichzeitig zur Kjökkenmöddinger-Kultur stufte
Hoernes einige frühneolithische Siedlungen in Belgien und Frankreich ein. Nach
dieser Frühphase der Jungsteinzeit läßt er Pfahlbau- und Landsiedlungen der
Chassey-Kultur in Westeuropa folgen (Abb. 1). Dann kommt die Epoche von
Carnac in der Bretagne mit Megalithbauten, wie Dolmen- und Ganggräbern,
die in Mitteleuropa zeitlich mit der Kultur von Lengyel – nach einem Fundort im ungarischen Komitat Tolna -, die durch eine geometrisch bemalte Keramik
charakterisiert ist, zeitlich gleichgestellt wurde. Den Abschluss im Neolithikum
macht die Schnurkeramik in weiten Teilen Nord- und Westeuropas sowie im
nördlichen Mitteleuropa.

Abb. 1　Ältere Vorstellung von einer Pfahlbausiedlung in den Ostalpen. Wandbild im Naturhistorischen Museum, Wien

　　Im fünften Kapitel beschreibt Hoernes die Stein-Kupferzeit zwischen dem
Neolithikum und der Bronzezeit. Seine Bezeichnung sollte unterstreichen, dass
Kupfer noch kein dominierender Werkstoff war. Erst die Bronzelegierung aus

Kupfer und Zinn brachte eine entscheidende neue kulturelle Grundlage. Hoernes sah den Ursprung der Bronzekenntnisse in Vorderasien, die er im sechsten Kapitel beschreibt. Tatsächlich ist es heute sicher, dass Inner-, Vorder- und Kleinasien und danach die Ägäis die ältesten Gebiete mit Bronzeerzeugnissen waren. Die Gliederung Europas in mehrere Bronzezeit-Provinzen und darunter wieder besonders entwickelte, nämlich Spanien, Frankreich und Österreich, gilt aber heute als überholt. Sehr vage sind auch die Umschreibungen der kulturellen Inhalte der Früh-, Mittel- und Spätbronzezeit.

Das siebente Kapitel betrifft Südeuropa und den „Orient". Es ist hier eine knappe Übersicht von den großen Kulturen in Ägypten, Mesopotamien und Kleinasien zu finden. Hoernes erkennt richtig, dass die Etrusker Mittelitaliens noch vor den griechischen Einwirkungen starke ostmediterrane Impulse erhielten. In Griechenland selbst entsteht nach dem Fall der mykenischen Burgen die Dipylonkultur – heute die protogeometrische und geometrische Phase -, die nach einer großen Nekropole beim Dipylon, also dem Doppeltor des archaischen Athen, benannt wurde. Die Darstellungsweise und auch die Bildinhalte der auf der Tonware gemalten Szenen wiesen nach Ansicht von Hoernes auf Einwanderungen aus Mittel- und Nordeuropa hin. Er ging sogar soweit, zu behaupten, dass die frühgriechischen Vasenmalereien mit den bronze- und eisenzeitlichen Hällristningar, den bronze- und eisenzeitlichen Felszeichnungen in Südschweden, verwandt seien.

Im achten Kapitel kommt Hoernes nochmals auf die Eisenzeit am Balkan und Mitteleuropa zu sprechen. Einige seiner Ansichten halten heutigen Kenntnissen aber nicht stand: Schon in der späten Bronzezeit hätten Träger der kaukasischen Koban-Kultur und die Skythen das Wissen zur Eisenverhüttung- und verarbeitung auf den von Griechen und Illyrern besiedelten Balkan gebracht. Zur selben Zeit – um und nach 1200 v. Chr. - breiteten sich Griechen dann nach Süden und Illyrer nach Norden und Westen aus. Die Illyrer trugen zur Herausbildung der mitteleuropäischen Hallstattkultur bei. Die Situlen – hier vor allem die figural verzierten Bronzeblecheimer -, die Fibeln und anderer Schmuck aus den Gräbern von Hallstatt wurden nicht dort selbst, sondern in Oberitalien und auf der Balkanhalbinsel hergestellt (Abb. 2). Tatsächlich kennen wir heute Fibeln und auch Situlen mit Zierstreifen, die mit einiger Sicherheit aus diesen Gebieten eingeführt worden sind, aber sicher nicht in dem Umfang, den noch Hoernes vermutete.

Abb. 2 Hallstättersee mit Hallstatt, Salzberg und Rudolfsturm sowie Prunkbeigaben aus dem eisenzeitlichen Gräberfeld

Die Latène- sowie die römische Kaiser- und die Völkerwanderungszeit sind bei Hoernes im neunten Kapitel zusammengezogen. Er spricht von einer „Kulturrevolution" am Beginn der zweiten Hälfte des 1. Jts. v. Chr., die in Form der neuartigen Latènekultur, die von Gallien, etwa also vom heutigen Frankreich und Belgien, ausging und sich nach Osten bis in den Donauraum ausbreitete. Diese kulturelle Diffusion – Hoernes legt sich nicht auf eine Wanderung fest – hätte auch die Kenntnis des Eisens nach Norden zu den Germanen vermittelt.

Die Gliederung in eine Früh-, Mittel- und Spät-Latène-Zeit kann Hoernes präzise mit Leitformen belegen. Schwert- und Schwertscheideformen sowie Fibeltypen sind bereits ganz korrekt zugeordnet (Abb. 3). Die absolute Datierung der Phasen ist allerdings eher zu hoch gegriffen; so setzt Hoernes den Beginn der Mittellatènezeit mit 340 v. Chr., gut 50 Jahre früher als heute, an. Für die römische Kaiserzeit und Völkerwanderungszeit wählt Hoernes nur herausragende Fundensembles aus, so etwa die prächtige Ausstattung des Childerich-Grabes in der Kirche St. Brixius in Doornick in Belgien. Interessanterweise leitet er – wie schon früher für die Hallstattzeit – das Kunstgewerbe der Merowingerzeit vornehmlich aus den frühmittelalterlichen Kulturen im Orient, Griechenland und Italien ab.

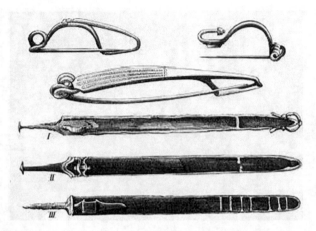

Abb. 3 Keltische Fibeln und ‚Schwerter. Nach M.Hoernes 1892: oben rechts Früh-, oben links Mittel-, darunter Spät-La Tène-Fibel. I. Früh-, II. Mittel- und III. Spät-La Tène-Schwert

Im letzten Kapitel wendet sich Hoernes den „alten und neuen Völkern Europas" zu. Die Hauptfrage gilt der Herkunft der europäischen Ethnien. Die früher als kaukasische Rasse bezeichneten Indogermanen oder Arier kamen damals nach sprachgeschichtlichen Überlegungen „aus dem Osten" und bildeten „zusammen mit Persern und Indern eine Urfamilie". Obwohl in Hoernes' Zeit noch keine archäologischen Indizien für diese Annahme herangezogen werden konnten, lässt sie sich heute zum Teil bestätigen: Die Jamnaja-Kultur des ausgehenden 4. Jts. v. Chr. im nordpontischen Steppengürtel, die Zuwanderungen aus dem iranischen Hochland erfuhr, bildete den Ausgang für die „indoeuropäische Einwanderung" in Europa. Diese ging, wie wir heute vor allem aus archäologischen Quellen und DNA-Untersuchungen wissen, in einem Zeitraum von nur wenigen Jahrhunderten vor sich[5]. Daher sind die weiteren Thesen von Hoernes, wonach eine erste Einwanderung von graeco-italischen, dann keltischen und schließlich germanischen Stämmen erfolgte, schlichtweg falsch. Die Herkunft der Slawen aus dem Gebiet des Altai und dem Ural muss heute ebenfalls korrigiert werden. Wesentlich weiter westlich, im Gebiet der Prut im südwestlichen Pontusraum, begann im 6. Jh. nach Chr. eine teilweise Abwanderung der Slawen in ihre Sitze nördlich und südlich der unteren und mittleren Donau.

„Die Urgeschichte des Menschen" von Moritz Hoernes wurde in fast allen Fachorganen, aber auch in zahlreichen Zeitungen besprochen. Insgesamt fielen die Rezensionen anerkennend und mitunter mit höchstem Lob aus. Der tschechische Paläontologe und Prähistoriker Jan Woldřich schrieb, dass die früheren englischen, französischen und deutschen Übersichten zur Urgeschichte längst veraltet und teilweise nur aus der Sicht der jeweiligen Länder gestaltet waren. Es gäbe daher „das Bedürfnis nach einem der heutigen Wissenschaft entsprechenden Werk. Diesem ist nun Hoernes voll und ganz nachgekommen. Ein großer Vorzug des Buches besteht darin, dass der Verfasser bei wichtigen Fragen die Ansichten der Fachmänner citiert und bei der Auseinandersetzung seiner gewiss berufenen Anschauungen sehr vorsichtig und zurückhaltend spricht. In den ersten Capiteln hält sich derselbe mehr an die betreffenden Fachautoren, im vierten Capitel beginn seine selbständigere Arbeit, welche namentlich im siebenten bis zehnten Capitel culminiert, wo Südeuropa, Orient, die Hallstattperiode, die La Tènezeit, die Römerzeit und die Völkerwanderung besprochen werden"[6]. Woldřich äußerte schließlich noch einen Wunsch im Fall einer Neuauflage: Osteuropa sollte stärker berücksichtigt und ein Literaturverzeichnis am Ende des Buches hinzugefügt werden.

Auch Josef Szombathy lobt die „überall erzielte Höhe des heutigen Standes der Wissenschaft, durch welche es, obwohl im populären Gewande, die wenigen ähnlichen Werke, welche bisher erschienen sind, weit überholt, und sich zu einem vortrefflichen Lehrbuch der Prähistorie für die heutige Generation qualifiziert"[7].

Der Herausgeber der „Prähistorischen Blätter" in München, Julius Naue, schreibt in seiner Besprechung, dass „Die Urgeschichte des Menschen" gemeinverständlich, aber doch streng wissenschaftlich sei. Und weiter: „ Die älteren Werke, welche ähnliche Zwecke verfolgten, wie das vorliegende, sind längst nicht mehr ausreichend, um den gerade für die Urgeschichte und ihre zahlreichen Funde so nothwendigen Rapport zwischen der fachgelehrten Welt und dem größeren Publikum zu vermitteln. Die Darstellung ist ausführlich und zeigt eine ausgedehnte Verwendung von werthvollem, zum Theil noch nicht publiciertem Illustrationsmaterial durch alle vorgeschichtlichen Perioden... So möge denn dieses interessante Werk eine allgemeine freundliche Aufnahme finden"[8].

Von erheblichen Gewicht für die Verbreitung der „Urgeschichte" in Fachkreisen und bei einer vorgebildeten Leserschaft war die Beurteilung des damals schon hochangesehenen Berliner Anthropologen Rudolf Virchow. Er schrieb in seiner Rezension, dass „es hervorgehoben sein mag, dass die Darstellung des Verfassers die Vorzüge eines eleganten und klaren Styls, der von ihm bekannt ist, nirgends verleugnet." Als problematisch sah er aber, „dass der Verfasser in seiner Schilderung den regionären Verschiedenheiten wenig Rechnung trägt. Für jemanden, der erst lernen soll, ist es schwer, alle Länder, ja die ganze Erde gewissermaßen im Gemisch vor sich vorübergeführt zu sehen. Eine strengere Scheidung der Entwicklung in den einzelnen Ländern würde uns mehr geeignet erscheinen, das Verständnis zu sichern". Und zusammenfassend: „Jedenfalls können wir schon jetzt sagen" – für Virchow lagen erst 12 Lieferungen des Werkes vor – , „dass es ein gedankenreiches und fleißiges Werk ist, das uns hier geboten wird"[9].

Aus heutiger Sicht ist dieses erste große Übersichtswerk von Moritz Hoernes – weitere sollten folgen – eine gewaltige Leistung. Diese muss man auch unter der Voraussetzung sehen, dass sich Hoernes erst 1885, also sechs Jahre davor, ganz der jungen Wissenschaft, der Urgeschichte, gewidmet hatte. Freilich sind zahlreiche Feststellungen und Vermutungen durch die moderne Prähistorische Archäologie großteils oder vollständig überholt. Viele Theorien von Hoernes konnten einfach nicht ausreichend archäologisch untermauert werden, da das Fundmaterial dafür nicht ausreichte oder noch nicht zur Verfügung stand. Verfrüht wirkt daher, wenn Hoernes die Eigenart und das Zustandekommen mancher Kulturen durch Einwanderungen, Expansionen oder Einflüsse anderer Kulturerscheinungen zu erklären versuchte. Immerhin hält sich Hoernes bei ethnischen Zuweisungen im Neolithikum und in der Bronzezeit weitgehend zurück und setzt eher auf die Definition und Beschreibung von Kulturen. In den ersten Kapiteln besteht sein Konzept aus Hinweisen auf ethnologische Beispiele und Erkenntnisse der Anthropologie und Sprachwissenschaft. Das große Problem war aber damals der Mangel an verlässlichen absoluten Datierungen, aber auch einer gesicherten relativen Chronologie. Die typologische Methode von Oscar Montelius war nur für die Metallzeiten bestimmt und auch nicht immer treffsicher. Eine gewisse Hilfe bot die Beobachtung von Kulturschichten und Bauphasen. Doch war man in dieser Zeit noch stark überfordert, wenn es etwa um das Erkennen von Siedlungsabfolgen ging. Am ehesten konnte die aus der Geologie übernommene stratigrafische Methode für die meist mächtigen altsteinzeitlichen Ablagerungen und Kulturschichten mit Erfolg angewendet werden. Ansonsten steckte die systematische Schichtanalyse noch in den Kinderschuhen. Erst am Ende des 19.Jhs. entwickelte der Engländer Flinders Petrie für komplexe Siedlungsschichten im Vorderen Orient eine Anleitung zur Gliederung und Interpretation[10].

Eine weitere Schwierigkeit für eine chronologische Durchdringung von Fundmaterialien bestand in dem häufigen Unvermögen, Grabzusammenhänge für Chronologie und Sozialstruktur zu nutzen. Einzelne Fundobjekte aus Grabinventare sind, wie wir das heute längst sehen, für eine Auswertung fast wertlos, es sei denn, es handelt sich um besondere Artefakte. Nur geschlossene Grabzusammenhänge, also die Gesamtausstattungen von Gräbern, ermöglichen einen Vergleich mit anderen Grabinventaren und die Aufstellung einer relativen Chronologie. Davon war man in Hoernes' Zeiten noch weit entfernt. Seine „Urgeschichte des Menschen" war aber ungeachtet aller dieser dem damaligen Forschungsstand geschuldeten Mängel eine überaus wichtige, für ihre Zeit aktuelle Darstellung der Frühzeit des Menschen.

Anmerkungen

1. Hoernes (1892a).
2. Nationalbank.
3. St. Pöltner Zeitung vom 26.4.1891.
4. E. Dubois, Pithecanthropus erectus. Eine menschenähnliche Uebergangsform aus Java. (Batava, Jakarta) 1894.
5. Krause (2019), 115–129.
6. J. Woldřich, Rezension der „Urgeschichte des Menschen" von Moritz Hoernes. In: Mitteilungen der kaiserlich-königlichen Georgraphischen Gesellschaft. (Wien) 1893, 137–141.
7. J. Szombathy, Rezension der „Urgeschichte des Menschen" von Moritz Hoernes. MAG 21, 1892, 195–196.
8. Prähistorische Blätter III, (1891), 44–45.
9. Zeitschrift für Ethnologie, Berlin, 23, 1891, 23.
10. F. Petrie, Sequences in prehistoric remains. Journal of the Anthropological Institute of London 29, 295–301. 1899.

Die Habilitation im Jahr 1892

Ende 1891 reichte Moritz Hoernes sein Ansuchen um Habilitation an der Universität Wien ein. Damit war er der erste Prähistoriker an einer deutschsprachigen Universität, der sich um eine venia legendi für Urgeschichte bewarb.

Ansätze zur Forschung und Lehre der Urgeschichte gab es hier allerdings schon viel früher, doch waren sie immer mit anderen Fachbereichen kombiniert. So habilitierte sich Johann Gustav Gottlieb Büsching im Jahr 1816 für „Geschichtliche Hilfswissenschaften und deutsche Alterthümer" an der Universität Breslau. Ein Jahr später wurde er er zum außerordentlichen und 1823 zum ordentlichen Professor der Altertumswissenschaften ernannt. Büsching war eigentlich Jurist, hatte sich aber schon in jungen Jahren für deutsche Kunst und Altertumskunde brennend interessiert. Als er 1810 den Auftrag erhielt, Kunstobjekte und archäologische Funde aus den säkularisierten Klöstern in das königliche Archiv in Breslau zu überführen, begann er diese auch intensiv zu studieren. Als Professor an der Universität begründete er einen Verein für schlesische Geschichte und Altertümer. Aus seiner Feder stammen die beiden Übersichtswerke „Die Alterthümer der heidnischen Zeit Schlesiens" (Breslau 1820) und der „Abriss der deutschen Alterthumskunde" (Weimar 1824).

Der Bedarf an Forschern für die vorrömische, also urgeschichtliche Zeit, die ihr Wissen an der Universität weitergaben, wurde allmählich immer größer. So appelliert der Gesamtverein der deutschen Geschichts- und Altertumsvereine 1852 an alle Regierungen Deutschlands, die Sammlungen finanziell zu fördern und Lehraufträge über deutsche, also germanische Archäologie an den Universitäten zu vergeben. Eine solche „deutsche Archäologie" wurde damals als gleichbedeutend mit urgeschichtlicher Archäologie im deutschen Raum verstanden.

Es sollte aber noch einige Jahre dauern, um dieses Ziel zu erreichen. 1863 habilitierte sich Johannes Ranke, ein Physiologe, im Fach Anthropologie an der

A. Lippert, *Moritz Hoernes*, https://doi.org/10.1007/978-3-658-43559-2_10

Universität München. In diesem Bereich ging es um die Abstammung des Menschen und prähistorische Menschenformen, womit natürlich ebenso ein wichtiges Thema der Urgeschichte berührt wurde. Immerhin bezog Ranke seit 1873 auch die Urgeschichte in seine Vorlesungen ein. 1886 wurde Ranke auf die erste Lehrkanzel für Anthropologie in Deutschland berufen. Zwei Jahre später, 1888, wurde an seinem Institut erstmals eine Dissertation mit einem urgeschichtlichen Thema approbiert.

Ranke war lange Zeit Generalsekretär der Deutschen Anthropologischen Gesellschaft und führend an der Organisation des Anthropologenkongresses in Wien im August 1889 beteiligt. Auch Hermann Schafhausen, der seit 1870 in getrennten Vorlesungen Anthropologie und Urgeschichte an der Universität Bonn lehrte, hielt an dieser Tagung einen Vortrag. Gerade in diesem Jahr wurde er zum Honorarprofessor für beide Disziplinen gewählt. Moritz Hoernes hatte damals die beste Gelegenheit, diese bedeutenden Gelehrten in Wien kennenzulernen.

Der Dualismus von Urgeschichte und einem anderen humanwissenschaftlichen Fach war auch anderswo üblich. Ein Beispiel dafür ist Friedrich Klopfleisch, der von Haus aus Kunsthistoriker war und als außerordentlicher Universitätsprofessor 1875 in Jena forschte und unterrichtete. Zunächst noch unbesoldet, bezog er in seiner weiteren Funktion als Leiter des Germanischen Museums der Universität erst seit 1878 ein Gehalt. In seinen Vorlesungen hatte die Urgeschichte einen festen Platz. Er unternahm auch zahlreiche Ausgrabungen in Thüringen, die er auswertete und publizierte. Er machte sich einen Namen in der Fachwelt bei der Bewertung der bisher weniger beachteten prähistorischen Keramik, deren genaues Studium eine zeitliche Gliederung der Kulturen ermöglichte. Von ihm stammen übrigens auch die heute noch gängigen Bezeichnungen „Bandkeramik" und „Schnurkeramik", also für früh- bzw. spätneolithische Kulturen. Sein Engagement in der Urgeschichte war mit der Zeit so stark, dass er seit 1894 nur mehr Lehrveranstaltungen zur Ur- und Frühgeschichte an seiner Universität hielt.

1892 und dann nochmals 1899 forderte die Deutsche Anthropologische Gesellschaft in Berlin mit Nachdruck gesonderte Lehrstühle für Anthropologie, Ethnologie und Urgeschichte. Aber erst 1902 wurde eine außerordentliche Professur für Völkerkunde und Urgeschichte an der Universität Leipzig geschaffen, dessen erster Inhaber Karl Weuhle war. Im selben Jahr richtete auch die Universität Berlin eine außerordentliche Lehrkanzel für „Deutsche Archäologie", also Vorgeschichte, ein. Sie wurde mit Gustav Kossina besetzt. Er war eigentlich klassischer Philologe und Germanist und interessierte sich in erster Linie für die indoeuropäische und germanische Altertumskunde. 1909 gründete er die Deutsche Gesellschaft für Vorgeschichte und die Fachzeitschrift „Mannus".

Rückblickend kann man festhalten, dass die Urgeschichte als Lehrfach von verschiedenen Seiten zustande kam. Eine große Rolle spielte dabei die Physische Anthropologie, die Kunstgeschichte und Philologie. Überraschenderweise bildete aber die Klassische Archäologie, die von der Forschungsmethode her vergleichbar ist, keinen Ausgangspunkt für die universitäre Lehre der Urgeschichte. Wenn Hoernes auch Klassische Archäologie studiert hatte, so arbeitete er zu keiner Zeit an einer Institution dieses Fachbereiches. Im Naturhistorischen Hofmuseum war die Prähistorische Sammlung, die zur anthropologisch-ethnographischen Abteilung gehörte, seine Wirkungsstätte.

Am 18. Dezember 1891 beantragte Hoernes also an der Philosophischen Fakultät der Universität Wien eine Habilitation im Fach „Allgemeine Urgeschichte mit besonderer Rücksicht auf die Länder Österreich-Ungarns" Er war damals fast 40 Jahre alt. Als Habilitationsschrift legte Hoernes seine bereits 1888 in den „Mitteilungen der Anthropologischen Gesellschaft" veröffentlichte Arbeit „Die Gräber an der Wallburg von St.Michael bei Adelsberg (Postojna) in Krain" vor[1]. Sie stellte eine Bearbeitung und Auswertung der Beigaben-Ausstattungen der Gräberfelder in St. Michael (Šmihel) dar, die Szombathy und er selbst einige Jahre zuvor freigelegt hatten.

Zur Einreichung seines Ansuchens zählten neben dem Doktordiplom ein curriculum vitae, Vorschläge für den Probevortrag und das geplante Vorlesungsprogramm[2]. Im Lebenslauf begründete Hoernes seine Entscheidung mit seiner Arbeit in der Prähistorischen Sammlung im Naturhistorischen Hofmuseum. Er schrieb, dass sich „das autodidaktische Studium der Prähistorie für ihn dadurch anziehend gestaltete, dass jene junge Wissenschaft gerade im abgelaufenen Decennium durch werthvolle Funde und Publicationen eine Reihe neuer Impulse erhielt. Immerhin musste man das Meiste noch durch praktische Arbeiten im Terrain erlernen, denen ich mich mit umso größerem Eifer zuwendete, als sie für die Vertretung der vorgeschichtlichen Anthropologie in dem neugegründeten Museum nothwendig waren".

Hoernes nannte drei mögliche Themen für einen Probevortrag und zwar als erstes „Über die ornamentale Verwendung der Thiergestalt in der prähistorischen Kunst". Dieses Thema wurde dann auch von der Kommission für den Vortrag ausgewählt. Ein weiterer Vorschlag galt dem kürzlich entdeckten „Bronzeeimer mit figuralen Darstellungen aus einem Grabe in Niederösterreich", also der frühlatènezeitlichen Situla von Kuffarn. Ferner bot Hoernes an, „Über den Begriff und die Aufgaben der Prähistorischen Archäologie" vorzutragen.

Das vorgeschlagene Vorlesungsprogramm ist erstaunlich lang und versucht, alle damals für die Ausbildung von Studenten relevanten Themen abzudecken:

Allgemeine Urgeschichte, 4 Wochenstunden im Wintersemester

Urgeschichte der Länder Österreich-Ungarns, 2 oder 3 Wochenstunden im Wintersemester

Urgeschichte der altclassischen Länder, 2 Wochenstunden im Sommersemester

Mitteleuropa in den letzten Jahrhunderten vor Chr., 2 Wochenstunden im Winter- oder Sommer-semester

Archäologie Nordeuropas, 2 oder 3 Wochenstunden im Wintersemester

Die Lebensformen der Urzeit, 4 Wochenstunden im Sommersemester

Und „unverbindlich und auf besonderem Wunsch":

Der diluviale Mensch in Europa

Die Urgeschichte Osteuropas

Schriftquellen der Urgeschichte Europas

Offenbar sollte der Zyklus der Vorlesungen – Übungen, Seminare, Grabungs-praktika, Exkursionen – anderes waren nicht vorgesehen – jeweils ein Studienjahr umfassen. Für „Demonstrationszwecke" führte Hoernes den „Bilder- und Bücher-vorrath der Bibliothek der Prähistorischen Sammlung" sowie „Prähistorische Objekte oder deren Nachbildungen aus der Prähistorischen Sammlung des Naturhistorischen Hofmuseums" an.

Am 3. Februar 1892 tagte die Habilitationskommission unter dem Vorsitz des Dekans J.Hamann zur Prüfung der formalen Voraussetzungen und erwog zunächst eine Zulassung auf den Fachbereich Anthropologie. Der Kommission gehörten Professoren aus verschiedenen Fachrichtungen an: O.Benndorf (Klas-sische Archäologie), M.Büdinger (Geschichte), C.Claus (Zoologie), A.Penck (Geographie), Waagen (Paläontologie) und als Berichterstatter E.Bormann (Alte Geschichte und Epigraphik). Mit Claus, Penck und Waagen waren somit ebenso viele Naturwissenschaftler wie Geisteswissenschaftler in der Kommission vertre-ten. Um die Frage des Habilitationsgegenstandes nochmals zu diskutieren, wurde ein weiterer Sitzungstermin für den 12. Februar festgesetzt.

Ein Mitglied der Kommission – ausgerechnet der klassische Archäologe Otto Benndorf (Abb. 1 im Kap. „Die Dozentenjahre (1892–1899)") und früherer Lehrer und Mentor von Moritz Hoernes – musste sich für diese neuerliche Besprechung wegen einer bevorstehenden Reise nach Kleinasien, wohl zu den Ausgrabungen in Ephesos, entschuldigen. Benndorf trug aber Sorge für einen guten Verlauf des Habilitationsverfahrens. Er wies in seinem Schreiben an die

Kommission darauf hin, dass Hoernes nur für „Prähistorische Archäologie" habilitiert werden konnte. Das erschien ihm für ihn das einzig zutreffende Fachgebiet und nicht Anthropologie. Hoernes besäße keinerlei naturwissenschaftliche Kenntnisse. Benndorf ging es in diesem Hinweis nicht um eine Einschränkung der Lehrbefugnis für Hoernes, sondern um eine klare Richtungsvorgabe für ein wichtiges neues Fachgebiet an der Universität. Das zeugt von einer klugen Voraussicht Benndorf's und entsprach ja auch voll und ganz der Intention von Hoernes selbst.

Dieser Empfehlung kam die Kommission in ihrer Sitzung am 12. Februar nach und einigte sich auf das Habilitationsfach „Prähistorische Archäologie". Im Kommissionsbericht heißt es dann: „Dieser Ausdruck deckt die ganze bisherige Tätigkeit des Dr. M. Hoernes vollkommen ab und umfasst ein Gebiet von Studien, das sich zu einer selbständigen Disziplin zusammenzuschließen beginnt".

Am 20. Februar nahm die Fakultätssitzung den Kommissionsbeschluss einstimmig an. Schon am 11. März wurde das Habilitationskolloquium mit „befriedigendem Ergebnis" abgehalten. Mit gleicher Zustimmung verlief dann auch der Probevortrag am 15. März. Schon in der nächsten Fakultätssitzung am 14. Mai fiel der Entschluss, Hoernes die venia legendi für „Prähistorische Archäologie" zu verleihen. „Die in Aussicht genommenen Vorlesungen wurden auf das Lebhafteste begrüßt und es wurde zum Ausdruck gebracht, dass sie einen unterstützenden Fortschritt des Lehrangebotes darstellten".

Der Fakultätsbeschluss wurde schließlich auch vom Ministerium für Kultus und Unterricht[3] bestätigt. In dem ministeriellen Erlass wurde aufgrund des eingeholten Gutachtens des Leiters der Prähistorischen Sammlung, Kustos Josef Szombathy, „die Benutzung der Prähistorischen Sammlung und der Bibliothekswerke des Naturhistorischen Hofmuseums für die Studierenden in den Räumen des Museums zugestanden". Somit waren alle Anliegen von Moritz Hoernes erfüllt. Eine finanzielle Vergütung der Vorlesungen gab es damals allerdings nicht. Privatdozenten übten eine ehrenamtliche Lehrtätigkeit aus. Die Lehrveranstaltungen von Hoernes schienen im Vorlesungsverzeichnis unter: Philosophische Fakultät, Sektion V, Geographie und Ethnologie, Abteilung Ethnologie, auf. Die Fachbezeichnung „Prähistorische Archäologie" fand somit noch keinen Eingang in das Lehrangebot.

Die Habilitation von Moritz Hoernes löste in Anthropologen-Kreisen Freude und Anerkennung aus. Dies kann man auch an den Reaktionen der Anthropologischen Gesellschaften gut ablesen. So gab der Präsident der Deutschen Anthropologischen Gesellschaft, Rudolf Virchow, die Habilitierung von Hoernes „als erste ihrer Art" bekannt und „nahm (besonderen) Antheil an diesem Ereignis, da Hoernes hier (in Berlin) vor Jahren zwei Semester klassische Archäologie und Philologie studiert" hatte[4].

Anmerkungen

1. Hoernes (1888b).
2. Akt Moritz Hoernes, Universitätsarchiv Wien.
3. Ministerium für Kultus und Unterricht Zl. 3.17586.
4. R. Virchow, Sitzungsbericht vom 21.1.1893, Punkt 6. ZfE 25, 1893, [33].

Erste Ausgrabungen in Bosnien und die Gründung des Landesmuseums

Am 31.Juli 1878 überschritten österreichische Truppen die Save, um Bosnien und die Herzegowina zu besetzen. Dem Militär, das durch diese Länder zog, gehörte auch der Reserveleutnant Moritz Hoernes an. Nach Abschluss der Okkupation, in den Jahren 1879 und 1880, beauftragte ihn das Unterrichtsministerium in Wien, alle sichtbaren prähistorischen, römischen und mittelalterlichen Denkmäler zu erfassen und zu beschreiben. In den darauf folgenden Jahren reiste Hoernes mehrmals nach Bosnien und in die Herzegowina und befasste sich vorrangig mit den römischen und mittelalterlichen Monumenten. Insgesamt stammen bis zum Jahr 1888 fünfzehn Abhandlungen und Bücher über diese Forschungen, die auch Land und Leute einbezogen, aus seiner Feder. Man kann sagen, dass der junge Gelehrte zu den ersten wissenschaftlichen Erforschern dieser Gebiete zählt.

Freilich gab es vereinzelte Bemühungen zur Dokumentation römischer Grabsteine und Ruinen schon vor 1878. Bereits erwähnt wurde der Franziskanerpater Peter Bakula, der einen Schematismus verfasste. Auch der französische Konsul E. De Ste.Marie in Mostar hatte einiges an Wissen über römische und mittelalterliche Spuren zusammengetragen. Und gleichzeitig mit Hoernes interessierten sich auch manche andere Offiziere für antike Fundstellen, wie etwa der Generalstabsoffizier H. von Sterneck oder der Oberleutnant J. von Luschan. Viele weitere Funde ergaben sich beim Bau neuer Straßen. Auch hier waren es österreichische Offiziere, die Fundstellen erkannten und Funde einsammelten[1].

Hoernes forschte noch bis in die 90er Jahre in Bosnien und in der Herzegowina. Zu den neuen, nun vom Gemeinsamen Finanzministerium unter Benjamin von Kállay beauftragten Aufgaben von Moritz Hoernes, der in dieser Zeit eigentlich weitgehend von der Arbeit im Naturhistorischen Museum in Wien an Anspruch genommen war, zählte es auch, „wissenschaftlich exacte Ausgrabungen auf dem Glasinac – dem Hochland östlich von Sarajewo – vorzunehmen und für die weitere Gewinnung prähistorischer und römischer Denkmale (für das

A. Lippert, *Moritz Hoernes*, https://doi.org/10.1007/978-3-658-43559-2_11

geplante Landesmuseum) Vorschläge zu erstatten"[2]. Immerhin führte Hoernes diese Feldforschungen nicht selbst aus, sondern der am Museum bereits angestellte Kustos Ćiro Truhelka. Hoernes hatte aber die wissenschaftliche Leitung der Ausgrabungen.

Seit 1889 führte Truhelka also jährliche Freilegungen von Grabhügeln und Wallburgen aus der Bronze- und Eisenzeit durch. 1890 füllten die Fundstücke aus diesen Unternehmungen bereits die Schaukästen und Regalen von fünf Räumen der provisorischen Sammlung des Landesmuseums. Dazu kamen römische Grabsteine und mittelalterliche Zierplatten.

Hoernes schrieb über die Grabungen und die Veröffentlichungen von Truhelka, dass dieser seine Ergebnisse erstaunlich rasch, wenn auch mehr in übersichtlicher Form, veröffentlichte[3]. Und weiter:" Vorgeschichtliches Alterthum, Mittelalter und frühe Neuzeit haben zusammengewirkt, um aus der öden Hochebene vom Glasinac einen Riesenfriedhof, ein weiteres Museum der verschiedenartigsten Grabdenkmäler zu machen... Truhelka gibt trotz eifriger und gewissenhafter Arbeiten keine Fundzuordnungen" – also keine Angaben zu den Fundkontexten – „... In seinen Publikationen beachtet er auch nicht die kulturellen Beziehungen (der Grabausstattungen) nach Griechenland und die besondere Vermittlerrolle des Westbalkans zwischen Griechenland und der Hallstattkultur"[4]. Diese Feststellungen wundern ein wenig, da Hoernes sicher ausreichend Gelegenheit hatte, mit Truhelka über alle Probleme zu sprechen. Anscheinend kam es aber in dieser Zeit noch zu keiner ausreichenden Aussprache.

1889 sandte k.u.k. Reichsfinanzminister von Kállay die Archäologen Hoernes und Josef Hampel, der Professor für Altertumskunde an der Universität Budapest war, nach Bosnien, „um die Bedürfnisse der rasch anwachsenden Alterthümer-Sammlungen in Sarajewo zu studieren und über diese, wie auch andere einschlägige Fragen der archäologischen Erforschung Bosniens zu berichten"[5]. Diese Reise fand dann vom 23. Juni bis 15. Juli statt, beinhaltete aber vor allem die Aufsicht über die Ausgrabungen von C. Truhelka am Glasinac[6]. Hoernes blieb auch tatsächlich vom 29. Juni bis 10. Juli bei den Feldforschungen und schrieb darüber: „Wir führten Ausgrabungen auf dem Plateau vom Glasinac durch, welche so ergiebig waren, dass der aus früheren Arbeiten stammende Besitz des Landesmsueums an prähistorischen Bronzen von diesem Fundorte um das Doppelte bis Dreifache vermehrt wurde". Während dieser Kampagnen wurden 62 Tumuli geöffnet, die – nach dem Bericht von Hoernes – aus kleinen und größeren Bruchsteinen geschichtet waren. Die Körperbestatungen lagen auf Steinsockeln. Neben einheimischen Bronzen wurde auch eine „griechischer" Helm geborgen. Außerdem fanden Grabungen auch in Wallburgen statt[7]. Man forschte also an mehreren bronze- und eisenzeitlichen Fundstätten, oft zugleich, und die Quantität des Fundmateriales hielt meist nicht Schritt mit einer genaueren Dokumentation. Immerhin dürfte aber damals schon auf die Fundzusammenhänge besser geachtet worden sein, wie Fundberichte von Truhelka und Hoernes über die Gräber zeigen.

Weitere, vom Reichsfinanzminister beauftragte Reisen nach Bosnien unternahm Hoernes im Juni und September 1890[8]. Schließlich auch noch im Juni und Juli 1891[9]. Die Reiseaufenthalte im Sommer 1890 zeigen so recht, welchen verschiedenen Aufgaben und Zielen er sich in Bosnien in diesen Jahren zuwandte. Um den Fortgang der „prähistorischen Localforschungen" zu beschleunigen, betraute Minister von Kállay persönlich einen österreichischen Eisenbahningenieur, Georg von Stratimirović, mit Ausgrabungen am Glasinac, die Hoernes beaufsichtigen und worüber er berichten sollte. Stratimirović führte im Gebiet von Sokolac und Kusače Ausgrabungen in zwei Wallburgen und von Grabhügeln durch. Hoernes hielt das Plateau von Glasinac wegen seiner enormen Zahl an Gräberfeldern übrigens für einen „heiligen Bezirk", wo verschiedene illyrische Stämme ihre Toten bestatteten.

Danach besichtigte Hoernes zusammen mit Carlo de Marchesetti, dem Museumsdirektor in Triest, einige ausgedehnte Wallanlagen im Bereich des Zlatište, einem Vorberg des Trebević südwestlich von Sarajewo. Dort hatten schon Ć.Truhelka und F. Fiala Siedlungsmaterial aus der späten Bronze- und frühen Eisenzeit entdeckt. Hoernes ließ nun auch Stratimirović Versuchsgrabungen in der Wallburg von Debelo Brdo durchführen. Außerdem besuchte Hoernes auch die Sammlungen des Landesmuseums, um Fundvergleiche anzustellen.

1892 wurde Hoernes zum Konsulent für wissenschaftliche Angelegenheiten für die bosnisch-herzegowinische Abteilung des Reichsfinanzministeriums ernannt. Damit war eine Beteiligung an der Ausarbeitung von Grabungsergebnissen für Publikationen verbunden. So etwa im Fall der Ausgrabung einer langlebigen neolithischen Siedlung in Butmir bei Sarajewo, die 1895 und 1898 teilweise erforscht wurde Auch die Vorbereitung eines Kongresses für Prähistoriker und Anthropologen, den Minister von Kállay in Sarajewo 1894 einberief, fiel Hoernes zu. Auf dieser Versammlung wurde über alle bisherigen archäologischen Forschungen in den neuen Ländern berichtet.

Ein Meilenstein in der archäologischen Erkundung von Bosnien und der Herzegowina war die Gründung eines Landesmuseums in Sarajewo. Sie ging auf die Initiative des Reichsfinanzministers Benjamin von Kállay zurück, der die okkupierten Gebiete politisch verwaltete. Von Kállay, der Geschichte an der Wiener Universität studiert hatte, bezeichnete das im Jahr 1888 etablierte Landesmuseum als seine „Lieblingsschöpfung". Sein Anliegen war „die kulturelle Hebung der von Österreich-Ungarn, ehemals türkischer und nun von ihm geleiteten Länder"[10]. Wegen seiner fortwährenden Unterstützung der anthropologischen Wissenschaften wurde von Kállay zum Ehrenmitglied der Wiener Anthropologischen Gesellschaft ernannt.

Hoernes erhielt vom Reichsfinanzminister in einem persönlichen Gespräch schließlich den Auftrag, an den Vorbereitungen und der Aufstellung der paläontologischen und prähistorischen Sammlungen des bosnisch-herzegowinischen Landesmuseums mitzuwirken. Auch sollte Hoernes Vorschläge unterbreiten, wie das Landesmuseum über die museale Tätigkeit hinaus zum Mittelpunkt von Forschungen in beiden Ländern gestaltet werden könnte.

Schon seit 1885 wurden konsequent wissenschaftliche Sammlungen angelegt und unter der Bezeichnung „Bosnisch-hercegovinisches Landesmuseum" zunächst vom gemeinsamen österreichisch-ungarischen Finanzministerium und dem in Sarajewo neu gegründeten Museumsverein unterstützt und betreut. Für die Unterbringung der Sammlungen mietete das Ministerium zwei Wohnungen im zweiten Stock des ehemaligen Pensionsfondsgebäudes der Beamten in der Altstadt. Es waren dies sechs Räume für die Schausammlungen sowie ein Laboratorium in einer früheren Küche und drei Depoträume (Abb. 1). Ab 1888, dem Jahr der Eröffnung des Landesmuseums, fanden die naturwissenschaftlichen Bestände im Parterre, die archäologischen, kunst- und kulturhistorischen Sammlungen dagegen in den bisherigen Räumlichkeiten im zweiten Stock ihre vorläufige Aufstellung. Erst 1913 konnte das prunkvolle neue Landesmuseum am Boulevard Zmaja od Bosne bezogen werden. Das im Stil der italienischen Renaissance vom tschechischen Architekt Karel Pařík geplante Gebäude wurde am 1. Februar 1888 in einem feierlichen Festakt in Anwesenheit des Landesgouverneurs Johann Freiherr von Appel der Öffentlichkeit übergeben. Ab nun war aber das Museum der Direktion der Landesverwaltung unterstellt.

Abb. 1 Provisorische Einrichtung der Prähistorischen Sammlung des Bosnisch-Herzegowinischen Landesmuseums in Sarajewo im Jahr 1885 mit Keramik und Feuerstelle

Die naturwissenschaftliche Abteilung umfasste die Geologie, Mineralogie, Botanik und Zoologie. Einer noch stärkere Auffächerung besaß die archäologisch-kunstgewerbliche Abteilung. Sie bestand aus den Sammlungen von Münzen, Waffen, Siegelabdrucken, Landestrachten und den archäologischen Objekten. Zur Archäologie gehörten neben den prähistorischen, römischen und mittelalterlichen Fundstücken ein Lapidarium und Gipsabgüsse epigrafischer und figuralverzierter Steindenkmäler.

1885 stellte man den Böhmen Dr. Ćiro Truhelka, einen promovierten Archäologen, als Kustos für die archäologisch-kunstgewerblichen Sammlungen ein. Er hatte die Aufgabe, die Sammlungen für die Dauerausstellung zu ordnen und vorzubereiten. Erst 1892 wurde ihm ein Kustosadjunkt, von Franjo Fiala, zur Seite gestellt, der aber auch für die botanische Sammlung zuständig war. Außerdem arbeitete ehrenamtlich Berghauptmann Wenzel Radimský beim Aufbau der mineralogisch-geologischen und der archäologischen Sammlung mit. Radimský war Geologe, führte aber bedeutende Ausgrabungen in der neolithischen Siedlung Butmir bei Sarajewo, in den Pfahlbauten in Ripač und in späteisenzeitlichen Gräberfeldern in Jezerine bei Bihać an der Save durch. Ihm sind viele wichtige Aufsätze und Publikationen zu diesen Forschungen zu verdanken.

Das Landesmuseum verfügte lange Zeit nur über einen nicht ausgebildeten Hilfspräparator und einen Museumsdiener, was natürlich die Bearbeitung und Auswertung archäologischer Feldforschungen erschwerte. Umso mehr sind die Erfolge von Truhelka und Fiala zu würdigen. Ćiro Truhelka legte unermüdlich Tumuli in den Nekropolen am Glasinac frei. Dazu kamen Aufdeckungen von Pfahlbauten in Donja Dolina im Save-Tal und die Dokumentation von „Bogumilensteinen", also altslawischen Grabplatten in der Herzegowina. Seit 1889 gab Truhelka eine hauseigene Fachzeitschrift am Landesmuseum heraus, den Glasnik zemaljskog muzeja u Bosni i Hercegovini. Die Beiträge waren in der Landessprache verfasst.

Franjo Fiala stammte aus Mähren und war von Haus aus Chemiker. Zuerst wurde er an den Grabungen von Truhelka – vor allem am Glasinac – beteiligt, um dann seit 1892 auch eigene Freilegungen zu unternehmen. Diese konzentrierten sich auf die neolithischen Siedlungen in Butmir. Beachtlich ist noch heute der viele Tafeln enthaltende Prachtband über die ersten Grabungen in Butmir[11]. Er starb, erst 37 Jahre alt, am 28. Jänner 1898 an einem Gehirnschlag bei der Vorbereitung des 2. Bandes über die Forschungen in Butmir.[12] Sein Tod bedeutete für das Landesmuseum einen herben Verlust, da er als „rechte Hand" von Ćiro Truhelka im Museum und im Gelände Enormes geleistet hatte.

Zum Zeitpunkt der Eröffnung des Landesmuseums im Jahr 1888 wies die archäologische Sammlung erst erstaunlich wenige Fundstücke auf: 30 prähistorische, 37 römische und 25 mittelalterliche Objekte. Erst danach – im Zuge der ausgedehnten Ausgrabungen besonders in Bosnien – wuchs die Sammlung stetig und rapide an. Schon 1893 berichtete Konstantin Hörmann, der als Sektionschef der Landesverwaltung von 1893 bis 1904 Direktor des Museums war, von einem wesentlich vergrößerten Fundbestand. Die in zwei Räumen untergebrachte Prähistorische Sammlung kam auf über 5000 Objekte, von denen eine gewisse Auswahl präsentiert werden konnte. Die Römische und Mittelalterliche Sammlung besaß über 1000 Funde und die numismatische Sammlung über 5500 Münzen. Es fällt auf, dass die Anthropologische Sammlung demgegenüber äußerst bescheiden war. Von den Bestattungen aus prähistorischer, römischer und mittelalterlicher Zeit gab es nur zwei ganze Skelette – je ein prähistorisches und römisches – und 53 Schädel. Diese geringe Zahl lässt darauf schließen, dass man bei den Ausgrabungen nur wirklich gut erhaltene Skelette oder Skelettteile barg, alles andere aber liegen ließ. Der Wert von sorgfältig freigelegten, komplett aufgelesenen und präparierten menschlichen Skelettresten für eine Alters- und Geschlechtsbestimmung sowie für eine Untersuchung der pathologischen Merkmale wurde damals meist noch unterschätzt.

Auch andere Daten, von denen der Museumsdirektor berichtet, erscheinen interessant. Die Bibliothek begann Fachbücher und Zeitschriften zu kaufen oder mit der hauseigenen Zeitschrift Glasnik zu tauschen. Die archäologisch-kunstgewerbliche Abteilung umfasste 1893 bereits 249 Werke und 150 Broschüren und Sonderdrucke von Abhandlungen. Eine große Bedeutung hatten Schenkungen an das Landesmuseum, ihre Aufzählung geht über zwei Seiten. Hier sollen nur zwei Beispiele hervorgehoben werden, um Art und Bandbreite dieser Schenkungen zu veranschaulichen. Der Pfarrer von dem kleinen Ort Klobuk im Westen der Herzegowina, Fra Ambroz Miletić, vermachte den Sammlungen eine große Zahl an römischen Fundstücken und Münzen. Und die Gattin des Reichsfinanzministers, Wilma von Kállay, übergab ein altbosnisches Prunkschwert, das sie bei einer Reise durch Bosnien erworben hatte.

Das Museum war nur an wenigen Wochentagen, nämlich Freitag bis Sonntag, in der Zeit von 9 bis 1 Uhr Mittag bei freiem Eintritt geöffnet. Seit 1892 nahm man während des Ramadan Rücksicht auf die muslimischen Bosniaken und öffnete an den Freitagen auch bis 6 Uhr abends. Die Zahl der Besucher stieg erfreulicherweise von Jahr zu Jahr merklich an. Waren es im Jahr der Eröffnung, also 1888, noch durchschnittlich zweihundert Personen pro Woche, so kamen 1889 dreihundert, 1890 vierhundert und 1891 bereits siebenhundert Besucher. 1892 waren es dann schon 44.000 Besucher über das ganze Jahr, also im Schnitt rund 850 Personen wöchentlich.

In diesen Jahren trafen aber auch viele Größen der Wissenschaft in Sarajewo ein, um im Landesmuseum Studien vorzunehmen. Unter den Prähistorikern von Rang waren dies O.Montelius und B.Salin aus Stockholm, J.Hampel aus Budapest, C.von Marchesetti aus Triest, C.Patsch, Josef Szombathy und natürlich Moritz Hoernes aus Wien.

Für die wissenschaftliche Aufarbeitung kulturgeschichtlicher und naturhistorischer Themen und Funde in den neuen Ländern war die Gründung der „Wissenschaftlichen Mittheilungen aus Bosnien und der Hercegovina" von größter Bedeutung. Die in deutscher Sprache vom Landesmuseum in Sarajewo herausgegebene und von Beginn an von Moritz Hoernes redigierte Zeitschrift erschien mit Band 1 erstmals 1893 und wurde in der Folge bis Band 12 im Jahr 1912 weitergeführt. Die deutschsprachigen Beiträge sollten „dem europäischen Publicum in einer Form, welche mehr den Forderungen auswärtiger Fachkreise Rechnung trägt, Kenntnis von den Fortschritten der Wissenschaft in Bosnien und der Hercegovina vermitteln"[13]. Dabei wurden die wichtigsten Aufsätze im „Glasnik" in deutscher Sprache für die „Mittheilungen" übernommen. In den „Mittheilungen" hat Moritz Hoernes eine große Zahl an eigenen Beiträgen veröffentlicht.

Die neue Fachzeitschrift war klar gegliedert. Im Teil I gelangten Abhandlungen zur Archäologie und Geschichte als längere Arbeiten (A) oder als „Notizen", also kleinere Beiträge (B), zur Veröffentlichung. Teil II war der Volkskunde gewidmet und ebenso in längere (A) und kürzere (B) Aufsätze untergliedert. Im Teil III wurden Beiträge aus den Naturwissenschaften vorgestellt.

An der Entstehung der „Mittheilungen" hatte Moritz Hoernes sicher einen erheblichen Anteil. Ihm erschien es wichtig, den Forschungen des Landesmuseums in Sarajewo einen international bedeutsamen Charakter zu verleihen. Otto Benndorf, der die Arbeit und die Laufbahn von Hoernes als ehemaliger Lehrer und als Mentor immer sehr genau mitverfolgte, verfasste einen Bericht über das Landesmuseum in der Neuen Freien Presse, in dem er mit Lob und Anerkennung für Hoernes nicht sparte: „Der Redakteur (der Mittheilungen) Moritz Hoernes ist ein tatkräftig ausgreifender Gelehrter, der sich in tapferen Recogniscierungen (Erkundungsreisen) unmittelbar nach der Besitzergreifung (von Bosnien und der Herzegowina) auszeichnete und durch Beherrschung (der prähistorischen Archäologie) vor Anderen dazu berufen war"[14].

Im Jahr 1889 erschien Band 15 der „Österreichisch-Ungarischen Monarchie in Wort und Bild, in dem Hoernes einen größeren Beitrag zur Urgeschichte und Geschichte verfasste[15]. Das gesamte Monumentalwerk war 1885 auf Anregung von Kronprinz Rudolf begonnen worden. Herausgeber war Friedrich Umlauft, der Verleger Karl Graeser in Wien. Der letzte Teilband 21 wurde 1901 veröffentlicht. Die Arbeit von Moritz Hoernes umfasst vier Kapitel: Überblick der Landesgeschichte, Statistisch-ökonomische Skizze der Gegenwart, Landschafts- und Städtebilder, Volkstypen und Volkscharakter. Obwohl es insgesamt positive Reaktionen in den Besprechungen der Fachliteratur und Zeitungen gab, wurden auch vereinzelt Kritik an Art und Umfang der Darstellung laut. So bemängelte der Rezensent der „Mitteilungen der k.k. Geographischen Gesellschaft in Wien"[16], die „zu kurz und nicht immer korrekt geratene Vorgeschichte der österreichischen Okkupation". Außerdem wären viele wichtige Städte und Orte nicht berücksichtigt worden. Dazu muss aber bemerkt werden, dass Hoernes über diese Themen in den „Dinarischen Wanderungen" bereits eingehend berichtet hatte und diese, seine ältere Veröffentlichung auch immer wieder zitierte. Wahrscheinlich gab es auch eine Begrenzung im Umfang von Band 15 der „Österreichischen Monarchie", sodass sich Hoernes in seiner Bearbeitung der Themen einschränken musste.

Kaiser Franz Joseph jedenfalls war von der Gesamtausgabe sehr beeindruckt und schrieb an seinen Ministerpräsidenten Ernest von Koerber einen anerkennenden handgeschriebenen Brief, der auch den Zeitungen zuging:

Lieber Dr. von Koerber ! Siebzehn Jahre sind verflossen, seitdem Mein geliebter, in Gott ruhender Sohn, Weiland Kronzprinz Rudolf, das literarische Unternehmen „Die österreichisch-ungarische Monarchie in Wort und Bild" ins Leben gerufen hat.

Das umfangreiche Werk, im Sinne und Geiste des verewigten Kronprinzen fortgesetzt, ist nunmehr zu Ende geführt und entspricht in jeder Beziehung den erhabenen Intentionen seines Schöpfers. Es schildert in Wort und Bild die Verhältnisse, die Sitten und Gebräuche unserer theueren Heimath, sowie ihre stets fortschreitende Entwicklung auf geistigem und materiellem Gebiete und wird hiedurch gewiß dazu beitragen, die patriotischen Gefühle sowie die treue Anhänglichkeit an Thron und Vaterland wach zu erhalten und zu fördern.

Beim Abschlusse dieses Werkes gereicht es Mir zu wahren Befriedigung, Meinen Dank und Meine volle Anerkennung sämtlichen Mitarbeitern auszusprechen, und beauftrage Sie, dieselben hievon in geeigneter Weise in Kenntnis zu setzen.

Budapest

am 10.Feber 1902

Franz Joseph m.p.

Beim Erscheinen der Gesamtausgabe verlieh Kaiser Franz Joseph das Ritterkreuz des Franz-Joseph.Ordens an Moritz Hoernes, zu diesem Zeitpunkt Kustos-Adjunkt am Hofmuseum, zum Dank für seine wertvolle Mitarbeit[17].

Auch für Zeitungen schrieb Hoernes immer wieder gut verständliche Beiträge über Bosnien. Eine Folge aus vier Aufsätzen über „Bosnische Alterthümer" erschien im Juni und Juli 1890 in der Wiener Zeitung. „Die Geschichte Bosniens" stellte er am 17. Oktober 1890 am selben Ort dar. Reiseberichte, die literarische Qualität haben, veröffentlichte er im Neuen Wiener Tagblatt: „Südslawische Reisetage" am 11. Juli 1891 und „Der Flug durch die Herzegowina" am 26. September 1891. Diese Feuilleton-Beiträge sind auch heute noch interessant und vergnüglich, weil sie ein lebendiges Bild von Land und Leuten aus der Feder eines Zeitzeugen geben. Dasselbe gilt für einen langen Beitrag über „Die Eisenbahn in Bosnien und in der Herzegowina" in der Wiener Zeitung vom 21. Jänner 1892. Gewohnt charmant und geistreich schildert Hoernes seine Reise von Wien nach Metkovic an der unteren Adria über Sarajewo. Von Bosniansko Brod an der Nordgrenze Bosniens stieg man auf die neu errichtete Schmalspurbahn nach Sarajewo um. Es gab vier Wagenklassen. Die Fahrt dauerte von Brod nach Sarajewo zehn Stunden. Scheinbar lauschte Hoernes auf solchen Fahrten gern den Gesprächen von Mitreisenden oder nahm selbst daran teil. In diesen Jahren gab es viele österreichische Familien, die sich in den neuen Ländern niedergelassen hatten. Hoernes jedenfalls erzählt, dass „man vieles aus dem schönen Mund der Frauen hört, die die geborenen Geschichtsschreiber der kleinen Verhältnisse (des

Alltags) sind. Sie sind auch die Einzigen, welchen das Haus des Mohammedaners in allen Theilen offensteht: und wer aus Bosnien einen vollen Erntekranz ethnographischer und culturgeschichtlicher Ausbeute heimbringen will, darf sich die angenehme Mühe nicht versagen, recht viel mit den schönen Ehehälften unserer im Land ansässigen Compatrioten zu plaudern".

Von Sarajewo ging es dann um 7 Uhr 50 weiter nach Süden, wo man um 5 Uhr nachmittags, also in einer mehr als neunstündigen Fahrt, Mostar erreichte. Von dort, wo man abermals umsteigen musste, existierte eine eben fertiggestellte Bahnverbindung nach Metković. Zwischen 1885 und 1891 waren erst einzelne Streckenabschnitte befahrbar, sodass man teils mit der Postkutsche, teils schon mit der Bahn befördert wurde.

Hoernes widmete auch einen guten Teil seiner Vorträge in Wien der Archäologie in Bosnien und in der Herzegowina. Am 14.1.1892 hielt er im Wissenschaftlichen Club einen Vortrag über die Urgeschichte und Geschichte dieser Gebiete. Die eisenzeitlichen Illyrier (heute: Illyrer) bezeichnete er als kriegerische Hirten, die sich vom Westbalkan bis in das östliche Mittelitalien und nach Mitteleuropa bis zum Donau-Tal ausgebreitet hatten. Diese Ausbreitungs-Theorie gehört heute natürlich längst der Vergangenheit an. Sie ist aber auch in den späteren Arbeiten von Hoernes noch lange zu finden.

Das Interesse an der „Alterthumsforschung in Bosnien-Herzegowina", wie der Titel eines Vortrages am 14. November desselben Jahres hieß, war ungebrochen. Zu den zahlreichen Gästen an diesem Abend gehörte auch Erzherzog Karl Ludwig, der in Begleitung seines Adjutanten, Oberleutnant Graf Schaffgotsch, erschien. Die Neue Freie Presse schreibt am nächsten Tag darüber: „Erzherzog Karl Ludwig bekundete großes Interesse an den interessanten Darlegungen und geruhte, Dr. Hörnes seinen Dank auszusprechen".

Anmerkungen

1. Hochstetter 1880/81; Hoernes 1889e; A. Lippert, Der Vogelrindwagen vom Glasinac (Bosnien) im Grabkontext und die kultische Bedeutung der Kesselwägen. PZ 97/2, 571–608.
2. Hoernes (1890f).
3. Zum Beispiel:.Ć. Truhelka, Die Nekropolen von Glasinac in Bosnien. Bericht über die im Herbst 1888 vorgenommenen Grabungen. MAG 19, (1889, 24–25).
4. Hoernes (1889m).
5. Wiener Abendpost als Beilage der Wiener Zeitung vom 2.4.1890.
6. Ann. 5, 1890, Bericht für 1899.
7. Hoernes (1889m).

8. Hoernes (1891e).
9. Ann.7, (1892), Bericht für (1891).
10. Hoernes (1889e).
11. Hoernes (1895g).
12. Hoernes (1898f).
13. Vorwort im Band 1, (1893).
14. N.F. Presse vom 26.8.1893.
15. Hoernes (1889b).
16. (1889, 123–124).
17. Prager Abendblatt Nr. 45 vom 24.2.1902.

Der Archäologe als Dichter und Schriftsteller

Moritz Hoernes besaß sicher eine gewisse schriftstellerische Begabung. Das galt nicht nur für seine wissenschaftlichen Arbeiten, sondern ganz besonders für seine belletristischen Beiträge, in denen er verschiedenste Themen aus der Antike und von seinen Reisen behandelte, aber auch von seinen alltäglichen Eindrücken gut verständlich und humorvoll erzählte. Darüber hinaus verfasste er zahlreiche Gedichte, die aber schon in seiner Zeit nicht immer allen gefielen.

In seinem Nachlass befinden sich mehrere, meist recht lang Traktate, die wahrscheinlich für die Printmedien oder Vorträge vorgesehen waren, aber nicht veröffentlicht wurden[1]. Allem Anschein nach schrieb Hoernes viele diese Manuskripte in seinen jungen Jahren – sie sind nicht datiert – während seiner Universitätsstudien und in den Jahren bis zu seinem Volontariat im Naturhistorischen Hofmuseum. Ein Überblick von den Titeln dieser Abhandlungen zeigt, dass ihn zunächst die Antike beschäftigte: Paganismus und neuer Glaube (22 Seiten), Odysseus (47 Seiten), Römische Erotik (9 Seiten), Wie die Alten liebten (7 Seiten), Aigisthos' und Klytämnestras Tod (12 Seiten), Aristeas (8 Seiten), Johannes Müller über die Classiker (48 Seiten) und Anmerkungen zu Denkmälern des Troischen Sagenkreises (39 Seiten).

Die Niederschrift weiterer Manuskripte fällt sicher schon in die Zeit nach seinem Universitätsstudium: Die österreichische Expedition nach Lykien im Jahr 1882, an der Hoernes teilgenommen hatte (10 Seiten) und Hellas zu Pferde (42 Seiten), worin er seine Reise durch Griechenland im Jahr 1884 beschrieb (Abb. 1). Dazu kommen noch eine Abhandlung über Angewandte Anthropologie: Blicke auf einen neuen Kreis sozialwissenschaftlicher Anschauungen (27 Seiten) sowie eine volkskundliche Studie über Bosnien im serbischen Volkslied (2 Seiten).

© Der/die Autor(en), exklusiv lizenziert an Springer Fachmedien Wiesbaden GmbH, ein Teil von Springer Nature 2024
A. Lippert, *Moritz Hoernes*, https://doi.org/10.1007/978-3-658-43559-2_12

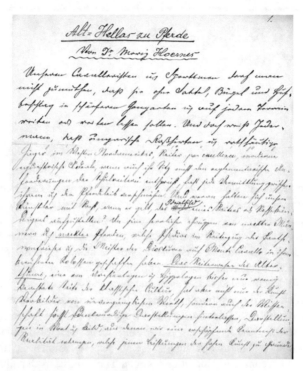

Abb. 1 Erste Seite eines handschriftlichen Aufsatzes von M. Hoernes gelegentlich einer Reise durch Griechenland im Jahr 1884

Neben diesen ungedruckten Essays gibt es eine große Zahl an Beiträgen, die in Zeitungen veröffentlicht wurden, meist in den Feuilleton- und Literaturteilen. Auch sie haben oft klassische Sujets oder Reisen zum Inhalt. Hoernes war auf das Honorar für diese Aufsätze und Gedichte sehr lange angewiesen. Bis 1886 hatte er ohnehin kein Einkommen, auch als Wissenschaftlicher Hilfsarbeiter verdiente noch zu wenig, um seine Existenz abzusichern. Erst als er mit der Eröffnung des Hofmuseum im Jahr 1889 zum Assistenten ernannt wurde, reichte sein Gehalt dafür, eine Ehe zu schließen. Die Rolle des Autors sagte Hoernes auch weiterhin zu und noch viele Jahre erschienen Beiträge von ihm in verschiedenen österreichischen Zeitungen und deutschen Fachzeitschriften, wie im „Ausland" oder in der „Heimat". Schon 1881 bezeichnete er sich daher gegenüber dem Fiskus als „Fachschriftsteller". Sein Einkommen bezifferte er damals mit 1000 Gulden jährlich, das heute einen Gegenwert von rund 14.500 € darstellt.

Beispiele für seine frühen Zeitungsbeiträge aus den Jahren 1882 und 1884 finden sich in der Montags-Revue, die bereits an Sonntagnachmittagen erhältlich war, mit dem Thema „Die Jagd im Alterthume" oder in der Wiener Hausfrauen-Zeitung mit dem vielstrophigen Gedicht „Album der Poesie: auf dem See".

Im Jahr 1884 erschien eine romantisch-mythologische Erzählung von Moritz Hoernes, die im Blätterwald der Zeitungen auf großen Widerhall stieß: „Atlantis. Ein Flug zu den alten Göttern"[2]. Das im Quintformat als Taschenbuch im Verlag Carl Konegen in Wien herausgegebene Märchen verbindet die griechische Götterwelt mit einer moralisierenden Aussage.

Am Beginn steht ein langes Gedicht, mit dem das kleine Werk dem „Neuen Wien" gewidmet ist. Gemeint ist aber nicht die Gesamtheit der vielen neuen Ringstraßenbauten, sondern nur das eindrucksvolle hohe Rathausgebäude etwas außerhalb des Burgrings, das für Hoernes ein erneuertes Wien verkörperte. In dem Gedicht ist Wien eine prächtig geschmückte Braut, deren Palast das neue Rathaus ist und die vom „Genius Österreichs" zum Tanz geführt wird. Nach dieser lyrischen Metapher fängt das Märchen mit einer ganz profanen Geschichte an, aus der sie sich buchstäblich in mythologische Höhen schwingt.

Der Erzähler, ein junger Mann, nimmt als „Volontär" an den Ausgrabungen von „drei älteren Gelehrten, Professoren der Universität und der Kunstakademie" auf einer Insel namens Anthusa in der Ägäis teil. „Einige oberflächlich bekannten Ruinenstätten sollten einmal gründlich aufgewühlt werden, geht es doch darum, den Mysteriencultus der Griechen aufzuhellen und daneben den Wissenschaftscultus unserer Regierung, auch ein Mysterium, von dem bisher nur dunkle Gerüchte umliefen, ins Licht zu setzen". Nach diesen satirischen Bemerkungen geht es zunächst noch ganz prosaisch weiter. Der Jüngling begibt sich allein ins gebirgige Innere der Insel, um mit dem Geologenhammer Gesteine zu erforschen. Er blickt hinüber zur Küste Kleinasiens und erzählt: „Ich sah wohl die Bergkette der troischen Ida (Gebirge im westlichen Kleinasien, der Hauptsitz des Kybelenkults war), nicht aber Priamos' ragende Stadt und die Reihen der Schiffe, welche Hellas zu ihrem Untergang herbeigeführt".

In dieser Einleitung bezieht sich Hoernes ganz klar auf die Teilnahme seines älteren Bruders Rudolf an der ersten österreichischen Expedition von Alexander Conze, Ordinarius für Klassische Archäologie an der Universität Wien, im August und September 1873 zur nordägäischen Insel Samothráke. Conze hat im Gebiet der Hafenstadt Kastro Freilegungen und Vermessungen an frühen Tempelanlagen und der Stadtmauer durchgeführt[3]. Auf Samothráke wurden die großen vorhellenischen anatolischen Götter, die Kabeiroi, in einem Mysterienkult verehrt, der seit dem 3. Jahrtausend v.Chr. nachweisbar ist. Beteiligt an den Grabungen waren auch der außerordentliche Professor George Niemann von der Akademie der bildenden Künste sowie Professor Alois Hauser von der Kunstgewerbeschule am Österreichischen Museum für Wissenschaft und Industrie, die beide als Architekten für die Planaufnahme der freigelegten antiken Baulichkeiten zuständig waren. Somit sind die drei von Hoernes erwähnten Professoren die Herren Conze, Niemann und Hauser. Dem angehenden Geologen Rudolf Hoernes fiel die Aufgabe zu, begleitende geologische Untersuchungen auf der Insel vorzunehmen[4]. Moritz Hoernes versetzte sich also am Beginn seiner Erzählung in die Person seines Bruders.

Hoernes gibt sich also als ein junger Student aus, der auf der Insel Anthusa Gesteine untersucht. Die Arbeit macht ihn müde und er lässt sich nieder. Nun erscheint ihm zuerst eine Dryade, also eine Nymphe, bald darauf auch der Götterbote Hermes, der ihn im Auftrag von Aphrodite zur Insel Atlantis im Flug entführt. Er stellt an Hermes viele Fragen nach diesem Eiland und seinen göttlichen Bewohnern. Er erfährt, dass die Götter bereits am Ende der Antike Hellas verlassen und auf Atlantis ihre neuen Sitze gefunden haben. Auch er, Hoernes, könne dort nach seinem Tod weiterleben, wenn er sich der alten Götter „gegen den modernen Unglauben tüchtig annehmen wolle". Auf Atlantis befinden sich neben den griechischen Gottheiten auch Helden, Sänger, Seher und sogar alte und neue Dichter, wie Goethe und Schiller.

Zur Erinnerung: Platon berichtet in seinen Dichtungen Timaios und Kritias von einer nach einer Naturkatastrophe im Meer versunkenen großen Insel, die ursprünglich im Besitz des Meeresgottes Poseidon war. Diese Insel Atlantis soll vor den Säulen des Herakles, also westlich von Gibraltar im Atlantik gelegen haben. Auf Atlantis vermählte sich Poseidon mit der Einheimischen Kleito und errichtete eine Burg auf einer zentralen Anhöhe. Aus der Verbindung gingen fünf Zwillingspaare, alles Söhne, hervor. Jeder dieser Söhne wurde König und nahm einen Teil der Insel in Anspruch. Mit der Zeit rissen aber die Sitten auf der Insel ein und das bewog die Götter, Atlantis untergehen zu lassen[5]. In der Version von Hoernes ist nicht die Insel, sondern deren Bevölkerung und Kultur untergegangen. Jetzt leben dort die Götter.

Aber zurück zur Erzählung. Auf Atlantis angekommen, lässt Hermes den Jüngling in einer Höhle zurück. Dort bekommt er Besuch von der Liebesgöttin, die sich als Mensch ausgibt. Danach trifft er Theokritos, den großen Dichter der hellenistischen Zeit. Dieser berichtet ihm viel über die alten Griechen. Auf Atlantis dichtet Theokritos jetzt Heldenlieder.

Dann kommt es zur Begegnung mit Pallas Athene, die ihn – wie peinlich und vor allem zu spät – vor Aphrodite warnt. Sie führt den Erzähler zum geächteten und gefesselten Prometheus und danach zur Götterburg im Innern der Insel. Dort wird er vom Seher Teresias in Empfang genommen und betreut. Nach Übernachtung in der Burg besucht Hoernes Dionysos und Ariadne und hört von den trojanischen Helden Achilles und Patroklos, die sich auf Atlantis aufhalten. In der Schmiede des Hephaistos, die er besichtigt, arbeiten Zyklopen an gepanzerten Kriegsluftschiffen, Gasbomben und Schutzgebäuden aus Stahlblöcken, was dem Leser eine schreckliche Vision zukünftiger Kriegsführung vermitteln soll.

Der junge Mann verliebt sich im Doppelreich von Ares und Aphrodite in deren schöne Tochter Harmonia. Dieser idyllische Moment wird aber vom Ausbruch eines furchtbaren Krieges zwischen den Göttern überschattet. Athene und Hephaistos kämpfen gegen Ares. Auf der einen Seite steht auch Leonidas, früher König von Sparta, auf der anderen der in den Perserkriegen erprobte Feldherr Miltiades. Den Sieg trägt schließlich Athene davon, die daraufhin im Übermut Zeus stürzen will. Apollo droht ihr aber mit dem Rückzug aller Grazien und Musen in die Unterwelt. Das bringt sie von ihren Plänen ab, sie erreicht jedoch, dass Prometheus wieder in Gnaden von Zeus aufgenommen wird. Mit diesem Erfolg glaubt Athene eine „Umkehr der (profanen) Welt zu den alten Göttern" zu bewirken.

In diesem Augenblick erwacht der Erzähler neben einer Herme der Aphrodite in den Bergen der Insel Anthusa. Alles, was er erlebt hatte, war nur ein Traum. Er begibt sich wieder an die Küste und nimmt an den Grabungen seiner Professoren weiter teil.

Im Märchen „Atlantis" bringt Hoernes unverhohlen Kritik an der modernen Zeit, die sich die Antike zu wenig zum Vorbild nimmt. Er betont an vielen Stellen seiner Erzählung die antiken Werte: Weisheit, Kunst und Gesetz. Eine zentrale Botschaft ist der Auftrag von Athene an den jungen Besucher der Insel, daheim von seinen Erlebnissen bei den Göttern zu erzählen und ihre Rückkehr vorzubereiten.

„Atlantis" wurde teils freundlich, teils aber auch ziemlich kritisch in der Presse aufgenommen. In der Allgemeinen Kunst-Chronik[6] heißt es: „Dieses unvermittelte Neben- und Nacheinander von Spass und Ernst, von Witz und Wahrheit, ohne zu einer einheitlichen Gestaltung durchzudringen, ist noch lange kein Humor. Der Dichter meidet den falschen Weg, ohne den richtigen zu finden. Aber auch auf dem Irrwege begleiten wir ihn gerne, um des vielen Schönen willen, das wir unterwegs finden".

Voll Lob fällt hingegen die Besprechung in der Wiener Allgemeinen Zeitung vom 21.2.1884 aus: „Der Autor führt unmerklich von einer archäologischen Expedition hinüber in das Reich der Phantasie, die uns bei ihm in classischer Schönheit und echt griechischer Gestaltung erscheint; das ist vor allem eine neue, glückliche Idee, die durch geschmackvolle, formenreine Ausführung zu einem wirklichen Siege gelangt".

Ähnlich erfreut äußert sich die Deutsche Kunst- und Musikzeitung vom 28.4.1884: „Der eigenthümliche, von gesundem Humor und geistreicher Satire erzeugte Reiz des kleinen, anziehenden Büchleins lässt sich nicht im Auszuge schildern... Wer da Lust hat, einen etwas phantastischen, von berufener, poetischer Hand geleiteten Aufstieg in ideale Regionen zu unternehmen, der mag getrost mit dem Autor seinen ‚Flug zu den alten Göttern' wagen". Gezeichnet war diese Rezension vom bekannten Kunst- und Literaturkritiker Moritz Anton Grandjean.

Nach heutigen Maßstäben stellt „Atlantis" eine amüsante und zugleich lehrreiche Geschichte in der Welt der griechischen Mythologie dar. Allerdings wird sie vielen Lesern unserer nüchternen Zeit allzu romantisch vorkommen, obwohl es den modernen science-fiction-Erzählungen an einem solchen Attribut nicht gerade mangelt. Andererseits wird aber auch dem besonderen Motiv dieser Erzählung, dem Wunsch nach einer verstärkten Zuwendung zur klassischen Antike, heute nicht mehr viel abgewonnen. Das ist vielleicht schade, aber wir leben eben auch in ganz anderen Zeiten.

Es ist fast unmöglich, alle Feuilleton-Beiträge von Moritz Hoernes in den 80er und 90er Jahren aufzuzählen, geschweige näher auf sie einzugehen. Er schnitt in diesen Aufsätzen die verschiedensten Themen an und stellt seine enorme und vielseitige Bildung unter Beweis. Die Mittelmeer- und Orientreise von Kronprinz Rudolf und Erzherzogin Stefanie war für Hoernes Anlass, über das von ihnen besuchte Telmissos in Lykien Näheres zu berichten[7]. Ebenso gibt es Beschreibungen von der Landschaft und den mykenischen Burgen auf der Argolis[8] oder der Adelsberger Grotte und den österreichischen Ausgrabungen in Krain[9]. Hoernes klagt bei dieser Gelegenheit über die Plünderungen eisenzeitlicher Gräber in St.Michael durch „gewinnsüchtige Bauern". Er beschreibt, wie diese vorgehen: „Mit langen dünnen Eisenspießen durchbohren diese Raubgräber die Erde, bis sie auf eine Steinplatte stoßen. Klingt dieselbe hohl, so wird ein enges Loch gegraben und dem Grabe entnommen, was bei dieser frevelhaften Procedur noch heil und ganz geblieben ist. Die Sachen wandern dann nach Adelsberg (Postojna) und Triest, wo sie Laien und Fremde kaufen und meist ohne Angabe des Fundortes in die weite Welt verschleppen".

Viele Beiträge beschäftigen sich mit der Geschichte und Gegenwart von Wien oder Bergwanderungen in den Alpen. In einem Essay über die Johannisnacht schrieb Hoernes über die alten Bräuche und den Aberglauben und bemerkte spöttisch: „Heute garantiert mir eine solche Nacht viel sicherer den Besitz eines tüchtigen Schnupfens als die Unsterblichkeit meiner Seele und anderer schöne Dinge"[10].

Die meisten Beiträge waren natürlich zur Erbauung der Leser gedacht und erschienen in den Sonntagsausgaben im Neuen Wiener Tagblatt. Damals besaß diese deutsch-liberale Zeitung eine der höchsten Auflagen aller österreichischen

Zeitungen. Hoernes pflegte schon bald freundschaftliche Beziehungen zu den Redakteuren im Tagblatt. Eine besonders rege Korrespondenz entstand mit Eduard Poetzl, mit dem er viele Jahre zusammenkam und bei einem Glas Wein über aktuelle Entwicklungen diskutierte. So schreibt Poetzl am 10. April 1901: „Mir ist gerade an der Meinung von Künstlern, wie Du einer bist, viel gelegen. Du bist ein moderner Mensch durch und durch, und dennoch verträgst Du die gewisse Afterkunst nicht"[11]. Poetzl spielt hier auf einen Brief von Hoernes an die Secessions-Vereinigung an, wo er deren neue Kunstströmung kritisierte. Die abfällige Bemerkung „Afterkunst" verwendete übrigens schon Goethe, der damit Dilettanten und Spekulanten meinte. Dass Hoernes selbst aber von Poetzl als „Künstler" bezeichnet wurde, verdankte er seinen zahlreichen literarischen Beiträgen.

Das Neue Wiener Tagblatt war aber nicht die einzige Zeitung, in der Hoernes eifrig publizierte. Auch in der Wiener Allgemeinen Zeitung, in der Neuen Freien Presse, beides liberale Blätter, und in der von Karl Emil Franzos herausgegebenen Neuen Illustrierten Zeitung erschienen zahlreiche Aufsätze und Gedichte, die häufig Themen aus der antiken Mythologie, aber auch aus dem Wiener Alltag zum Inhalt hatten. Von einem hübschen, sechsstrophigen Gedicht mit dem Titel „Herbstabend" lautet die erste Strophe[12]:

> Noch reizt die reife Pracht der Fluren,
>
> der üpp'gen Fernsicht schillernd Blau,
>
> noch säumt mit zarten Goldconturen.
>
> das Abendrot den Wolkenbau.
>
> Die Stämme glüh'n, die Wipfel leuchten;
>
> das Rebhuhn lockt die Brut zu Thal,
>
> wo früh sich schon die Wiesen feuchten,
>
> entrückt dem letzten Sonnenstrahl.

Hoernes schrieb für die Neue Illustrierte Zeitung auch eine Reihe von Besprechungen über Neuerscheinungen in der Literatur. Einmal beschwerte er sich bei dem Herausgeber Franzos in gewohnt launiger Weise über die vorgegebene Kürze, die Rezensionen haben sollten: „Man liest ja gerne auch solche sogenannte Kritiken, welche nur Inhaltsanzeiger sind, aber mit so armseligen Beiträgen müsste ich doch nicht in Ihrem Blatte erscheinen"[13]. Hoernes wünschte insgesamt drei Spalten für zwei Besprechungen: „Vielleicht sagen Sie mir in zwei Worten, ob ich hoffen darf, die Ellenbogen frei zu haben. Anderen zu besprechenden Vorkommnissen sehe ich mit Vergnügen und Bereitwilligkeit entgegen".

Im Dezember 1889 wurde in Mattsee in Salzburg der der literarische Verein Scheffelbund vom Archäologen und Schriftsteller Anton Breitner (1858–1928) gegründet. Joseph Victor Scheffel war ein bekannter deutscher Dichter aus Karlsruhe, der zahlreiche Novellen und Gedichte verfasste. Auch Moritz Hoernes wurde Mitglied des Scheffelbundes. An der Jahresversammlung im Jänner 1891 in Mattsee konnte Hoernes zwar nicht teilnehmen, schickte aber ein „Herzliches Glückauf der Bundesversammlung !". Ein weiterer, jedoch ironischer Gruß stammte von der Schriftstellerin Jenny Schnabl:

Wo kluge Männer weise tagen.

hat eine Frau nicht viel zu sagen;

nur ein Gruß zur frohen Stund,

es lebe hoch der Scheffelbund !

Anmerkungen

1. Archiv Dr. Hubert Szemethy, Wien.
2. Hoernes (1884b).
3. K. Krierer, Post aus Samothráke. Briefe von und zu den Grabungskampagnen Alexander Conzes 1873 und 1875. In: Festgabe für Jürgen Borchhardt zum 80. Geburtstag (Hrsg. F. Blakolmer, M. Seyer, H.D. Szemethy). (Wien) 2016, 229–249.
4. Hubmann/Wagmeier 2017; H. Szemethy, From Samothrace to Spalato. The architectural drawings of the ancient buildings and sites by Geroge Niemann (1841–1912). Proceedings of ancient architecture in the 19th cent. (Roma) 2010, 87–109.
5. E. Zangler, Atlantis – Eine Legende wird entziffert. München 1992.
6. Allgemeine Kunst-Chronik (1884, 221).
7. Neues Wiener Tagblatt vom 9.4.1885.
8. Neues Wiener Tagblatt vom 7.9.1887.
9. Neues Wiener Tagblatt vom 24.7.1888.
10. Neues Wiener Tagblatt vom 21.6.1889.
11. WB 124.555.
12. Neue Illustrierte Zeitung, Nr.18, 1883.
13. 7.10.1886, WB 62.771.

Die italienische Reise und die ersten Vorlesungen

Ende März 1892, kurz nach dem Abschluss des Habilitationsverfahrens, unternahm Moritz Hoernes eine längere Reise nach Italien. Sie dauerte bis Mitte Mai und wurde durch ein Reisestipendium des Hofmuseums ermöglicht. Ziel waren wichtige Fundplätze und Sammlungen am italienischen Festland und auf Sardinien[1].

Es ist erstaunlich, wie viel Hoernes auf dieser Reise gesehen und studiert hat. Er besuchte mit der Bahn Padua, Este, Bologna, Reggio Emilia, Florenz, Chiusi, Rom und Neapel. Von hier ging es mit der Fähre nach Cagliari im südlichen Sardinien. Auch in Sardinien konnte er die neue Eisenbahn benützen und entlang der Westküste bis Macomer und Oristano fahren. Um Denkmäler im Gelände, wie Nuraghen, Menhire und alte Gräberfelder zu besichtigen, war Hoernes dann aber auch zu Pferd unterwegs. Die Rückreise verlief auf der Fähre nach Civitavecchia, von dort ins westliche Oberitalien nach Genua, Turin, Mailand und schließlich Trient.

Die Reiseberichte in der Wiener Zeitung[2] lesen sich spannend und anschaulich. Man erfährt hier einiges über Land und Leute, aber auch über Fundstätten und archäologische Museen. Hoernes beeindruckten etwa die Reste einer römischen Villa – eines antiken Gutshofes – unter Wasser vor der Küste von Neapel bei Marocchiaro, dann das römische Amphitheater in Pozzuoli oder die römischen Ruinen in Terra Caveta. Es gab aber auch Enttäuschungen. So war Hoernes von der Schausammlung des Museo Archeologico in Mailand wenig erbaut: „Ein wahres Sammelsurium von Dingen. 1) Halle: Stein. 2) Halle: alles Übrige, bunt durcheinander in wahrer Verwilderung. Bronzen von Sesto Calende, Golasecca, Trezzo, Cascina Ronza usw. Aber Entschuldigung der Museumsleitung: La disposizione di diversi cimeli di questo museo é affatta provisoria".

Über Sardinien sinniert Hoernes: „Alterthümlich, in seiner Entwicklung verkümmert, um Jahrhundert im Rückstande, ragt das menschenleere Land der

Sarden in die Gegenwart hinein. Es besitzt den größten Percentsatz an Analphabeten im ganzen Königreich Italien; die Bewohner des Innern wissen zum guten Theile gar nicht, dass sie auf einer Insel wohnen....Von räthelshafter Abstammung und dumpfem, schwermütigem Sinn hatten sie ... in ihren fruchtbaren und (von Zinn und Golderzen) metallreichen Bezirken zuerst das Joch gewinnsüchtiger Phönizier, dann nicht minder harte (Joche) der Römer zu tragen... Im Alterthum wurden die Sarden mit wahrer Erbitterung geschmäht, ihr Land aber als Kornkammer gepriesen".

Im Gebiet von Cagliari bewundert Hoernes Felskammergräber aus früher Zeit sowie das aus dem Felsen gehauene römische Theater. Fasziniert ist er – wie wohl jeder Besucher damals und heute – von den Nuraghen im Raum Oristano. Er beschreibt den kegelförmigen Aufbau einiger dieser mächtigen Steinburgen, ihre Haupt- und Nebenkammern und Anbauten (Abb. 1). Die Bedeutung war zur Zeit von Hoernes vollkommen unklar. Er meinte, dass es die Sitze von Clan-Oberhäuptern in der frühen Bronzezeit gewesen waren[3]. Damit lag er nicht ganz daneben. Auch in Vorträgen nach seiner Reise bildeten die Nuraghen und die Felsgräber einen besonderen Schwerpunkt[4]. Zur Illustration dieser Vorträge gab es jeweils eine „Ausstellung von einschlägigen Photographien, Bildern und Karten". Ein elektrisch betriebenes Skioptikon, also Bildprojektor, stand damals noch nicht in Verwendung.

Abb. 1 Nuraghe in Sardinien

Heute wissen wir schon mehr über die Nuraghen. Es gibt rund 7000 davon in verschiedener Größe in Sardinien. Manchmal liegen sie in Gruppen beisammen und bilden Nuraghen-Dörfer. Nach den Siedlungsfunden, vor allem der Fundkeramik vom Typ Monte Claro, setzen diese Steintürme bereits in der Kupferzeit, im 3. Jahrtausend v. Chr., ein[5].

Die Urgeschichte Italiens beschäftigte Hoernes dann auch in zwei wichtigen Publikationen, in denen er den Forschungsstand zusammenfasste, aber auch mehrere Probleme der kulturellen Einordnung und Datierung ansprach[6]. Vieles hat er bereits richtig erkannt. So die Existenz einer Kupferzeit als letzten Abschnitt der Jungsteinzeit. Als charakteristisches Beispiel für das Äneolithikum, die Kupferzeit, galten für ihn, aber auch noch für die heutige Forschung, die Flachgräberfelder in Remedello in der Provinz Brescia. Die älteren Bestattungen sind hier zeitgleich mit dem „Mann im Eis" in den Ötztaler Alpen[7].

Hoernes widerstand auch den damals verbreiteten Versuchen, die italischen Kulturen der Bronzezeit ethnisch zuzuordnen. Mit Recht, wie wir heute wissen, da gerade gegen Ende der Bronzezeit völlig neue Entwicklungen und Vermischungen der Bevölkerung zu erkennen sind. Die Ausbreitung der Villanova-Kultur in der späten Bronzezeit sah Hoernes von Süden her, also von Mittelitalien über den Apennin nach Oberitalien. Für die moderne Forschung geht es anders herum, von Norden nach Süden. Mit klarem Blick stellte Hoernes aber fest, dass die im späten 8. Jahrhundert voll ausgebildete, aber innerhalb der italischen Kulturen fremdartige etruskische Zivilisation „keine Einwanderung aus dem Norden, sondern eine ruhige ungestörte Entwicklung der einheimischen Industrie und des zunehmenden Handelsverkehrs mit Griechen und vorderasiatischen Völkern war". Unter dem Begriff „Industrie" verstand er keine serienweise Herstellung von Produkten unter Verwendung von Maschinen, – wie man meinen sollte, - sondern schlicht die Erzeugung von Keramik und Schmuck, vor allem Fibeln. Was die Herkunft der Etrusker anlangt, gab es damals, wie noch bis vor kurzem, zahlreiche Thesen. Der für seine detaillierten Auswertung eisenzeitlicher Grabinventare in Italien verdiente schwedische Prähistoriker Oscar Montelius, ein Zeitgenosse von Hoernes, war beispielsweise der Auffassung, dass die Etrusker von Kleinasien über das Meer in das westliche Mittelitalien eingewandert wären.

Auch zur östlichen Hallstattkultur vertrat Hoernes einen heute noch sicheren Standpunkt. Die Importe, besonders jene im Gräberfeld von Hallstatt selbst, stammten nicht aus Etrurien, wie etwa Eduard von Sacken angenommen hatte, sondern hauptsächlich aus dem Gebiet der venetischen Este-Kultur im östlichen Oberitalien, aber auch aus der südostalpinen Hallstattkultur in Krain.

Am 13. August 1892 bestätigte das Cultus-Ministerium die von der Philosophischen Fakultät der Universität Wien beschlossene venia legendi von Moritz

Hoernes. Damit begann für ihn eine ganz neue berufliche Lebensphase, die
für ihn gewissermaßen den Auftrag zur vollständigen Begründung der Prähistorie als akademisches Lehr- und Forschungsfach in Wien darstellte. Und es
war klug und folgerichtig, seine erste zweistündige Vorlesung mit seinen noch
frischen Studien in Italien zu verknüpfen. Der Titel seiner Vorlesung lautete
somit: Die vorgeschichtlichen Alterthümer Italiens (mit Demonstration im k.k.
Naturhistorischen Hofmuseum) und war für Hörer aller Fakultäten zugänglich.
Dieses Kolleg fand erst im Sommersemester 1893 statt, zu kurz wäre die Vorbereitungszeit für das Wintersemester gewesen. Hoernes hielt diese und die
nachfolgenden Vorlesungen zunächst im Rahmen der Sektion III – Geographie
und Ethnologie und nicht in Verbindung mit der Klassischen Archäologie. Ein
Fach Anthropologie gab es damals in Wien noch nicht. Andererseits befand sich
die Prähistorische Sammlung am Hofmuseum innerhalb der anthropologische-
ethnographischen Abteilung, womit eine enge Beziehung auch zur Ethnologie
gegeben war.

Hoernes konnte seine Vorlesungen in dem bereits 1884 fertiggestellten großzü-
gigen Gebäude der Universität am Ring abhalten. Die lange Geschichte der
Wiener Universität ist reich an Veränderungen, besonders was ihre Domizile
betrifft. 1365 von König Rudolf IV gegründet, waren Professoren und Studenten
zunächst in verschiedenen Gebäuden im Stubenviertel, im Nordosten der Stadt,
untergebracht. Schon zwanzig Jahre später erhielt die Universität mit dem Her-
zogskolleg, das an der Stelle der heutigen Postgasse 7–9 stand, ein eigenes Haus.
Im Jahr 1623 wurden Universität und Jesuitenkolleg miteinander verschmol-
zen und es entstand am selben Ort ein neues frühbarockes Gebäude, heute die
sogenannte Alte Universität. Derzeit befindet sich in dem adaptierten Haus das
Universitätsarchiv. 1753–1755 ließ die Regentin Maria-Theresia in der Nähe ein
neues Hauptgebäude, die „Neue Aula", am heutigen Ignaz Seipel-Platz errichten. Es lag unmittelbar neben der Jesuitenkirche. Nach den Studentenunruhen
im Jahr 1848 musste die Universität aber das Gebäude räumen und es der Akademie der Wissenschaften überlassen, die sich hauptsächlich auch heute noch
dort befindet. Die Studienbetriebe wurde nun auf viele Jahre in provisorische
Ausweichquartiere verlegt.

Bei der Planung der Ringstraßenbauten in Verbindung mit der nach Schleifung
der Stadtmauern und Planierung des Stadtgrabens fiel der Beschluss, die „Neue
Universität" am Schottentor zu errichten. Aber erst 1877 wurde mit dem Bau
begonnen, der von Heinrich Ferstel im Stil der italienischen Hochrenaissance
nach Vorbild der Universitätsgebäude in Padua und Genua ausgeführt wurde.
Die Fertigstellung erfolgte 1884. Im Giebel des vorspringenden Mittelteiles ist

sinnvollerweise die Geburt von Minerva, der griechischen Weisheitsgöttin, nachgebildet. Die Neue Universität ist ein komplexes und riesiges Gebäude mit einem zentralen großen Arkadenhof und insgesamt acht Höfen in den beiden Seitenflügeln. Das Gebäude besitzt mit allen Zwischengeschossen fünf Stockwerke und nimmt einschließlich der Höfe eine Fläche von 14.531 m^2 ein. Der Hörsaal 18, wo Hoernes viele Jahre seine Vorlesungen hielt, befand sich im linken Flügel im Hof V.

Gleich nach der der endgültigen Zuteilung der venia legendi suchte Hoernes die Verwaltung des naturhistorischen Hofmuseums um Genehmigung zur Benützung der Prähistorischen Depot- und Schausammlung sowie der Bibliothek für seine Lehrveranstaltungen an. Das Obersthofmeisteramt bewilligte dieses Ansuchen mit gewissen Auflagen und gab der Intendanz eine genaue Anweisung[8]: „Die Benützung und Entlehnung von Büchern und Bildbänden der Bibliothek wird Privatdozent Hoernes und seinen Hörern gestattet. Eine Entlehnung von Fundstücken aus der (Prähistorischen) Sammlung scheint jedoch unthunlich. Es können aber, wenn vorhanden, Doubletten verliehen werden. Auch die Abhaltung der Vorlesungen in den Räumen des Museums ist nicht gestattet, der Besuch der Schausammlung nur während der üblichen Öffnungszeiten möglich".

Archäologische Fächer benötigen bei Vorträgen und Vorlesungen ein Anschauungsmaterial. Dieses bestand für Hoernes einerseits in den erwähnten Doubletten, andererseits aber aus Fotos, die er auf Kartonblättern im DIN A 4 oder 5-Format aufzog und während seiner Lehrveranstaltungen herumreichen ließ. Solche Fototafeln, die in den Vorlesungen von Hoernes verwendet wurden, sind noch erhalten.

Auch viele Skripten und Abbildungen aus dem Besitz von Moritz Hoernes befinden sich im Nachlass von Richard Pittioni, einem späteren Lehrkanzelinhaber, und liegen im Universitätsarchiv. Pittioni hat diese Unterlagen offensichtlich zum Teil auch für seine eigenen Vorlesungen und Seminare – 50–60 Jahre später – heranziehen können. Der Nachlass enthält übrigens auch Rohtexte für Publikationen sowie Notizen zu verschiedensten prähistorischen und ethnologischen Themen nicht nur aus dem europäischen, sondern auch aus dem asiatischen, nordafrikanischen und nordamerikanischen Raum[9].

Die Vorlesungen von Moritz Hoernes waren teils ein-, teils zweistündig. Die zweistündigen Lehrveranstaltungen hielt er an zwei verschiedenen Vormittagen in der Woche. In einem immer wiederkehrenden, aber aktualisierten Kolleg sprach Hoernes über die „Prähistorischen Culturperioden Europas mit besonderer Rücksicht auf Österreich-Ungarn" Andere Themenkreise betrafen „Die Archäologie der Metalle", „Kunstwerke in der Urgeschichte" und die „Prähistorische Formenlehre". Ab dem Sommersemester 1896 erfuhr die Sektion Geographie-Ethnologie eine Aufgliederung. Hoernes las fortan in der Unterabteilung B-Ethnologie.

Anmerkungen

1. Ann.8, (1893).
2. Wiener Zeitung vom 24., 25., 26.8.1892 über Sardinien und 19.1.1895 über Italien.
3. Hoernes (1892g).
4. 7.11.1892 im Wissenschaftlichen Club; 10.3.1893 im Österreichischen Touristenclub.
5. Müller-Karpe (1974, 187–188).
6. Hoernes (1893d, e).
7. A. Lippert, P. Gostner, E. Egarter Vigl, P. Pernter, Vom Leben und Sterben des Ötztaler Gletschermannes. Neue medizinische und archäologische Erkenntnisse. Germania 85/1, 2007, 2007, 16.
8. Staatsarchiv 7/5175 vom 4.9.1892.
9. Universitätsarchiv Wien 131.30/201–205.

Die Dozentenjahre (1892–1899)

Seit dem Frühjahr 1893 hielt Moritz Hoernes Vorlesungen an der Universität. Die Vorbereitung und Abhaltung erforderte einige Zeit, doch war die Arbeit für die Prähistorische Sammlung natürlich vorrangig. Aus der Korrespondenz mit seinem Vorgesetzten Kustos Josef Szombathy geht klar hervor, wie mühsam Hoernes die alltäglichen Verwaltungsarbeit in der Abteilung empfand und wie sehr Szombathy zu seinem Glück humorvolles Verständnis und Toleranz für seine nunmehrige Lehrtätigkeit und Arbeit an Publikationen aufbrachte. Szombathy schrieb von einer Besichtigungsreise zu den östlichen Mittelmeerländern am 10. März 1893 aus Athen an Hoernes[1]:

„Lieber Freund, dein freundliches Schreiben, welches mir den Nil hinauf nachkam, kann ich füglich nur vom Fuß der Akropolis aus beantworten. D. h., du wirst auf die diversen bedrohlichen Nachrichten, mit welchen du dein Herz erleichterst, gar keine Antwort erwarten und ich denke auch: wenn die festliche Zeit meiner Abwesenheit diesmal, wie sonst zu irgend einem Werk ausgenützt werden muss, so sei es. Vielleicht bringe ich sogar etwas von der orientalischen Gleichgültigkeit als dauernden Erwerb mit nach Hause".

Und zu den Vorlesungen von Hoernes:

„Recht bitter bedauere ich, nicht bei deinen ersten Vorlesungen zugegen sein zu können, wenn ich auch andererseits froh bin, dass du die gesamten Vorbereitungen dazu ohne Beeinträchtigung durch mich machen kannst. Glück auf ! Herzlichst dein treu ergebener Szombathy".

Zu diesem Zeitpunkt war Hoernes vor allem damit befasst, geeignete Fundstücke der Prähistorischen Sammlung für eine sogenannte Spezialausstellung im Österreichischen Museum, dem nachmaligen Museum für Angewandte Kunst am Wiener Stubenring, zum Thema „Antike Kunstgegenstände" auszuwählen und Texte zu schreiben. Dem Ausstellungs-Komitee gehörten außer Moritz Hoernes noch andere Archäologen sowie Kunsthistoriker und Förderer an: O. Benndorf,

A. Lippert, *Moritz Hoernes*, https://doi.org/10.1007/978-3-658-43559-2_14

B.Bucher, J.v.Falke, W.v.Hartel, A.Hauser, F.J.v.Haymerle, F.Kenner, Graf Karl von Lanckoronski-Brzezic, V.Latour, E.Leisching, K.Meisner und A. Riegl[2]. Die Sonderausstellung war dann vom 15. Mai bis Ende 1893 zu sehen.

Hoernes ließ sich von seiner Arbeit im Amt immer wieder – wahrscheinlich nur zu bereitwillig – von seinen Forschungsinteressen ablenken. Szombathy wiederum war in diesen Jahren viel auswärts. Einerseits waren es Reisen zu Fundstätten, andererseits aber vielwöchige Ausgrabungen, die ihn vom Hofmuseum fernhielten. Aus seinen Briefen an Hoernes sind kleine, versteckte Rügen über dessen Unzulänglichkeiten herauszulesen. So schreibt Szombathy aus Czernowitz (Cernovice) bei Pilsen, wo er Tumuli der mittleren Bronzezeit auf der kaiserlichen Domäne Kronporitschen auszugraben begann, am 21. August 1893[3]:

„Lieber Freund ! Anbei zunächst Pečnik's Quittung, die du zur Buße dafür, dass du sie nicht gleich behandeltest, nun doch behandeln musst: zu (Abteilungsleiter) Heger tragen, zu (Intendant) Hofrath von Hauer tragen, das Geld beheben, das Geld an B. Pečnik, St. Marein bei Laibach, senden. Eine richtige Strafe wäre es, dir das (mahnende) Begleitschreiben (von Pečnik) PS (Postscriptum) zur Lecture zu senden".

Nach einem kurzen Bericht über seine Grabungen schließt Szombathy seinen Brief aber sehr versöhnlich ab:

„Mit der freundlichen Bitte, deiner verehrten Gemahlin meinen Handkuss und unseren gemeinsamen Freunden die herzlichsten Grüße zu entrichten, verbleibe ich dein aufrichtig ergebener J.Szombathy".

Insgesamt war aber Kustos Szombathy mit der Tätigkeit von Hoernes zufrieden, nicht zuletzt wegen der äußerst harmonischen Zusammenarbeit. Die beiden verstanden sich – und das hört man aus allen Briefen heraus – sehr gut. Auf einen Antrag von Szombathy hin erhielt Hoernes im Dezember 1895 ein kaiserliches Dekret mit der Verleihung von „Titel und Charakter eines Custosadjunkten"[4]. Das Gehalt richtete sich aber noch nach dem eines vorgerückten Assistenten. 1896 war dies ein jährliches Einkommen von 1600 Gulden, also etwa 30.000 €[5]. Mit April 1897 stieg Hoernes dann aber zum „besoldeten Custosadjunkt" auf, was ihm ein jährliches Gehalt von 1900 Gulden, somit rund 33.000 € einbrachte[6].

Der Schriftverkehr von Moritz Hoernes mit verschiedensten Persönlichkeiten in der Fachwelt, aber auch in den Zeitungsmedien spiegelt seine Aktivitäten und Anliegen bestens wieder. Hoernes konnte seit 1893 ein amtliches Briefpapier verwenden, dessen Briefkopf aus einem Doppeladler und dem Aufdruck „Naturhistorisches Hofmuseum, Prähistorische Sammlung" bestand. Viele Briefe zwischen Hoernes und seinem früheren Lehrer und nunmehrigen Mentor Otto Benndorf sind erhalten, sie lassen einen engen Kontakt und Austausch von fachlichen Informationen erkennen. Am 9. August 1893 schickte ihm Hoernes einen

Aufsatz über ornamentale Tiergestalten in der prähistorischen Kunst[7] und fügte folgende Zeilen hinzu[8]:

„Hochverehrter Herr Hofrath ! Gestatten Sie mir, Ihnen den beiliegenden Separatabdruck ergebenst zu überreichen. Dieser Aufsatz, in welchem Sie die Anlehnung an das Vorbild älterer Wissenschaften (die Klassische Archäologie) sofort erkennen können, enthält die Darlegung der Gründe, welche mich bestimmt haben, für die prähistorische Archäologie auch an der Universität ein bescheidenes Plätzchen zu suchen. In Verehrung und Dankbarkeit, M.Hoernes".

Möglicherweise sprach Hoernes mit dem „bescheidenen Plätzchen" nicht nur seine Vorlesungstätigkeit, sondern auch die Hoffnung auf einen Ausbau seiner Privatdozentur zu einer Professur an.

In dem erwähnten Beitrag über Tiermotive ging Hoernes von einer schrittweisen Entwicklung prähistorischer Kunst aus. In der ersten Stufe, die in die Alt- und Jungsteinzeit sowie Bronzezeit fällt, herrschte demnach „die Linienornamentik" vor. Die früheisenzeitliche zweite Stufe war durch eine „Tierornamentik" charakterisiert. Danach – in der dritten jüngereisenzeitlichen Stufe – kam es zu einer komplexen „Pflanzenornamentik". Freilich sind solche starre Einteilungen heute nicht mehr gültig. Es ist aber interessant, wie Hoernes versuchte, eine Abfolge der eisenzeitlichen Tiermotivik von der Darstellung einzelner Tierfiguren über „primitive" und „fortgeschrittene Reihen und Gruppen" bis zur „heraldischen Anordnung von Thiergestalten" – hier schon unter griechischen Einfluss – zu rekonstruieren.

Otto Benndorf wandte sich an Hoernes, als er einen Rat für seine Reise durch Bosnien, die Herzegowina und Dalmatien benötigte. Natürlich war Hoernes dafür besonders kompetent und konnte detaillierte Auskünfte erteilen. Aus einem Brief von Hoernes an Benndorf am 13. Juli 1894 geht aber auch hervor, wie beschwerlich und langwierig damals die Reisen in diesen Gebieten trotz der ausgebauten Eisenbahnstrecken waren[9]:

„Verehrtester Herr Hofrath! Die schnellste Verbindung zwischen Sarajevo und Spalato (Split) ist folgende: Sonntag oder Mittwoch 11.40 V.M. (am Vormittag) ab Sarajevo – 7.34 abends an in Mostar, hier ein im Betrieb der Regierung befindliches europäisches Hotel nahe der Eisenbahn (wohl Hotel Narenta) – Montag oder Donnerstag 5 Uhr früh ab Mostar – 6.55 früh an Metković – (Österreichischer) Lloyd (Dampfer) ab Metković 8 Uhr früh – Ankunft Spalato Montag 9.30 oder Donnerstag 7.30 abends.

Leider ist mir der Zeitpunkt des Congresses in Spalato unbekannt[10] und ich kann daher nicht sagen, ob Herr Hofrath, wenn Sie am 19. August statt von Sarajevo (vom Anthropologenkongress) auf den Glasinac (zu den bronze- und eisenzeitlichen Nekropolen) fahren, nach Mostar abreisen würden, zu der

Versammlung für Christliche Archäologie (in Spalato) noch zurecht kommen... Mostar selbst (ist) sehenswert und Metković verdient einen kurzen Aufenthalt wegen der (nordwestlich davon gelegenen römischen) Ruinen von Narona". Das Hotel Narenta in Mostar wird im Baedecker so beschrieben[11]: Hotel Narenta, sehr gut, schöne Lage. 30 Zimmer mit bürgerlichem Komfort. Einbettige (Zimmer) von K. 2.40 bis 3.40, zweibettige (Zimmer) von 4 K bis K. 6.80. Sehr rein gehalten. Küche und Keller stehen in bestem Rufe! (1 Krone damals entspricht heute etwa € 8.35). Bei den angegebenen Preisen staunt man, wie viel billiger damals ein Ein- oder Zweibettzimmer in einem erstklassigen Hotel im Vergleich zu heute war. Natürlich ist dies aber mit den in unserer Zeit besser bezahlten Dienstleistungen rasch zu erklären.

Hoernes publizierte nicht nur in einschlägigen anthropologischen und prähistorischen, sondern auch in geographischen und völkerkundlichen Fachzeitschriften. So beispielsweise im „Globus", der von Richard Andree, einem Geologen und Ethnologen, in Heidelberg herausgegeben wurde. In der Korrespondenz mit Andree ging es jedoch meistens um redaktionelle Einzelheiten. Am 24. Mai 1892 schreibt Andree an Hoernes[12]: „Geehrter Herr Doctor! Ich danke Ihnen für Ihre freundliche Karte und dafür, dass sie fortgesetzt meiner gedenken. Auch von Ihrer römischen (also italienischen) Reise wird wohl das eine oder andere für den Globus passen". Tatsächlich verfasste Hoernes 1893 den schon erwähnten Aufsatz „Streitfragen der Urgeschichte Italiens" im Globus[13]. Diesem Beitrag sollten in den nächsten Jahren noch viele folgen.

Im Sommer 1898 trat Heinrich Glücksmann (eigentlich Blum) an Hoernes mit der Bitte heran, eine detaillierte Darstellung des k.k. Naturhistorischen Hofmuseums für den zweiten Band „Franz Josef I und seine Zeit" zu schreiben. Es war dies eine Prachtausgabe anlässlich des 50 jährigen Regierungsjubiläums des Kaisers. Glücksmann, ein bekannter Germanist und Schriftsteller, war Redakteur dieses Jubiläumsbandes. Hoernes nahm diesen Auftrag gerne an[14]. Schon wenige Wochen später lieferte er sein Manuskript an Glücksmann mit einem Begleitschreiben ab[15]. Hoernes beklagte sich dann aber am 14. Dezember über das Ausbleiben des Honorars, das ihm für Oktober versprochen worden war[16]. Schließlich kann er sich aber für den Erhalt des Geldes am 5. Jänner 1899 bedanken[17]. Für seine Mitarbeit an dem Werk „Die österreichisch-ungarische Monarchie in Wort und Bild" verlieh der Kaiser am im Februar 1902 das Ritterkreuz des Franz Joseph-Ordens[18].

Neben der Verwaltungsarbeit in der Prähistorischen Sammlung und der Publikationstätigkeit hielt Hoernes zahlreiche Vorträge. Es steht außer Frage, dass gerade diese ‚Seite seiner Aktivitäten ganz bewusst einer stärkeren Popularisierung des Fachbereiches Urgeschichte dienen sollte. Natürlich ging es dabei letztlich um eine stärkere Verankerung dieser Disziplin an der Universität. Die Vorträge von Moritz Hoernes stellten häufig Zusammenfassungen seiner Veröffentlichungen dar. Eine besonders wichtige Arbeit, deren Ergebnisse er vor der Anthropologischen Gesellschaft am 17. und 24. März 1893 vortrug, war eine „Geschichte und Kritik des Systems der drei prähistorischen Culturperioden"[19]. Sowohl im Beitrag als auch in seinen Vorträgen wandte sich Hoernes in erster Linie gegen die im Jahr 1890 posthum erschienenen „Studien zur vorgeschichtlichen Archäologie" des Prähistorikers Christian Hostmann. Dieser legte in seinem Buch einige abstruse Ideen über eine indogermanische Megalithkultur in Dänemark und in Norddeutschland vor. Die gewaltigen Steinblöcke der Grabbauten wären mit Eisengeräten zugerichtet worden. Bronzen hätte es erst seit der Mitte des 1. Jahrtausends v. Chr. im Norden gegeben und sie wären aus dem römischen Raum importiert worden.

Hoernes räumte natürlich mit allen diesen Vorstellungen gründlich auf und nützte die Gelegenheit eine auf den Arbeiten des Königsberger Museumsdirektors Otto Tischler fußende sorgfältige Gliederung des Neolithikums, der Bronze- und Eisenzeit vorzustellen, zu ergänzen und zu kommentieren[20]. Er betonte dabei seine – heute nicht mehr nachvollziehbare – Ansicht, dass das Nilland und Babylonien die Ausgangsgebiete für die Kenntnis der Eisengewinnung gewesen wären. Es war vielmehr so, dass dieses Wissen von Kleinasien über Südosteuropa nach Mitteleuropa und weiter gelangte.

Vielleicht ist es ermüdend, hier alle Vorträge in diesen Jahren aufzuzählen und näher zu besprechen Dennoch lohnt es sich, sie summarisch anzuführen, weil sie die große Palette an Themen wiedergeben, über die Hoernes vor unterschiedlichsten Zuhörern sprach. Einen Schwerpunkt seiner Vorträge legte er auf die „Volksthümlichen Universitätscurse", die von den Wiener Volksbildungsvereinen veranstaltet wurden. Sie fanden meist in Zyklen aus mehreren Vorträgen eines Referenten statt und boten Wissensvermittlung aus erster Hand für den außeruniversitären Bereich. Diese Initiativen der Volksbildungsvereine waren die Grundlage für die späteren Gründungen von Volkshochschulen. Die Kurse sprachen damals vor allem die Arbeiterschaft an, der damit Zugang zu neuem Wissen durch Universitätslehrer verschafft wurde.

Die „Volksthümlichen Universitätscurse" wurde alle sehr gut besucht und fanden großen Anklang. So schreibt die Arbeiter-Zeitung am 5. Dezember 1897 begeistert über vier Vorträge von Moritz Hoernes zur Urgeschichte des Menschen: „125 Parteigenossen des XI.Bezirkes frequentierten diesen Unterricht mit der Aufmerksamkeit und Ausdauer, die die organisierte Arbeiterschaft auszeichnet. Im Namen der Frequententen aus dem Arbeiterstande dankte Genosse Meizr dem Vortragenden Professor Dr. Hoernes mit herzlichen Worten, wobei er betonte, dass durch diesen Unterricht uns eine neue, bisher unbekannte Welt erschlossen wurde. Das Verständnis, mit dem die Arbeiter den Lehren folgten, beweise, dass die Arbeiter der Sache des wissenschaftlichen Fortschritts unbedingt ergeben sind. Die Arbeiter, die in Folge der österreichischen Schulzustände zumeist mit einer geringen Bildung den Kampf um ihre Existenz führen müssen, sind von Wissensdrang beseelt und wissen es daher umso mehr zu würdigen, wenn Gelehrte sich der mühevollen Aufgabe unterziehen, ihr Wissen zu erweitern, und dies in einer Zeit, wo man darangeht, unter dem Deckmantel einer geheuchelten Frömmelei unsere Schule zu verschlechtern".

Das sind natürlich zum Teil recht scharfe Worte gegenüber dem damaligen Schulwesen, das offenbar Bildung und Ausbildung von Arbeiterkindern vernachlässigte. Es ist aber tatsächlich eine liberale, wenn nicht sogar soziale Haltung von Moritz Hoernes, dem Bildungsbedürfnis der einfachen Leute mit interessanten Vorträgen entgegenzukommen.

Die „Volksthümlichen Vorträge wurden aber nicht nur von Arbeitern besucht. Die Arbeiter-Zeitung berichtet beispielsweise über einen Vortragszyklus von Hoernes in Wiener Neustadt am 7. November 1898: „Ebenso wie in Wien, setzte sich das Publikum größtentheils aus Arbeitern zusammen, doch hat sich auch in bürgerlichen Kreisen ein reges Interesse für den Curs geltend gemacht". Das Thema war – einmal mehr – ein Überblick von der Vorgeschichte des Menschen. Übrigens waren die Kurse nur für Erwachsene zugänglich. Das Eintrittsgeld betrug für den einzelnen Vortrag eine Krone (rund 8 €).

Thema	Veranstalter	Ort	Termin	Verlautbarung
Über die classische Landschaft	Öst.Touristen-Club	Hotel Gold Kreuz	21.11.1893	Neue Freie Presse 24.11.1893
Keltische Kunst u. Cultur i.d. den letzten Jhdten v.Chr	Öst.Museum	ebdt	4.1.1894	N.F.Presse 21.10.1893
Die Insel Sardinien	Staatsbeamten-Casinoverein	ebdt	25.1.1894	Neues Wiener Tagblatt 25.1.1894
Über die Anfänge der Kunst	Anthr.Gesellschaft	Wiss.Club Wien 1., Eschenbachg.9	9.4.1895	Die Presse 9.4.1895
Vorgeschichte der Kunst	Volksthüml.Univ.curs Wr.Volksbildungsver (4 Vorträge)	Wien 3., Gemeindepl.3	Febr./März 1896	Die Presse 19.2.1896
Rhenthierkunst u. Dipylonstil	Anthr.Gesellschaft	Wiss.Club	10.3.1896	MAG 27,1897
Naturgeschichte d.Menschen	Volksthüml.Univ.curs (4 Vorträge)	Wien 10., Keplerpl.5	Okt.-Dez.1896	Neues Wiener Journal 29.10.1896
Die physischen Entwicklungsstufen der Menschheit	Volksthüml.Univ.curs	Wien 12., Meidl.Hptstr.4	Nov-Febr 1896/97	Wr.Zeitung 26.11.1896
Überblick d.Urgeschichte der Menschen	Volksthüml.Univ.curs	Wien 10., Keplerpl	6.12.1896	Wr.Zeitung 3.12.1896

(Fortsetzung)

(Fortsetzung)

Thema	Veranstalter	Ort	Termin	Verlautbarung
Vorgeschichte d.class.Länder	Volksthüml.Univ.curs	Wien 10., Keplerpl.5	22.2.1897	Wr.Zeitung 7.2.1897
Urgeschichte des Menschen	Volssthüml.Univ.curs	Wien 11., Enkplatz 4	Okt.-Dez 1897	Arbeiter-Zeitung 7.2.1897
Über die Anfänge der Volkskunst in den Alpen	Verein f.Öst. Volkskunde	Wien 1., Wipplinger-straße 8/1	23.4.1897	Floridsdorfer Zeitung 27.4.1897
Das Verhältnis zwischen Wirtschaft u. Familienform in den Anfängen der Kultur	Volksverein „Geselligkeit"	Wien 7., Urban Loritzpl.2	24.1.1889	Arbeiter-Zeitung 21.1.1898
Urgeschichte der bildenden Kunst in Europa	Anthr. Gesellschaft	Wiss.Club	3.2.1898	Wr.Zeitung 8.2.1898
Schliemann's Ausgrabungen in Troja	Volksthüml.Univ.curs	Wien 1., Christineng.6	7.3.1898	Neues Wiener Journal 6.3.1898
Urgeschichte des Menschen	Volksthüml.Univ.curs	Wr. Neustadt Landeslehrerseminar	7.11.1898	Arbeiter-Zeitung 11.11.1898
Urgeschichte des Menschen	Volksthüml.Univ.curs	Wien 12., Meidlinger Hauptstr.4	21.11.1898	Neues Wiener 20.11.1898
Urgeschichte des Menschen	Volksthüml.Univ.-curs	Wien 6., 11., 17.,	seit 1896	MAG 19 u.31
Urgeschichte des Menschen	Volksthüml.Univ.-curs	Liesing	seit 1896	MAG 19 u.31
Urgeschichte des Menschen	Volksthüml.Univ.-curs	Neunkirchen	Nov.-Dez 1899	Arbeiter-Zeitung

(Fortsetzung)

(Fortsetzung)

Thema	Veranstalter	Ort	Termin	Verlautbarung
Urgeschichte des Menschen m. Führung im Naturhistorischen Hofmuseum	Volksthüml.Univ.-curs	Wien 16., Neumayrg.25 Turnsaal Mädchen-Bürgerschule	Okt./Nov.1899	Öst.Lehr.Zeit 1.10.1899
Anthropologie: Naturgeschichte des Menschen	Volksthüml.Univ.curs (6 Vorträge)	Wien 1., Wipplingerstr.34	Okt.-Dez 1898	Öst.Lehrerinnen-Zeitung 15.9.1898

Für die volksthümlichen Universitätscurse über die „Urgeschichte des Menschen", die Hoernes seit 1896 hielt, gibt es genaue Besucherzahlen. Sie schwanken zwischen 121 und 166 in den Wiener Bezirken, während die Curse außerhalb von Wien geradezu Rekordzahlen erreichten: Wiener-Neustadt: 826, Liesing 497 und Neunkirchen 580 Zuhörer.

1893 verfasste Hoernes eine Arbeit über die Systematik der Prähistorischen Archäologie[21]. Gleich am Beginn beklagte er, dass „man von mancher Seite die Urgeschichtsforschung von culturgeschichtlichen Elementen, indem man die Frage nach Rassen und Völker, nach physischen Merkmalen und sprachlicher Zugehörigkeit vielfach zum Schaden der Wissenschaft eingeführt hat, losgelöst hat". Für Hoernes war diese Umklammerung der Prähistorie durch fachfremde Probleme nicht ergiebig. Umgekehrt forderte er eine Ethnologie, die das prähistorische Leben und die frühe Kultur von Naturvölkern archäologisch erforschen und die Methode der prähistorischen Typologie anwenden solle.

Die Hauptaufgabe von prähistorischen Studien saht Hoernes in einer exakten Einteilung des Fundgutes in Formen, Typen und Varianten, was für die damals noch junge Forschung wohl auch die naheliegende Aufgabe war. Interessanterweise fanden die typologischen Pionierarbeiten des schwedischen Prähistorikers Oscar Montelius zur Bronze- und Eisenzeit in Italien aber kaum Erwähnung in den Arbeiten von Hoernes. Montelius ordnete die Objektformen nach dem Darwin'schen Prinzip, also nach einer ständigen Anpassung an äußere Erfordernisse. Hoernes wollte dagegen die Fundtypen mithilfe der Fundensembles, etwa in Siedlungsschichten und Grabinventaren datieren und daraus eine sichere Typologie entwerfen.

Das Thema beschäftigte Hoernes auch in anderen Aufsätzen. So ging er bei seiner „Prähistorischen Formenlehre" von Metallfunden in Oberitalien aus und versuchte, zu einer genaueren Typologie wichtiger Fibelformen zu kommen[22].

1898 wurde das Österreichische Archäologische Institut gegründet. Otto Benndorf wurde der erste Direktor dieses für die Klassische Archäologie so bedeutenden Institutes (Abb. 1). Hoernes wurde am 15. Februar 1899 zum korrespondierenden Institutsmitglied im Inland gewählt, möglicherweise aufgrund seines viel beachteten Beitrags über „Die Wanderung archaischer Zierformen" für das erste Jahresheft[23]. Er stellte in dieser Arbeit verschiedene frühe südliche Einflüsse auf die balkanischen und mitteleuropäischen Kulturen seit dem Neolithikum zusammen. Sicher kann man aus heutiger Sicht nicht immer beistimmen, so etwa bei den Motiven konzentrischer Kreise auf kupferzeitlicher Keramik, die Hoernes aus Klein- und Vorderasien ableitete. Übrigens wurde Hoernes 1913 auch wirkliches Mitglied des Österreichischen Archäologischen Instituts.

Noch im selben Jahr, 1898, erschien auch das von der kaiserlichen Akademie der Wissenschaften subventionierte Monumentalwerk von Moritz Hoernes:

Abb. 1 Der Klassische
Archäologie Otto Benndorf,
Ordinarius an der
Universität Wien

ANT. BRAND   WIEN.

Die Urgeschichte der bildenden Kunst in Europa von den Anfängen bis um 500
v. Chr.[24] Das Buch hat Oktavformat, ist reich bebildert und wurde vom Verlag Adolf Holzhausen in Wien verlegt. Die Urgeschichte Europas wurde von
Hoernes aus dem Blickwinkel der Ornamentik und Kunst betrachtet, ja sogar
interpretiert. Hoernes ging nämlich davon aus, dass die prähistorische Kunst eng
mit der kulturellen und wirtschaftlichen Entwicklung verknüpft war. Den frühesten Ausdruck von Kunst sah er bereits in den ästhetisch geformten Steingeräten
des Mousterien – die schönen Faustkeile des frühen mittleren Paläolithikums
kannte man noch kaum. Mit seinen Beschreibungen, Analysen und Deutungen
ging Hoernes bis zum Beginn der Latène-Zeit, in der er noch die ersten typischen Motive und Verzierungen der keltischen Kunst erfasste. In dem Werk
werden viele ethnologische Parallelen herangezogen, was angesichts der damals
in einigen Zeitabschnitten noch dünnen archäologischen Fundlage verständlich
erscheint. Das Buch wurde von der Fachwelt, aber auch in der Öffentlichkeit mit
großem Interesse wahrgenommen[25].

1915 kam es zu einer – wieder von der Akademie der Wissenschaften
finanzierten – Neuauflage mit einer starken Überarbeitung und umfangreichen

Ergänzungen. Es wurden dabei die Neufunde der letzten zwanzig Jahre sorgfältig einbezogen. Hoernes ordnete das Fundmaterial nun in vier Hauptabschnitte ein: Die primitive Kunst im allgemeinen (Teil 1), Prähistorische Funde (Teil 2), Kunst des Paläolithikums (Teil 3) und Kunst der späteren Epochen mit Kapiteln über Funde vom Neolithikum bis zur mittleren Eisenzeit (Teil 4). Hoernes schickte diesen Band mit einer Widmung unmittelbar an Kaiser Franz Josef. Dieser bedankte sich über seinen Oberstkämmerer[26].

Es ist unmöglich in diesem Zusammenhang auf die vielen Vergleiche, Auswertungen und Interpretationen in diesem Buch näher einzugehen. Die Einstellung, die dem Werk zugrunde liegt, lässt sich aber mit seinen eigenen Worten am besten umreißen: „Eine kunstgeschichtliche Entwicklung, die sich immer und überall nach einem und demselben Rhythmus vollzieht und regelmäßig mehrere analoge Phasen durchläuft, deren Ablauf stets dieselbe ist, gab es nicht". Kunst und Ornamentik breiteten sich nach Hoernes während der frühen Zeit ohne Bindung an ethnische Gruppen aus, sie sind oft übergeordnete geistige Schöpfungen. Solche Impulse und Einwirkungen gingen nach seiner Einschätzung schon seit dem Neolithikum besonders vom Vorderen Orient aus. Später hat sein langjähriger Weggefährte Josef Szombathy gemeint, dass Hoernes die Einflüsse des Orients auf die prähistorische Kunst Europas zu hoch eingeschätzt hätte.[27]

Die dritte Auflage der „Urgeschichte der bildenden Kunst" war zwar zum Teil noch von Hoernes vorbereitet worden, doch erlebte er das Erscheinen einige Jahre nach dem ersten Weltkrieg, im Jahr 1925, nicht mehr. Sein Schüler und Nachfolger auf der Lehrkanzel, Oswald Menghin, nahm jedoch Abstand von einer Überarbeitung und redigierte das Werk nur insoferne, als er die Anmerkungen aktualisierte und ergänzte. Er fügte dem großen Werk aber einen eigenen längeren Nachtrag hinzu, in dem er die vielen Neufunde und Neuentdeckungen der letzten Jahre behandelte. Dazu gehörten vor allem die Felsbildkunst in Frankreich und Spanien, die vielen nach dem Fund der „Venus von Willendorf" im Jahr 1908 weiteren Venusstatuetten, die ans Licht gebrachte kretische Wandmalerei und die Ornamentik auf bronzezeitlicher Keramik am Balkan. Der Zusatz von Menghin ist meist in Form von Paraphrasen zu den einzelnen Abschnitten und Kapiteln gestaltet. Menghin versuchte auch die neue „Kulturkreisforschung" gegenüber der „veralteten anthropologischen Theorie" von Moritz Hoernes bei den Erklärungen und Deutungen anzuwenden. Die Kulturkreislehre fasste Kulturen in verschiedenen Gebieten der Erde über ihre Gemeinsamkeiten, aber auch Ähnlichkeiten in Kulturkreisen zusammen. Diese Kulturkreise hatten demnach eigene Ursprungszentren. Über Wanderungen oder auch Entlehnungen wurden sie in einen historischen Zusammenhang gebracht. Die Vertreter der heute völlig überholten Kulturkreislehre in Wien waren Pater Wilhelm Schmidt und Pater Wilhelm Koppers. Heute neigt man jedenfalls wieder dem Ordnungsprinzip von Moritz Hoernes zu.

Anmerkungen

1. WB 126.269.
2. Öst.Kunstchronik vom 15.3.1893.
3. WB 126.267.
4. Neue Freie Presse vom 15.12.1895.
5. Nationalbank (2022).
6. Nationalbank.
7. Hoernes (1892b).
8. NB 646/8–10.
9. NB 646/8–13.
10. Der Kongress für Christliche Archäologie in Spalato/Split begann am 20.8.1894.
11. Illustrierter Führer durch Dalmatien. Baedeker. Wien-Leipzig 1900.
12. WB 125.859.
13. Hoernes (1893e).
14. Schreiben vom 13. und 18.8.1898, NB 571/55–1/2.
15. NB 571/55–3; Hoernes (1898e).
16. NB 571/55–5.
17. NB 571/55–7.
18. Prager Abendblatt, Nr. 45, 24.2.1902.
19. Hoernes (1893c).
20. O. Tischler, Über die Gliederung der La-Tène-Periode. Correspondenz-Blatt der Deutschen Ges. f.Anthropologie, Ethnologie und Urgeschichte, Berlin, 1885.
21. Hoernes (1893b).
22. Hoernes (1893a).
23. Hoernes (1898c).
24. Hoernes (1898a).
25. Neues Wiener Tagblatt vom 20.5.1898.
26. Dankschreiben in Verbindung mit dem in der Bibliothek der Österreichischen Akademie der Wissenschaften befindlichen Werk G 483.
27. Szombathy (1917a).

Die Titularprofessur im Jahr 1899 und die Prähistorische Sammlung (1899–1906)

Die Dozentur war für Moritz Hoernes nur der erste Schritt, um das Fach Prähistorische Archäologie an der Universität zu verankern. Er sah eine vollständige Etablierung erst mit der Einrichtung einer Professur. Eine tatkräftige Unterstützung für dieses Vorhaben erhielt Hoernes von Otto Benndorf, dem Ordinarius für Klassische Archäologie an der Universität Wien. Dieser schätzte die gute Zusammenarbeit mit ihm und trat aus Überzeugung für ein selbständige Disziplin Urgeschichte ein. Ein Briefwechsel mit Hoernes im Juli 1897 lässt sein diesbezügliches Engagement gut erkennen. In einem Schreiben von Hoernes an Benndorf vom 6. Juli heißt es: „Hochverehrter Herr Hofrath ! In der Anlage beehre ich mich, die verlangten Daten zu liefern… Indem ich für die Aufschlüsse, welche Herr Hofrath mir vertraulich zu geben hatten, sowie insbesondere für die wohlwollenden und hoffnungsvollen Absichten von Herzen danke, verbleibe ich in größter Verehrung Ihr gehorsamst ergebener M.Hoernes"[1].

Schon am 14. Juli bedankte sich dann Hoernes bei Benndorf geradezu überschwänglich für dessen Bemühungen zur Einrichtung einer Bestellungskommission für eine außerordentliche Professur für Prähistorische Archäologie an der Philosophischen Fakultät: „Hochverehrter Herr Hofrath ! Es drängt mich, Ihnen nochmals von Herzen zu danken für Ihre gütige Gesinnung und die höchst wertvollen Schritte, welche Sie für ein so wenig unterstütztes Fach unternommen haben. Darin liegt sehr viel Ermuthigung, und Ermuthigung braucht man wahrlich auf einem Dornenwege, wie dem des Prähistorikers… Ich dränge mich nicht zur äußeren Anerkennung und sehne mich nur dem zu dienen, was diese Richtung der Archäologie – selbständig oder nicht – zur Entwicklung braucht"[2].

Die Bestellungskommission an der Philosophischen Fakultät beschloss nun tatsächlich, eine außerordentliche Professur für Prähistorische Archäologie im Cultus-Ministerium zu beantragen und schlug für die Besetzung Moritz Hoernes vor. Das Ministerium reagierte auf dieses Ansuchen schon am 27. Juli

© Der/die Autor(en), exklusiv lizenziert an Springer Fachmedien Wiesbaden GmbH, ein Teil von Springer Nature 2024
A. Lippert, *Moritz Hoernes*, https://doi.org/10.1007/978-3-658-43559-2_15

und ersuchte die Fakultät, das Protokoll der Sitzung und, wie es in dem Bescheid heißt, die Separatvota der Professoren Benndorf und Penck nachträglich anher vorzulegen"[3]. Trotz der zunächst raschen Behandlung der Agenda sollte es aber noch anderthalb Jahre dauern, bis Moritz Hoernes mit Allerhöchster Entschließung zum unbesoldeten außerordentlichen Professor für Prähistorische Archäologie ernannt wurde[4]. Diese Titularprofessur hatte dann mit 1.4.1899 Rechtswirksamkeit.

Für die „lehramtliche Mühewaltung", eine Art Lehrauftrag, erhielt Hoernes nun 800 Gulden[5] jährlich zusätzlich zu seinem Gehalt als Kustos II.Klasse am Hofmuseum. Dieses betrug zum Zeitpunkt seiner Ernennung 2400 Gulden[6]. Weiters hieß es im Dekret des Unterrichtsministeriums: „Außerdem wird (dem Obersthofamt) genehmigt, dass eine eventuelle Abhaltung von Vorlesungen in den Räumen des Naturhistorischen Hofmuseums und eine regelmäßige Benützung der Museumssammlung zu Demonstrationszwecken nicht zugestanden wird". Diese merkwürdige Genehmigung ging auf Einwände der Intendanz und des Obersthofamtes zurück, die angesichts der nun ausgeweiteten Lehrtätigkeit von Hoernes besorgt waren, dass es zu einer zu starken Inanspruchnahme des Museumsbetriebes kommen könnte. Unter anderem befürchtete man, dass häufig Fundobjekte aus den Vitrinen und dem Depot für Bestimmungsübungen entnommen werden könnten. Andererseits hatte die Verwaltung des Hofmuseums aber nichts gegen die Abhaltung der Vorlesungen von Hoernes an der Universität außerhalb der Amtsstunden[7]. Das Obersthofkämmeramt war in Österreich für die Verwaltung der kaiserlichen Domänen zuständig. Dazu gehörten neben den Landgütern und Schlössern auch die dem Hof unterstellten Hofmuseen in Wien. Insoferne war der Obersthofmeister auch die höchste Instanz für alle Erfordernisse, aber auch Wünsche dieser Sammlungen.

Das Verbot der Benützung der Prähistorischen Sammlung wurde an der Universität mit Kopfschütteln aufgenommen. Es kam in dieser Angelegenheit zu einer Besprechung innerhalb der Philosophischen Fakultät am 13. November 1899, bei der man darüber heftig diskutierte. Die Lösung, die man Moritz Hoernes vorschlug, war salomonisch. Er sollte sich demnach bemühen, sich vom Demonstrations-Material des Hofmuseums unabhängig zu machen und Fundrepliken und Originale für eine Lehrsammlung ankaufen. Um entsprechende Geldmittel müsste sich Hoernes beim Cultus-Ministerium bemühen. Tatsächlich bewilligte dieses am 2. Juni 1900 eine erstmalige Zuwendung in der Höhe von 400 Kronen[8] für prähistorisches Anschauungsmaterial. Natürlich versuchte Hoernes aber auch, Gipskopien von Fundstücken geschenksweise von der Prähistorischen Sammlung zu erhalten.

Am 11. November 1903 bekam Hoernes von der Prähistorischen Sammlung geschenksweise 42 Gipsabgüsse, die vor allem von Geräten und Waffen aus der Bronzezeit stammten. Der geschätzte Wert lag bei 108 Kronen. Und am 28. Oktober 1904 gab es eine weitere Schenkung der Prähistorischen Sammlung, die aus 20 Gipsabgüssen von bronze- und eisenzeitlichen Waffen, Geräten und Schmuckobjekten bestand und mit 134 Kronen beziffert wurde. 1905 kam es zu einer abermaligen, offenbar aber letzten Schenkung an den Prähistorischen Lehrapparat. Um sich eine Vorstellung zu machen, aus welcher Art von Gegenständen sich die Schenkungen zusammensetzten, soll diese als Beispiel angeführt werden:

Flint-Nuclei aus den Höhlen von Angouléme, Frankreichs

Wandbewurf, 2 Stücke, Heidenstadt bei Limberg im Waldviertel

Palstab (Bronzebeil), Hallstattkultur

Schleifstein, Hallstatt

Steinbeil, Seewalchen am Attersee, aus einem Pfahlbau

Weyeregg am Attersee, aus Pfahlbauten:

Gabelförmig gespaltenes Knochengerät

Spitzes Knochengerät

Mehrere Ahlen und Nadeln aus Knochen und Kupfer

Steinbeil

Fragmentiertes Steinbeil

Schneidenfragment eines Steinbeils

Henkeltopf, Laibacher Moor bei Laibach (Ljubljana)

Gipsabgüsse von Fundgegenständen für den Lehrapparat wurden, wie erwähnt, entweder angekauft oder als Geschenke übernommen. Die Prähistorische Sammlung legte immerhin schon 1899 eine Kollektion von 742 Doubletten (also Objekte von doppelt oder mehrfach vorhandenen Originalen) und 99 Gipsabgüssen an. Der Wert wurde mit 1038, 40 Kronen beziffert. Alle diese Schauobjekte durfte Hoernes für seine Lehrveranstaltungen an der Universität benützen, was einem kollegialen Entgegenkommen von Kustos Josef Szombathy zu verdanken war. Ein Teil dieser Kollektion konnte schon im Februar 1902 als Geschenk der Prähistorischen Sammlung dem Prähistorischen Lehrapparat eingegliedert werden. Er bestand aus 54 Gipsabgüssen von Geräten aus Stein und Bronze sowie aus den Originalen eines Rasiermessers und einer Fibel aus Bronze. Der Wert wurde von Szombathy selbst mit 227,50 Kronen angegeben[9].

Hinsichtlich der Benützung der Prähistorischen Sammlung für Lehrveranstaltungen lenkte das Obersthofkämmeramt noch im Ernennungsjahr 1899 ein und genehmigte eine neuerliche Benützung der Prähistorischen Sammlung für Lehrveranstaltungen, allerdings unter eingeschränkten Bedingungen. Diese betrafen zeitlich begrenzte Aufenthalte von Professor Hoernes und seiner Studenten[10]. Scheinbar hat Hoernes diese Erlaubnis kaum in Anspruch genommen. Aus dem Vorlesungsverzeichnis geht jedenfalls nicht hervor, das er Übungen oder Praktika an Exponaten der Prähistorischen Sammlung abgehalten hätte. Ganz auszuschließen sind spontane Museumsbesuche mit den Studenten aber auch nicht.

Anfang 1901 ersuchte Hoernes das Cultus-Ministerium um eine ständige, jährliche Subvention in der Höhe von 400 Kronen für den Ankauf von Gipsabgüssen von Fundstücken. Er beantragte außerdem die Zuweisung eines Depotraumes für die wachsende Lehrsammlung im Universitätsgebäude am Ring. Damals war für die Raumvergabe nicht, wie heute, die Universität selbst, sondern das übergeordnete Ministerium verantwortlich. Hoernes erhielt jedenfalls die Zusage für Jahressubventionen in den Jahren 1901 bis 1903, allerdings jeweils nur in der Höhe von 200 Kronen[11]. Ein Raum für den „Prähistorischen Lehrapparat" wurde Hoernes aber erst 1903 zugeteilt. Es war dies eine winzige Abstellkammer im Hof V des Hauptgebäudes der Universität. Später beschrieb Hoernes' Nachfolger Oswald Menghin diesen Depotraum so[12]: „Den prähistorische Lehrapparat an der Wiener Universität hat mein verehrter Lehrer und Vorgänger Moritz Hoernes begründet, als er im Jahr 1899 nach siebenjähriger Dozententätigkeit unbesoldeter außerordentlicher Professor wurde. Der zugewiesene Raum befindet sich im Souterrain der Universität, hat Hofaussicht und liegt unmittelbar unter einer Klosettreihe, von der schon mehrmals Wassereinbrüche heruntergingen. Er hat früher einmal als Isolierzimmer für Cholerafälle gedient, deren es in Wien ehemals hin und wieder gab. Die Luft in diesem Raume ist stinkend und in höchstem Maße ungesund; die Lüftungsmöglichkeiten sind völlig unzureichend. Wer in dieses Speckkammerl, wie es Hoernes stets nannte, eintritt, wird kaum glauben, dass hier eine wissenschaftliche Persönlichkeit von Weltrang amtierte, lehrte und eine Schule begründete, aus der eine ganze Reihe von Hochschullehrern im In- und Ausland hervorgegangen ist. Die Dotation des Lehrapparates war von einer lächerlichen Geringfügigkeit".

Seit 1904 gab es dann eine ständige jährliche Subvention für den Lehrapparat zusammen mit einer Sonderdotation in der Höhe von 1400 Kronen[13]. Mit diesen Mitteln konnten nicht nur Ankauf von Gipsabgüssen und Originalen, sondern auch Behälter und Regale im Speckkammerl finanziert werden. Übrigens wurde der kleine Raum wöchentlich vom Aushilfsdiener Franz Stadl gereinigt und entstaubt, wie es heißt. Dieser bekam dafür eine halbjährliche Remuneration von 50 Kronen[14].

Hoernes besaß in diesen Jahren bereits eine beachtliche Privatbibliothek, die auch viele Sonderdrucke enthielt. Diese Druckwerke stellte er den Studenten für ihre Studien und Arbeiten freimütig zur Verfügung. Zum Lehrapparat gehörten zunächst jedenfalls keine eigenen Bücher und Zeitschriften.

Mit der Titularprofessur war eine Lehrverpflichtung von drei bis vier Wochenstunden verknüpft. Hoernes hielt sie allesamt im Hörsaal 18 im Hauptgebäude der Universität ab. Ab dem Wintersemester 1899/1900, also ab seinem ersten Semester als außerordentlicher Titularprofessor, wurde die Sektion V der Lehrveranstaltungen an der Philosophischen Fakultät um den Begriff „Prähistorische Archäologie" erweitert. Seine Vorlesungen firmierten nun unter: Sektion V, Geographie, Ethnologie und Prähistorische Archäologie, C. Prähistorische Archäologie". Damit wurde der nun größeren Eigenständigkeit des Faches Rechnung getragen. Hoernes' wöchentliche Vorlesungen waren meist dreistündig. Darunter war ein systematischer Zyklus, der mit Vorlesungen über den „Diluvalen Mensch in Europa" begann und mit Jüngerer Steinzeit, Bronzezeit und Hallstattperiode seine Fortsetzung fand. Sonst gehörten zu den Themen der Vorlesungen: Erklärung prähistorischer Bildwerke, Vorgeschichte der Länder Österreich-Ungarn, Höhlen- und Pfahlbauten, Anthropologie mit Einleitung in die Urgeschichte des Menschen Europas und Urgeschichte Mittel- und Nordeuropas von 500 vor bis 500 nach Chr. Es gab auch eine „Übung im Erkennen und Bestimmen prähistorischer Gegenstände". Alle Vorlesungen und Übungen fanden entweder vormittags von 9 bis 10 Uhr oder 6 bis 8 Uhr abends statt, sodass Hoernes seinen Verpflichtungen im Hofmuseum voll nachkommen konnte.

Hoernes war eine große, stattliche Erscheinung (Abb. 1) Seine aufrechte, stramme Haltung hatte er sich wohl während seiner Militärzeit angewöhnt[15]. Er war sprachlich außerordentlich gewandt, ausdrucksvoll und voll Temperament. Seine universelle Bildung, sein scharfer Verstand und sein glänzender Witz kamen ihm im Unterricht und im Umgang mit den Studenten sehr zugute[16].

Abb. 1 Moritz Hoernes um
1900

Anmerkungen

1. NB 646/8–14.
2. NB 646/8–15.
3. Staatsarchiv Zl. 722/27.7.1897.
4. Staatsarchiv Zl. 1784/17.1.1899.
5. Heute ca. 8700.- Euro: Nationalbank.
6. ca. 36.000 €: Nationalbank.
7. Staatsarchiv Zl. 4358/14.5.1898.
8. Heute ca. 4300 €: Nationalbank.
9. Verzeichnis Archiv der Präh.Abt.d. NHM.
10. F. Felgenhauer, Zur Geschichte des Faches „Urgeschichte" an der Universität Wien. In: Studien zur Geschichte der Universität Wien. 3.Bd. (Wien), 1965 7–27,15.

11. Heute ca. 2200.- Euro: Nationalbank.
12. Neue Freie Presse vom 11.10.1923.
13. Heute ca. 11.500 €: Nationalbank.
14. Heute ca. 400 €, Nationalbank 2022.
15. Menghin (1917, 11).
16. Szombathy (1917b, 144).

Der „Diluviale Mensch" und weitere Forschungen (1899–1906)

Die Anthropologische Gesellschaft nahm Moritz Hoernes in diesen Jahren stark in Anspruch. Termine für Exkursionen, Versammlungen, Tagungen, Kongresse und die Betreuung ehrenamtlicher Forscher lagen oft dicht bei einander. Am 24. März 1900 traf in der Gesellschaft ein Hilferuf des Göttweiger Paters Lambert Karner ein. Für den Bau eines Schutzdamms am Donauufer bei Krems wurde oberhalb des Wächtertors massiv Löss abgebaut. Und hier, in der Flur Krems-Hundssteig, kamen zahlreiche Mammutknochen und Steinartefakte sowie auch eine Feuerstelle zum Vorschein. Schon früher waren paläolithische Funde in diesen und anderen Lösslagern in Krems geborgen worden, die in der Probstei aufbewahrt wurden. Um die Aufsammlung der Funde hatte sich bereits seit 1893 Dr. Johann Strobl gekümmert. Nun bat der Gösinger Pfarrherr Karner um die eilige Entsendung eines Fachmanns.

Strobl unterrichtete Deutsch, Geschichte und Geographie an der Landes-Oberrealschule in Krems. Er gründete 1891 gemeinsam mit Probst Anton Kerschbaumer ein Stadtmuseum, für das er zuerst als Sekretär und ab 1893 bis 1904 als ehrenamtlicher Direktor wirkte.

Die Anthropologische Gesellschaft delegierte das Mitglied Moritz Hoernes, dessen Kompetenz für die Altsteinzeit außer Frage stand. Gleichzeitig wurde der Bezirkshauptmann ersucht, den Lössabbau am Fundplatz einstellen zu lassen[1]. Wegen Schlechtwetters und der Karwoche verzögerte sich der Besuch von Hoernes. Am 20. April fand er sich dann zusammen mit seinem Bruder Rudolf, damals bereits Professor für Geologie und Paläontologie in Graz, in Krems ein, wo sie schon am Bahnhof vom Bezirkshauptmann R. v. Hoch, Probst Kerschbaumer und Pater Karner in Empfang genommen wurden. Zuerst ging es in die Probstei, wo die neuen Funde vom Hundsteig in der Bibliothek und in der Kanzlei ausgelegt waren. Hoernes fielen Typen von Steingeräten aus gelbem Hornstein

A. Lippert, *Moritz Hoernes*, https://doi.org/10.1007/978-3-658-43559-2_16

und rotem Jaspis auf, wie er sie auch von den bekannten paläolithischen Löss-stationen in Zeiselberg, Willendorf und Aggsbach kannte. Die Skelettreste von Großsäugern stammten von Mammut (elephas primigenius). Sie wiesen mehr-fach Schnittspuren von menschlicher Hand auf, wie Moritz und Rudolf Hoernes sofort feststellten.

Dann führte man die beiden Wissenschaftler in das archäologische und historische Museum, das sich im eingezogenen oberen Stock der ehemaligen Dominikanerkirche befand, während der Chor als Bühne des Stadttheaters und die dreischiffige Halle im Erdgeschoss als Feuerwehrdepot dienten. Die sehr ordent-lich ausgestellten Fundstücke konnten in chronologischer Abfolge besichtigt werden. Für Hoernes waren die altsteinzeitlichen Steingeräte aus der Gude-nushöhle und der Schusterlucke, die er noch nicht kannte, von besonderem Interesse.

Schließlich fuhr man gemeinsam zum Hundssteig, wo mächtige Lössschich-ten jahrelang in Stufen abgetragen worden waren (Abb. 1) Etwa 8 m unterhalb der ehemaligen Oberfläche war eine über 30 m lange, dunkle Kulturschichte zu erkennen. Sie war zum Teil bereits abgeräumt, sollte aber nach Übereinkunft von nun an von Dr. Strobl systematisch freigelegt und nach Fundstücken abge-sucht werden. Für Hoernes waren die neuen Funde aus der jungpaläolithischen Phase des Solutréen und datierten etwa in die Zeit von 30.000–24.000 v. Chr.[2] Heute wissen wir, dass diese Kulturschichte zwischen 35.000 und 33.000 Jahre alt ist und kulturell dem Aurignacien angehört. Strobl deckte in den folgenden Monaten die Schichte weiter auf und berichtete darüber[3]. Übrigens befanden sich unter den Knochenfunden, die Strobl barg, auch Skelettreste von Menschen, wie spätere Untersuchungen ergaben[4]. Dies lässt auf Bestattungen schließen.

Abb. 1 Lösswand in Willendorf in der Wachau (Niederösterreich) mit dunklen Kultur-schichten des Jungpaläolithikums. Wandbild im Naturhistorischen Museum, Wien

Strobl meldete im Frühjahr 1901 eine weitere paläolithische Fundstelle, die ihm in der städtischen Lehmgrube, westlich vom Hundssteig und dem Bründlgra-ben, aufgefallen war. Es gibt mehrere Briefe von Strobl an Hoernes, in denen er seine Bergungen dort schilderte und die von seinem Sohn Ernst angefer-tigte Zeichnungen von Steingeräten sowie einen Stadtplan mit den fsäuberlich eingetragenen bisherigen prähistorischen Fundstellen beifügte[5].

Schon am 9. Juni 1901 fand eine Tagesexkursion nach Krems und Göttweig statt. Vormittags führte Prof. Strobl die zahlreichen Gäste zur paläolithischen Fundstelle am Hundssteig und anschließend in das Museum, nachmittags „fuhr die ganze Gesellschaft nach Furth-Göttweig und stieg, von Pöllerschüssen begrüßt, durch den Wald zu dem Stifte empor. Hier wurden sie von dem Herrn Prälaten Generalabt Dungel auf das liebenswürdigste empfangen und nach Besichtigung der Sammlungen und nach Besichtigung der Sammlungen, unter welchen eine eigens ausgelegte Reihe von Prähistorischen Funden lebhaftes Interesse erweckte, und einer am Stiftsplatze durch Dr. Kulka vorgenommenen photographischen Aufnahme der ganze Gesellschaft, um den Herrn Abt gruppiert (Abb. 2), im großen Speisesaale auf das gastfreundlichste bewirtet"[6].

Abb. 2   Die Teilnehmer an einer Exkursion der Wiener Anthropologischen Gesellschaft am 9. Juni 1901 nach Göttweig, Niederösterreich. Ganz außen rechts: M.Hoernes, dahinter Josef Szombathy, neben diesem Johann Krahuletz. Vorne Mitte: Abt Adalbert Dungel

Hoernes besuchte die paläolithischen Fundplätze in Krems gemeinsam mit Dr. Strobl immer wieder und es ergaben sich dabei rege Diskussionen. Hugo Obermaier, ein Schüler von Hoernes, sollte in späteren Jahren die Funde vom Hundssteig zusammen mit Strobl bearbeiten und publizieren[7]. Strobl war auch sonst archäologisch höchst interessiert und nahm an Grabungen des Göttweiger Generalabtes, Adalbert Dungel, teil. So schrieb er am 13.4.1903 an Hoernes: „Ich erwarte, wieder an den Ausgrabungen in Statzendorf (in einem eisenzeitlichen Gräberfeld) eingeladen zu werden. Aber ich gehe mit stillem Groll hin, weil nicht der kleinste Scherben für unser Museum zu erwerben möglich ist, von den Bronzen ganz zu schweigen". In einem weiteren Brief vom 27. April 1903[8] teilte der 1899 im Schuldienst pensionierte Strobl mit, dass er nach Wien übersiedeln wolle, um bei Hoernes Urgeschichte zu studieren. Da er bis 1904 Direktor des Kremser Museums war und auch sonst keine Hinweise für einen Ortswechsel bekannt, scheint Strobl diese Absicht aber nicht realisiert zu haben.

Jedenfalls schrieb Strobl noch bis September 1903 Briefe an Hoernes, in denen er von weiteren Entdeckungen berichtete. So etwa über eine Fundstelle in der Ziegelei Bründlgraben, wo er „versteinerte Tierknochen und Holzkohle" gefunden habe. Er verfasste einen eigenen Museumsführer für Krems und bat um

„schonende Beurteilung"[9]. Bei allen diesen durchaus sensationellen Forschungen wundert es, warum Hoernes nicht selbst Sondierungen und Grabungen in Krems unternommen hat. Eine Antwort auf diese Frage kann eigentlich nur so lauten: Hoernes war zwar der lange Zeit einzige der Fachmann für Urgeschichte in Wien, aber kein Freund von Feldforschungen. Damit war aber leider auch ein Verlust an Beobachtungen von Befunden vor Ort verbunden. So stellte der Prähistoriker Neugebauer mehr als 70 Jahre später mit Recht fest: „Die einstige Freilandstation Krems-Hundssteig zählt heute nicht nur zu einer der reichsten Fundstellen an Steingeräten, sondern ist auch eine der am schlechtesten erforschen"[10].

1903 erschien Hoernes' Buch „Der diluviale Mensch in Europa. Die Kulturstufen der Steinzeit"[11]. In dieser Arbeit stellte er das bisherige Wissen über das Paläolithikum zusammen und versuchte, zu einer genaueren Einteilung zu kommen. Der heute obsolete Begriff „Diluvium" umfasste geologisch das Pleistozän und den jüngeren Abschnitt des Quartärs, also die Abfolge von Eis- und Zwischeneiszeiten. Der Wiener Geologe Albrecht Penck hatte schon 1901 vier Eiszeiten in Mitteleuropa festgestellt, die er nach den Flüssenin Süddeutschland Günz, Mindel, Riss und Würm benannte. Hoernes bemühte sich nun, die paläolithischen Funde in dieses Schema einzupassen. Grundsätzlich unterschied er eine westliche und eine mittlere sowie eine noch kaum erforschte östliche Kulturprovinz. Die mittlere Region entsprach grosso modo dem Gebiet Österreich-Ungarns. Aufbauend auf älteren Modellen, vor allem jenem von G. De Mortillet[12] beschrieb Hoernes drei große Zeitstufen, deren Inhalte er präzisierte.

Die untere, also älteste Stufe begann demnach in der letzten Zwischeneiszeit und währte bis zum letzten Stadial (Wärmephase) der letzten Eiszeit. In ihr kamen Geräte des Chelléo-Mousterien vor. Es war die Zeit des physisch besonders robusten Neandertalers und des Altelefanten (elephas antiquus). Am Beginn der Mittleren Stufe, im letzten Interstadial, wanderte die „afrikanische Rasse", also die Urform der heutigen Menschen (homo sapiens), in Europa ein. Hoernes schrieb die Lössfunde in Niederösterreich dieser Phase zu. Heute wäre dies das Aurignacien und Gravettien im fortgeschrittenen Würm. Hoernes kannte damals aber nur den Kulturbegriff für das Aurignacien, für das nachfolgende Gravettien verwendete er stattdessen die Bezeichnung Solutréen. Am Ausklang der letzten Eiszeit kamen dann erstmals das Rentier und andere arktische Tiere auf. Heute würden wir vom ausgehenden Würm und der spätglazialen Zeit sprechen. Die Rentierzeit und das Magdalenien waren nach Hoernes die Zeit und Kultur des Cro-Magnon-Menschen vom Homo Sapiens-Typus in Europa. Nach dem Magdalenien folgten das Touranien und das Arisien[13].

In seinen Vorlesungen verwendete Hoernes eine selbstgefertigte Grafik für das Jung- und Spätpaläolithikum (Abb. 3). Für ihn endete der zweite Teil der letzten

Eiszeit vor 24.000 Jahren. Dann begann eine nur von relativ kurzen Kältepha-
sen unterbrochene stetige Erwärmung, die vor 10.000 Jahren in die klimatische
und geologische Gegenwart einmündete. Diese Klimaentwicklung hatte Penck
beschrieben[14]. Interessant ist die kulturelle Abfolge, die Hoernes für die Zeit von
rund 40.000 bis etwa 19.000 vor unserer Zeit angibt. Er war sich offenbar nicht
im Klaren, wohin das Solutréen zu setzen war: vor dem Aurignacien bzw. Mousterien oder nach dem Aurignacien. Das heute gut erforschte Gravettien nach dem
Aurignacien fehlt. Die weitere Abfolge mit dem Magdalénien stellt er viel zu früh
zwischen etwa 26.000 und 22.000 vor heute. Die „Neolithische Periode" datiert
nach Hoernes zwischen 4000 und 2000 v. Chr., auf die dann bis heute 4000 Jahre
einer „Metallzeit" folgten.

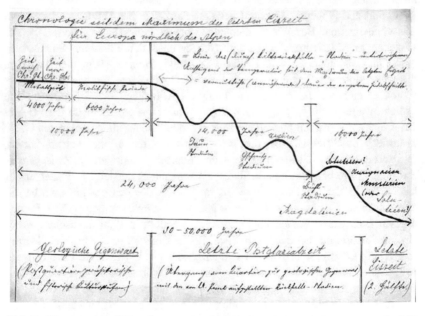

Abb. 3 Diagramm der Klimaphasen und prähistorischen Kulturen seit dem Jungpaläolithikum. Graphik von M. Hoernes

Stellt man diese Daten dem heutigen Wissen (Abb. 4) gegenüber, so sind
also nicht unbedingt alle Angaben grundsätzlich falsch: Auf das Aurignacien
des frühen Jungpaläolithikums (40.000–27.000 v.heute), folgte das Gravettien
(27.000–22.000 v.h.), dann das Solutréen (22.000–15.000) und das Magdalénien

(15.000–12.000). Allerdings gab es bei den Datierungen von Hoernes noch sehr starke Abweichungen vom heutigen Wissensstand[15]. Auch eine exkate Zuweisung der Kulturen zu den geologischen Schichten war damals offenbar noch nicht immer möglich. Einzig die Abfolge von Neandertaler und Homo sapiens war ebenso richtig wie die unmittelbare Ableitung des letzteren aus Afrika.

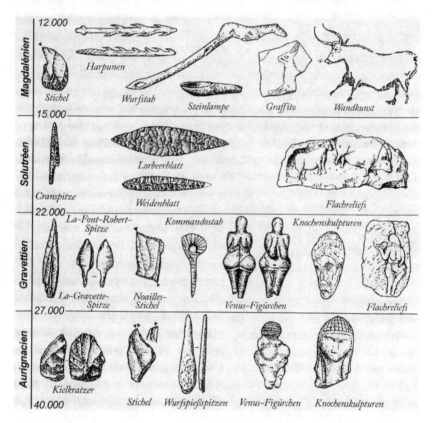

Abb. 4 Aktuelle Kulturabfolge des Jungpaläolithikums nach H. Parzinger

Eine heftige Debatte gab es Ende der 80er Jahre des 19. Jhs., als in einer Halbhöhle in Krapina in Nordostkroatien zahlreiche menschliche Schädel und andere Skelettreste sowie Steingeräte zum Vorschein kamen. Der Agramer (Zagreber) Professor für Geologe und Paläontologe und Entdecker der Funde,

Gorjanović-Kramberger schrieb sie zunächst der damals frühesten Menschenform Pithecantropus erectus Dubois, Hoernes hingegen zurecht dem Neandertaler zu. Gorjanović-Kramberger meinte außerdem, dass die Brandspuren an einigen Skelettfunden auf Anthropophagie hinweisen würden Erst später lenkte Kramberger ein und erkannte in den menschlichen Skelttfunden Reste des Neandertalers[16]. Heute nehmen wir an, dass in der Höhle Neandertaler während der Riß-Würm-Zwischeneiszeit bestattet wurden. Moderne Untersuchungen zeigten, dass an manchen Skelettknochen Schnittmarken vorkommen. Offenbar handelt es sich in Krapina um komplizierte Bestattungsriten mit sekundären Beisetzungen. Möglicherweise schlossen sie auch eine rituelle kannibalistische Praxis mit ein[17].

In Siebenbürgen tat sich ein ganz anderes Thema auf, dem sich Hoernes zuwandte. Der Volkskundler, Amateurarchäologe und Direktor am Burzenländer Sächsischen Museum in Kronstadt (Braşov) Julius Teutsch führte in Erösd und der dortigen Umgebung kleine Grabungen durch und berichtete Hoernes ganz genau darüber[18]. Teutsch veröffentlichte über Vermittlung von Hoernes auch einen Aufsatz in den „Mitteilungen der Anthropologischen Gesellschaft in Wien"[19], aber auch einen weiteren Artikel in Berlin[20].

Sowohl in Erösd-Tjiske als auch am „Priesterhügel" entdeckte Teutsch mittelneolithische Siedlungen. Besonders eine kennzeichnende Tonware mit zweifarbig aufgemalten Spiral- und Mäandermustern führte zu der Umschreibung einer eigenen Kulturgruppe, der Erösd- oder Priesterhügel-Kultur. Die sehr verlässliche Dokumentation der bemalten Tonware durch aquarellierte Zeichnungen, die Teutsch an Hoernes schickte, war natürlich vorteilhaft für die weiteren Vergleiche und die Aufstellung und Definition dieser Kulturgruppe. Für Hoernes war das neue Fundmaterial in Siebenbürgen recht spät innerhalb der Jungsteinzeit anzusetzen, obwohl eine genauere Einordnung noch unmöglich war.

Manche Forscher meinten damals, dass die frühneolithische Herstellungstechnik von Steingeräten unmittelbar aus jener der spätesten Altsteinzeit hervorgegangen wäre: Damit meinte man das Campignien, das sich zuerst in Zentral-, Nord- und Westfrankreich gebildet habe und durch Beile und Spitzen, sogenannten haches und pics, aus langen Kernstücken von Feuerstein gekennzeichnet war. Den Namen hatte diese Kultur nach einem Fundplatz am Campigny-Hügel bei Blagny, Département Seine-Inferiore, erhalten. Hoernes sah diese Geräte aber nicht in einer Tradition aus dem Paläolithikum, sondern als eine Eigenentwicklung in weiten Teilen Europas. Und zur Herkunft der bäuerlichen Lebensweise in Europa, also des Neolithikums schrieb er: „Es muss also notwendig eine Zeit gegeben haben, in welcher etwa Westasien (also Vorderasien) und Nordafrika schon neolithisch, Europa aber noch paläolithisch gewesen ist. Vermutlich gab es dann auch eine Zeit, in welcher Südeuropa schon neolithisch, Mitteleuropa aber noch paläolithisch gewesen ist. Und dann erreichte das Neolithikum auch die übrigen Gebiete Europas"[21]. Diese Theorie von einer Ausbreitung neolithischer Kulturen ist heute längst durch Fakten untermauert und zur Gewissheit geworden. Zur Gliederung des Neolithikums im Donauraum, Böhmen und Mähren gelangte Hoernes über die Analyse der Keramikverzierung[22]. Er unterschied einen flächendeckenden und einen Flächen einteilenden Stil. Entsprechend konnte er das frühe Neolithikum in Mitteleuropa in eine ältere Stufe mit eingerissener Volutenverzierung, in eine mittlere Stufe mit eingerissenen Winkelbändern und schließlich in eine jüngere Stufe mit eingestochener Verzierung, die Winkelstichbandkeramik, gliedern – heute alles zusammengefasst als Linearband- und Stichbandkeramik. Für dieses, das ganze Gefäß bedeckende „Umlaufornament" zog er eine mediterrane Herkunft in Betracht.

Das jüngere Neolithikum zeichnete sich für Hoernes durch eine entwickelte Winkelbandkeramik – der heutigen Lengyel- oder Bemaltkeramik – aus. Dann folgte die Gruppe der Schnurkeramik und schließlich jene der Glockenbecher. Immerhin zeigt diese 1905 entworfene Einteilung bereits die wegweisenden Ansätze für unsere heutigen Kenntnisse.

Im Unterschied zum Paläolithikum und Neolithikum gelang es Hoernes, die Bronzezeit Europas genauer und einigermaßen treffsicher zu gliedern[23]. So etwa lässt er die frühe Bronzezeit in Mitteleuropa um 2000 v. Chr. beginnen. Die mittlere Bronzezeit stellte er in den Zeitraum 1600 bis 1400 und die späte Bronzezeit datierte er von 1400 bis 1050 v. Chr. Mit dem angegebenen Ende der Bronzezeit lag er allerdings zu hoch. Heute wird sie in Mitteleuropa in das ausgehende 9.Jh. v. Chr. datiert. Umgelegt auf Niederösterreich fielen auf die frühe Bronzezeit die Keramik vom Aunjetitzer Typ und Flachgräber (Stufe I). Es folgten eine buckelverzierte Tonware und unter den Bestattungen sowohl Flach- als auch Hügelgräber (Stufe II). In der ersten Hälfte der späten Bronzezeit – zwischen 1400 und 1200 – dominierten Flachgräber mit Brandbestattung (Stufe III), von 1200 bis 1050 solche mit Urnen (Stufe IV). Hoernes beobachtete bereits, dass mit der Periode der Brandbestattungen – heute spricht man von Urnenfelderzeit – neue Gefäßformen und Verzierungen auftraten.

Ein gesichertes typologisch-chronologisches Gerüst für die Eisenzeit erschien Hoernes immer wichtiger. Als Ergebnis seiner früheren Studien in Museen des östlichen Oberitalien stellte er eine „Prähistorische Formenlehre" auf[24]. Vergleiche von früheisenzeitlichen Geräten und Schmuckobjekten mit Beigabentypen in Mittel- und Nordeuropa ermöglichten eine überregionale relativchronologische Einordnung von Fundmaterialen. Es ist für Hoernes charakteristisch, dass er in seine Bearbeitung häufig figürliche Darstellungen wie auch die Situlenkunst selbst mit einbezog. Hier stand auch immer die Frage nach der Herkunft oder der Ableitung im Vordergrund.

Das Gräberfeld von Hallstatt war aufgrund seines Reichtums an Beigaben und Formen namensgebend für eine ganze Kulturepoche in der mitteleuropäischen frühen Eisenzeit. 1907 besaß allein die Prähistorische Sammlung des Hofmuseums 1036 Grabinventare, weitere befanden sich vor allem im oberösterreichischen Landesmuseum in Linz und im Museum von Hallstatt. Nun befasste sich Hoernes mit diesen Grabfunden näher, um eine Belegungsabfolge in der Nekropole und eine Typengliederung für die gesamte Hallstattkultur zu erforschen. Er ging dabei ganz nach modernen Maßstäben vor. Zunächst galt es für ihn, die Leitformen zu erkennen, die einer größeren Zahl von Gräbern vorkam. Diese Bestattungen konnten in ältere und jüngere aufgeteilt werden. Demnach stellte Hoernes eine ältere Gruppe mit kurzen Bronze- und langen Eisenschwertern sowie eine jüngere Gruppe mit „Kurzschwertern und Dolchen" unter den Männergräbern fest. Für Männer sowie Frauen ließen sich außerdem bestimmte Fibelformen als ältere oder jüngere bestimmen. Die älteren Gräber datierte Hoernes von 750 bis 600 – zum Vergleich bei Oscar Montelius: 950–750 -, die jüngeren von 600–500 und die jüngsten von 500–400 v. Chr. - zum Vergleich bei Oscar Montelius: 750–550 bzw. 550–400. Auch diese zeitliche Gliederung ging auf Vergleichsstudien mit oberitalienischen Grabfunden und -inventaren zurück[25].

Anmerkungen

1. Hoernes (1900c).
2. Hoernes (1900d).
3. J. Strobl, MAG 31, (1901, 42–45, 107–108).
4. Neugebauer (1990, 57).
5. WB 126.299, 14.6.1900: 126.296, 28.2.1901; 126.297, 5.3.1901; 126.292, 25.3.1903; 126.293, 31.3.1903; 126.295, 13.4.1903.
6. MAG 41, (1901, 107–108).
7. J. Strobl/H. Obermaier, Die Aurignacienstation von Krems. JFA 3, 1909.
8. WB 126.294.
9. WB 126.291, 24.4.1903; 126.291, 16.9.1903.
10. Neugebauer (1990, 68–69).
11. Hoernes (1903a).
12. G.v. Mortillet, Classification des diverses périodes del'age de la perre. Revue d'Anthropologie (Paris), 1872, 432–435.
13. Azilien nach Mas d'Azil in Südfrankreich.
14. A. Penck/E. Brückner, Die Alpen im Eiszeitalter. (Leipzig) 1909.

15. H. Parzinger, Die Kinder des Prometheus. Eine Geschichte der Menschheit vor der Erfindung der Schrift. (München) 2014.
16. K. Gorjanović-Kramberger, Der diluviale Mensch aus Krapina in Kroatien. MAG 30,1900, [203]; Dsb., Der paläolithische Mensch und seine Zeitgenossen aus dem Diluvium in Kroatien. MAG 312,1901, 164–224; Dsb., Der paläolithische Mensch und seine Zeitgenossen aus dem Diluvium von Krapina in Kroatien. MAG 32, 1902, 189–216.
17. M. Teschler-Nicola/K. Matiasek, Gesucht:Neandertaler. 150 Jahre evolutionärer Spurensicherung.Wien 1998, 68.
18. WB 126.303, 15.10.1901; 126.306, 14.2.1902; 126.309, 20.1.1903; 126.301, 18.11.1903; 126.302, 2.2.1904; 126.300, 5.6.1904; 126.307, 28.12.1904.
19. J. Teutsch. Prähistorische Funde aus dem Burzenlande. MAG 30, 1900, 189–202.
20. J. Teutsch, Zur Charakteristik der bemalten neolithischen Keramik des Burzenlandes. ZfE 39/1–2, 1907, 109–120.
21. Hoernes (1903b).
22. Hoernes (1905f).
23. Hoernes (1903f).
24. Hoernes (1903h).
25. Hoernes (1907b).

Vorträge, Vereine und Versammlungen (1892–1906)

Im Oktober 1894 setzten sich die beiden Ethnologen und Volkskundler Michael Haberlandt und Wilhelm Hein mit Moritz Hoernes zusammen, um die Gründung eines „Vereins zur Pflege der österreichischen Volksstämme" vorzubereiten. Sie alle arbeiteten in der anthropologisch-ethnographischen Abteilung am Naturhistorischen Hofmuseum und waren einander schon lange bekannt, ja befreundet. Schon am 12. Dezember wurden die Statuten amtlich bestätigt und am 20. Dezember konnte die konstituierende Versammlung stattfinden. Es gab bereits 140 Mitglieder. Für die Schirmherrschaft über den neuen Verein war Erzherzog Ludwig Viktor, der jüngste Bruder von Kaiser Franz Joseph I., gewonnen worden.

Im Namen des Gründungskomitees begrüßte Haberlandt die Versammlung mit den Worten: „Es ist Sache eines jeden guten Österreichers, sein eigenes Volkstum zu kennen, und es ist zu hoffen, dass die Idee der Volkskunde Sympathien in Wien und in ganz Österreich finden wird. Die Bedeutung des Vereines besteht in der Errichtung eines österreichischen Völkerkundemuseums in Wien, wohin alle Völkerschaften Österreichs die Documente ihrer Eigenart in anthropologischer und ethnographischer Beziehung tragen sollen". Aus diesen Erläuterungen spricht also keineswegs eine deutschnationale Gesinnung, die Haberlandt später oft nachgesagt wurde, sondern – ganz im Gegenteil – die liberale Absicht für eine gleichartige Darstellung aller Volksgruppen und Regionen.

Zum Präsident des Vereins wurde Johann Graf Harrach, zum Vizepräsident Josef Freiherr von Helfert gewählt. Haberlandt wurde Schriftführer, Hein Geschäftsführer und Hoernes einer der Ausschussräte. Schon im Jänner 1895 sollte das erste Heft der vom Verein herausgegebenen „Zeitschrift für österreichische Volkskunde" mit auffallend vielen Aufsätzen erscheinen[1]. Außerdem wurde damit begonnen, eine Sammlung anzulegen, die sich aus Ankäufen und Geschenken zusammensetzte. Sie wurde zunächst im Mezzanin im Haus Liechtensteinstraße 61/10 im 9.Wiener Gemeindebezirk untergebracht. Später übersiedelte die inzwischen stark angewachsene Sammlung in das Börsengebäude am Schottenring[2] übersiedelt und wurde dort am 31.Jänner 1897 als Volkskundemuseum eröffnet[3].

Eine ganz bedeutende und gerade revolutionierende Neuerung für Vorträge mit Anschauungsbedarf war das Skioptikon, ein Lichtbildprojektor, der auf Glasplatten fixierte Graphiken und Fotos auf eine weiße Fläche werfen konnte. An sich hatte es eine Projektionsvorrichtung, die laterna magica genannt wurde, schon in der frühen Neuzeit gegeben. Als Lichtquelle benützte man Kerzen, Öllampen oder auch Pechfackeln, um die gemalten „Laternbilder" in einem verdunkelten Raum an die Wand zu projizieren. Seit 1870 wurden diese gemalten Bilder von fotografischen Diapositiven auf Glasplatten abgelöst. Aber erst in den 1890er Jahren war es möglich, die Bildprojektoren mit elektrischem Licht zu versorgen und sie allmählich auch an der Universität einzuführen (Abb. 1). Die medizinischen Fächer waren in dieser Hinsicht die Vorreiter. Hoernes ließ erstmals 1899 zahlreiche Skioptikonbilder anfertigen und verwendete sie bei seinen sogenannten volkstümlichen Vorträgen. Mit großem Stolz führte er das neuartige Gerät, das Skioptikon, am 17. November der monatlichen Versammlung der Anthropologischen Gesellschaft vor und zeigte dabei insgesamt 71 Bilder aus seinem Zyklus „Urgeschichte des Menschen"[4].

Darlegungen mit dem elektrischen Episkop im Hörsaal des Professor Dr. Stricker in Wien. Originalzeichnung von M. Ledeli. 1890

Abb. 1 Demonstration des „elektrischen Episkops" (Skioptikon) im Hörsaal des Pathologen und Histologen Prof. Salomon Stricker an der Universität Wien, während des 9. Kongresses für Innere Medizin im August 1890

Neben den volkstümlichen Universitätskursen hielt Hoernes in Wien auch Lehrkurse für Frauen und Mädchen zum allgemeinen Thema „Urgeschichte" und in Innsbruck für Lehrer. Die Vermittlung universitären Wissens an Lehrer war Hoernes überhaupt ein großes Anliegen, da er ganz betont die Entwicklungsgeschichte des Menschen der Ereignisgeschichte gegenüberstellen und die Urgeschichte nicht etwa als Anhängsel der Geschichte gelten lassen wollte. Über seine zahlreichen Vorträge und Kurse wurde in den Zeitungen meist recht ausführlich berichtet. Hier soll nur ein Vortrag vor der Anthropologischen Gesellschaft im Wissenschaftlichen Club am 12.3.1901 hervorgehoben werden. Zum Thema „Anthropologischer Bilderzyklus" verwendete Hoernes Lichtbilder aus der Ethnographischen Sammlung im Hofmuseum. Es ist vielleicht interessant, wie damals die Abstammung des Menschen gesehen und welche Menschenformen definiert wurden.

So zeigte Hoernes zuerst Bilder eines Menschen und eines Gorilla, um die grundlegenden Unterschiede vor Augen zu führen. Es folgten Aufnahmen von Schädeln des Neandertalers und des frühen Homo sapiens, also des Cro-Magnon-Menschen, „aus dem Diluvium". Dann demonstrierte Hoernes einen „Langschädel mit schmalem Gesicht von germanischem Typus". Ebenso war dann ein „Kurzschädel mit breitem Gesicht als turanischer Typus" zu sehen. Bei diesen beiden Schädel- und Gesichtsformen bezog sich Hoernes auf die Studien von Johannes Ranke. Als „Rassetypen" gab es dann Abbildungen von einem „Australier (also Aborigines), Wedda, Feuerländer, Peruaner (Indianer), Nordamerikaner (Indianer), Haussa-Neger, Araber, Chinesen und einem Abesiner aus Kuban im Kaukasus"[5]. Alle diese Begriffe und Einteilungen haben heute natürlich keine Gültigkeit mehr. Einerseits gingen sie auf einen fast schon fanatischen Klassifizierungswahn, andererseits sehr wohl auch auf den damals weit verbreiteten Germanen-Mythos zurück.

Bosnien und Herzegowina unterstanden dem Gemeinsamen Reichsfinanzministerium, das von Benjamin von Kállay geleitet wurde. Dem Minister waren historische und archäologische Forschungen in diesen Gebieten ein großes Anliegen. Er förderte vor allem anthropologische und altertumskundliche Untersuchungen. Dieses nicht gerade selbstverständliche Engagement führte dazu, von Kállay zum Ehrenmitglied der Anthropologischen Gesellschaft in Wien zu wählen. Im Jahr 1894 regte dieser kulturbeflissene Politiker eine Konferenz von Anthropologen, Prähistorikern und Ethnologen in Sarajewo an, wobei das Bosnische Landesmuseum die Vorbereitungen dazu übernehmen sollte. Die Einladung zur Tagung erging an international angesehene Gelehrte für die Zeit vom 16. bis 21. August. Das Finanzministerium entsandte Moritz Hoernes für die österreichische und Lajos von Thalloczy für die ungarische Reichshälfte. Insgesamt gab es nur 29 Teilnehmer an der Konferenz, unter denen die Mitarbeiter am Landesmuseum waren, aber sonst aus mehreren europäischen Städten anreisten: so etwa Montelius aus Stockholm, Pigorini aus Rom, Mortillet, Verneau und Reinach aus Paris, Munro aus Edinburgh, Virchow und Voss aus Berlin, Ranke aus München, Fellenberg aus Bern, Heierli aus Zürich und Hampel aus Budapest. Wien war neben Hoernes durch Szombathy, Benndorf und Bormann gut vertreten (Abb. 2).

Abb. 2 Teilnehmer am Kongress für Prähistorische Archäologie in Sarajewo, Bosnien, vom 16. bis 21. August 1894. 1 – Ćiro Truhelka, Sarajewo, 2 – Julius Pisko, Janjina, 3 – Othmar Reiser, Sarajewo, 4 – Victor Apfelbeck, Sarajewo, 5 – René Verneau, Paris, 6 -Salomon Reinach, Paris, Luigi Pigorini, Rom, 8 – Rudolf Virchow, Berlin, 9 – Constantin Hörmann, Sarajewo, 10 – Gabriel de Mortillet, Paris, 11 – Albert Voss, Berlin, 12 – Johannes Ranke, München, 13 – Carl Patsch, Sarajewo, 14 – Eugen Bormann, Wien, 15 – Lajos v. Thalloczy, Sarajewo, 16 Anton Wiessbach, Sarajewo, 17 – Josef Szombathy, Wien, 18 – Otto Benndorf, Wien, 19 – Jakob Heierli, Zürich, 20 – Josef Hampel, Budapest, 21 – Leopold Glück, Sarajewo, 22 –Waclav Radimský, Sarajewo, 23 –Justin Karlinski, Sarajewo, 24 – Oscar Montelius, Stockholm, 25 – Robert Munro, Edinburgh, 26 – Moritz Hoernes, Wien, 27 – Edmund von Fellenberg, Bern, 28 – Philipp Ballif, Sarajewo, 29 – Franz Fiala, Sarajewo

Vorrangiges Ziel des Symposiums, das Museumsdirektor Hörmann und die Kustoden Truhelka und Fiala vor Ort leiteten, war eine Diskussion und Bewertung der jüngsten Ausgrabungen am Glasinac, in Butmir und anderen aktuellen Fundstellen in Bosnien[6]. Zu Beginn der Konferenz im Landesmuseum begrüßte der Chef der Landesregierung Carl Freiherr von Appel die Teilnehmer. Dann erfolgte die Wahl von Rudolf Virchow zum Präsidenten und Moritz Hoernes zum Sekretär der Tagung. Nach den Kurzreferaten von Pigorini und Radimsky über die neolithischen Siedlungen in Butmir erfolgte eine dreistündige Diskussion über die Zeitstellung und Bedeutung dieser Fundstelle. Oscar Montelius ordnete die Siedlungsobjekte ohne viel Widerspruch in die Zeit um 2000 v. Chr. ein, woran man heute erkennen kann, wie unsicher noch die Datierung des westbalkanischen Neolithikums war. Die Siedlungen in Butmir datieren nämlich in das 5. Jahrtausend. Auch die zweite Frage nach der kulturellen Herkunft stand damals buchstäblich auf tönernen Beinen. Hoernes meinte in der Spiralornamentik auf der Keramik phönizischen Einfluss zu sehen. Reinach stritt demgegenüber jegliche vorderasiatische Impulse ab und das galt für ihn auch für die schematischen Menschenfigurinen. Salomon Reinach, Professor für Prähistorische Archäologie in Paris und Direktor des Musée de St. Germain[7] und Voß wollten Vergleiche zu nordischen – also norddeutschen und skandinavischen – Gefäßverzierungen ziehen. Benndorf schlug zur Klärung dieser Fragen vernünftigerweise vor, das Fundmaterial systematisch aufzunehmen und zu bearbeiten. Virchow ergänzte diesen Vorschlag durch einen Resolutionsantrag: „Die Ausgrabungen sind in jedem Falle fortzusetzen und der Einschnitt in dem natürlichen Boden behufs Constatierung eines etwaigen Walles und Grabens" zu untersuchen. Dem wurde allgemein zugestimmt.

Noch am selben Tag unternahmen die Konferenzteilnehmer eine Exkursion zu den prähistorischen, römischen und mittelalterlichen Fundplätzen in Sobunar und Debelo Brdo[8]. Es wurden vor allem die eigens angesetzten Grabungen in Butmir bei Ilidze, etwas südöstlich von Sarajewo, besucht. Am Abend lud Reichsfinanzminister von Kállay zu einem festlichen Diner ein. Nach seiner Begrüßung der Teilnehmer, hielt Virchow eine kurze Ansprache, in der er die beachtlichen Erfolge der bosnischen Verwaltung würdigte und einen Trinkspruch auf Kaiser Franz Joseph als „Friedensfürsten und Schützer der naturhistorischen Wissenschaften, welcher der Kaiser in Wien einen herrlichen Palast (das Naturhistorische Hofmuseum) errichtet" habe, ausbrachte.

Am 17. und 18. August wurden Vorträge und Diskussionen gehalten. Am Sonntag, den 19. August, führte man die Teilnehmer durch die Schausammlungen des Landesmuseums, auch bei dieser Gelegenheit ergaben sich reichlich Gespräche. Nachmittags kam es dann zur Abschlussdebatte, in der viele Anregungen für eine künftige archäologische Forschung in der Region vorgebracht wurden[9]. Am Tag darauf brachen dann einige Tagungsgäste unter der Führung von Franjo Fiala zu den Grabungen in Rusanovići im Hochland des Glasinac auf, wo die Ausgrabungen von Hügelgräbern der Eisenzeit besichtigt wurden. Diese aus Steinschüttungen aufgebauten Tumuli enthielten Sippenbestattungen mit unterschiedlich reichen Beigaben (Abb. 3).

Abb. 3 Besichtigung eines freigelegten früheisenzeitlichen Grabhügels mit Steinaufbau in Rusanovići am Glasinac, Bosnien, während des Kongresses für Prähistorischen Archäologie in Sarajewo am 20. August 1894

Die Konferenz in Sarajewo ließ bei manchen Teilnehmern den Wunsch aufkommen, ein weiteres Mal nach Bosnien, aber auch in die Herzegowina zu kommen und einige Fundplätze noch gründlicher kennenzulernen. Daher beschlossen die beiden Anthropologischen Gesellschaften in Wien und Berlin, schon im darauf folgenden Jahr 1895, eine gemeinsame Exkursion dorthin zu unternehmen. Diesmal waren es 25 Teilnehmer, die von Franz Heger, dem Vorstand der anthropologisch-ethnographischen Abteilung des Naturhistorischen Hofmuseums, angeführt wurden. Die Exkursion dauerte vom 1. bis 16. September. Unter den prominenten Forschern waren diesmal Rudolf Virchow, Matthäus Much, Michael Haberlandt und natürlich auch Moritz Hoernes, der als besonderer Experte für Bosnien galt[10].

Man erreichte zunächst Pola (Pula) und Spalato (Split) an der norddalmatinischen Küste, wo die noch erhaltenen römischen Bauwerke besichtigt wurden. Dann besuchte man Gräberfelder Bronze- und Eisenzeit im Save-Tal und die Grabhügelfelder am Glasinac. Die Exkursion führte schließlich weiter nach Butmir bei Sarajewo. Man sah sich dort die Ausgrabungen von Franjo Fiala an, der einen über zwei Meter tiefen Schacht angelegt hatte, der eine Vielzahl an Siedlungsschichten durchschnitt (Abb. 4). Auf die Zuordnung der Fundstücke zu den einzelnen Schichten achtete man aber kaum. Zum Vorschein kamen „Hüttengrundrisse, Steingeräte, Gefäßbruchstücke, Tierknochen und kleine, rohe Bildwerke". Bewundert wurden die reichverzierten Tongefäße, deren Spiralornamentik Hoernes mit mykenischen Motiven verglich, während ihn die Tonfiguren eher an kleine vormykenische Steinplastiken auf den griechischen Inseln, den Kykladen, erinnerten. Damit wich er von seiner erst im Vorjahr geäußerten Meinung ab, dass die verzierte Butmir-Keramik auf vorderasiatische Anregungen zurückginge. Heute wissen wir, dass die Kulturgruppe von Butmir aus der viel älteren frühneolithischen Bandkeramik-Kultur Mitteleuropas hervorgegangen ist. Rudolf Virchow wie auch Hoernes zogen aus der großen Menge an Steingeräten den Schluss, dass es sich bei dem Fundplatz Butmir um eine temporäre Werkstätte für ihre Herstellung handelte[11]. Viel später erkannte man aber, dass in Butmir mehrere aufeinander folgende Siedlungen am selben Ort bestanden hatten.

Abb. 4 Exkursionsteilnehmer der Anthropologischen Gesellschaften von Wien und Berlin auf der Grabung in Butmir im September 1895

Im Anschluss an die erste Konferenz in Sarajewo fand vom 24. bis 28. August 1894 die „Zweite gemeinsame Versammlung" der Anthropologischen Gesellschaften von Wien und Berlin in Innsbruck statt. Zu diesem Anthropologenkongress kamen über 200 Teilnehmer, darunter nicht nur Mitglieder, sondern auch deren Frauen, erwachsene Töchter und Söhne. Aus Innsbruck selbst besuchten davon 110 Personen, nämlich Mitglieder der Gesellschaften und Interessierte aus der Stadt, den Kongress. Der Kongress wurde von den beiden Präsidenten der Gesellschaften, Ferdinand von Andrian-Werburg und Rudolf Virchow, angeleitet. Die Sekretäre waren Franz Heger vom Naturhistorischen Hofmuseum und Johannes Ranke von der Universität München. Alle Teilnehmer erhielten als Kongressgabe zwei Festschriften. Die eine hatte die Wiener Gesellschaft herausgegeben und enthielt einen Beitrag von Hoernes über die „Ausgrabungen auf dem Castellier von Villanova am Quieto in Istrien", also einen Bericht und eine Auswertung seiner Ausgrabungen[12]. Die andere Festschrift bildete ein von den Innsbrucker Mitgliedern zusammengestellter Band zur „Anthropologie, Ethnologie und Urgeschichte von Tirol"[13]. Neben sprachgeschichtlichen und volkskundlichen Aufsätzen ist Franz von Wieser's Vorlage „Das Gräberfeld von Welzelach", einer Bergwerksnekropole in den Osttiroler Bergen, noch heute eine erstklassige Quelle zur Eisenzeit in den Alpen. Wieser war damals Landeskonservator von Tirol und hatte alleine den Kongress vorbereitet.

Präsident Andrian-Werburg begrüßte die Teilnehmer und eröffnete den Kongress. Einige seiner Worte erscheinen heute recht selbstbewusst, aber im Kern weiterhin gültig. Er wies jedenfalls auf die wachsende Bedeutung der anthropologischen Disziplinen hin und „die Dienste, welche dieselben der Menschheit zu leisten berufen sind und ganz besonders der Lösung der sozialen Frage zustatten kommen"[14].

Den Eröffnungsvortrag hielt Rudolf Virchow, damals bereits 73 Jahre alt. Er verwies auf die wichtige Rolle der Darwin'schen Arbeiten und besonders seines Werkes „Über den Ursprung der Arten", für die Entwicklung der Anthropologie. Darwin hatte nämlich gezeigt, dass „eine Umwandlung von Thier- und Pflanzengattungen stattfinden könne". Seine Beobachtungen galten daher auch für die Entstehung des Frühmenschen aus dem Tierreich.

Der Anatom Carl Toldt sprach über die „Somatologie der Tiroler". Er hatte an 12.000 Schädeln Messungen durchgeführt und eine vorwiegende Brachykephalie, also Kurzköpfigkeit[15] festgestellt. Er räumte aber auch starke Abweichungen bei den verschiedenen Talbevölkerungen ein[16]. Seine Studienergebnisse haben heute nur mehr forschungsgeschichtliche Relevanz.

Moritz Hoernes behandelte in seinem Referat „Die Chronologie der Gräber von Santa Lucia"[17]. Damals waren im am oberen Isonzo im heutigen Slowenien gelegenen Santa Lucia (Most na Soči) bereits 2950 eisenzeitliche Gräber freigelegt worden (Abb. 5). Um zu einer genaueren chronologischen Einteilung der Grabausstattungen zu kommen, ging Hoernes erstmals methodisch so vor, wie es heute allgemein üblich ist: er prüfte Objekttypen nach ihrer Vergesellschaftung. So fand er beispielsweise heraus, dass Brillenfibeln in dem großen Gräberfeld nur viermal mit Schlangenfibeln in Grabinventaren kombiniert waren. Obwohl er die Varianten der Objekttypen noch nicht berücksichtigte, gelang es ihm, ein erstes tragfähiges, wenn auch noch einfaches relativchronologisches Gerüst aufzustellen und im erwähnten Beispiel etwa die älteren Brillenfibeln den jüngeren Schlangenfibeln gegenüberzusetzen. Damit waren auch zumindest zwei Belegungsphasen gewonnen. Die Fibeltypen verglich er mit jenen im oberitalienischen Este, die wiederum Verbindungen zu genauer datierbaren Fibeln in Etrurien ergaben. Somit zeigen sich nach den Überlegungen von Hoernes in dieser und einer späteren Arbeit[18] in Gegenüberstellung zur aktuellen Chronologie folgende Daten:

Abb. 5 Ausgrabung des eisenzeitlichen Gräberfeldes in St. Lucia (Most na Soći), Slowenien. Wandbild im Naturhistorischen Museum, Wien

	Hoernes 1894	Hoernes 1895	Heute
Este I	900–650	850–750	800–750
Este II und S.Lucia 1	650–500	750–550	750–600
Este III und S.Lucia 2	500–400/350	550–400	600–500/400

Hoernes versuchte die Resultate aus der Nekropole von S.Lucia auch auf das Gräberfeld von Hallstatt anzuwenden, um einen älteren und einen jüngeren Belegungshorizont zu ermitteln. Er klagte aber über die Schwierigkeiten dabei: „Während die Belegungsphasen in S. Lucia ohne Mühe zu unterscheiden sind, ist die Trennung in Hallstatt noch ein ungelöstes Problem. Die nächste Aufgabe wird jetzt, zu sehen, wie weit sich die geschilderten Verhältnisse (in S.Lucia) an anderen Orten wiederholen. In unserer jungen Wissenschaft fehlen noch die Monographien der wichtigsten Typen"[19]. Aberalles in allem kam die Chronologie, die Hoernes 1895 vor rund 130 Jahren erstellte, der heutigen Realität schon recht nahe.

Am Innsbrucker Kongress fanden auch einige andere Vorträge große Beachtung. Matthias Much erläuterte von ihm entworfene, Gegenstände der Urzeit darstellende „Paläographische Wandtafeln", die für den Unterricht in den österreichischen Schulen bestimmt waren und dort bereits Verwendung fanden. Virchow berichtete in einer Wortmeldung, dass diese Much'schen Tafeln auch in einigen deutschen Schulen Eingang gefunden hatten.

Ein zusammenfassendes Bild von den archäologischen Forschungen in Österreich von der Altstein- bis zur Eisenzeit bot schließlich Josef Szombathy in seinem Vortrag: „Über den gegenwärtigen Stand der prähistorischen Forschung in Österreich". Er zeigte damit, dass er über ein solides Wissen zur Urgeschichte verfügte. Im Unterschied zu Hoernes, der immer auch den europäischen Raum als Ganzes im Blick hatte, lag der Schwerpunkt bei Szombathy aber doch hauptsächlich auf die engeren mitteleuropäischen Gebiete.

Der Kongress klang mit einem abendlichen Festessen, zu dem die Stadt Innsbruck einlud, im Großen Stadtsaal am Samstag, den 27. August, aus. Es gab 153 Gedecke und es sicher noch heute appetitanregend, die Menue-Abfolge zu studieren. Als Vorspeise wurde Hühnersuppe sowie Gebirgsforelle mit Sauce Hollandaise, Kartoffeln und frischer Butter serviert. Es folgten ein Filetbraten auf englische Weise garniert, Hummer in Aspik und Sauce Mayonnaise. Fleischpastetchen mit Spinat sowie Poulard und Rebhühner gemischt mit Salat. Den Abschluss bildeten Desserts aus Kompott, Pudding à la Frankfurt und Gefrorenes. Die Innsbrucker Musikkapelle sorgte für eine fröhliche Tafelmusik. Beim ersten Toast wurde die österreichische, beim zweiten die preußische Volkshymne gespielt. Natürlich wurden mehrere Reden gehalten, so unter anderen von den beiden Präsidenten und vom Bürgermeister Dr. Mörz[20].

Die nächste gemeinsame Verbandstagung der Anthropologischen Gesellschaften von Wien und Berlin, an der auch Moritz Hoernes teilnahm, fand vom 4. bis 7. September 1899 in Lindau am Bodensee statt[21]. Für die Vorträge standen die Räumlichkeiten des Alten Rathauses zur Verfügung. Den Kongressvorsitz hatte wieder der Wiener Präsident Ferdinand Freiherr von Andrian-Werburg. Die Eröffnungsrede hielt der Berliner Präsident, der Anatom und Rektor der Humboldt-Universität H.W.Gottfried Waldeyer[22].

Waldeyer richtete einen Appell an die Hochschulen, die Fachgebiete der Anthropologie stärker zu integrieren und zu unterstützen: „Die Universitäten beteiligen sich noch verhältnismäßig wenig an der Förderung der anthropologischen und ethnologischen Wissenschaften, obwohl es kaum ein Wissensgebiet gibt, welches so zahlreiche Beziehungen zu allen anderen wissenschaftlichen Disziplinen aller Fakultäten unterhält und unterhalten muss, wie das der Anthropologie im weitesten Sinn des Wortes (also Physische Anthropologie, Prähistorie, Völker- und Volkskunde)". Waldeyer führte weiter aus, dass die diesbezügliche Lehre im deutschsprachigen Raum noch sehr bescheiden war. Im Studienjahr 1898/99 wurden anthropologische Fächer nur an 13 Universitäten gelehrt. Heidelberg, Berlin und München waren überdies die einzigen Hochschulen, an denen alle drei Teilfächer vertreten waren. Und bloß in München gab es ein eigenes Institut für alle drei Disziplinen, dem der Ordinarius Johannes Ranke vorstand. In Österreich-Ungarn wurde der eine oder andere anthropologische Fachbereich unterrichtet, darunter auch in Wien. Waldeyer hob hervor, dass an den gemeinsamen Kongressen der Wiener und Berliner Gesellschaften Vorträge zu prähistorischen Themen dominierten, was auch die Bedeutung der Urgeschichtsforschung unterstrich. Der Vortragende drängte schließlich darauf, dass die Versammlung in Lindau den Universitäten die Forderung unterbreiten sollte, die anthropologischen Wissenschaften in ihren Häusern stärker zu verankern. Sicher war Waldeyer's Aufruf auch in Hinblick auf die Errichtung einer ständigen außerordentlichen Professur für Prähistorische Archäologie an der Universität Wien förderlich.

Im Anschluss fanden die ersten Referate statt. Am Abend gab es auf Einladung des Bürgermeisters ein Festessen im Bayerischen Hof.

Die nächsten Tage, vom 5. bis 7. September, waren weiteren Vorträgen gewidmet. Darunter waren jene von Rudolf Virchow über „Meinungen und Thatsachen in der Anthropologie", von Oscar Montelius über „Die Chronologie der Pfahlbauten" und vom Danziger Chemiker von Helm über die „Bedeutung der chemischen Analyse bei vorgeschichtlichen Untersuchungen". Diese Themen bilden auch die Vielseitigkeit und die interdisziplinäre Zusammenarbeit innerhalb der anthropologischen Fachgebiete recht gut ab.

Moritz Hoernes sprach über „Die Anfänge der bildenden Kunst"[23]. Für ihn gehörten nicht nur steinzeitliche Figuren, paläolithische Felsbilder oder die Darstellungen auf eisenzeitlichen Bronzesitulen zur prähistorischen Kunst, sondern auch Ornamente auf Keramik und Bronzen sowie Körperschmuck. Den Anstoss für eine höhere Bewertung prähistorischer Kunst hätten entsprechende Funde der Bronzezeit in Troja, Mykene und Tiryns gegeben. Es ist zwar für heutige Massstäbe der Kunstbetrachtung völlig belanglos, doch aus forschungsgeschichtlicher Sicht doch interessant, das damalige Schema von Hoernes in aller Kürze kennenzulernen.

Für Hoernes existierten drei „konstituierende Elemente" der prähistorischen Kunst, also drei auch zeitlich bestimmbare Stufen:

Realistische Höhlenbilder und Bildwerke (Figuren) der Altsteinzeit. Kennzeichnend sind „scharfe Naturbeobachtung, aber ein Mangel an geistigem Gehalt".

Religiöse Bilder des Neolithikums und der älteren Bronzezeit. Typisch sind vor allem Figurinen, die „weder realistisch noch dekorativ" sind. „Die abstoßende Formlosigkeit hat eine tiefere Bedeutung".

Dekorative figurale Bildkunst „industrieller und handwerktreibender Völker" der jüngeren Bronze- und frühen Eisenzeit. Typisch daran ist, dass sie „nicht religiös, nicht realistisch, aber im hohen Maß schmückend und stilisiert ist. Diese Bildkunst zeigt starken orientalischen Einfluss. Es ist ein ausgeprägter Stil mit Vernachlässigung der Naturwahrheit".

Nach den Kongresstagen wurde eine fünftägige Exkursion durch die Nordostschweiz angeboten, an der sich viele Teilnehmer beteiligten. Am 8. September ging es nach Wetzikon und von dort nach Robenhausen, wo man die Ausgrabung eines Pfahlhauses besuchte. Dann weiter zu dem freigelegten römischen Legionslager bei Irgenhausen. Abendessen und Übernachtung erfolgten im Dolder in Zürich. Am 9. September stand eine detaillierte Führung durch die archäologischen und Kunstausstellungen am Programm. Abends traf man sich zum Diner in der Thonhalle. Der 10. September war dem Besuch des römischen Vindonissa in Brugg gewidmet. Am 11. September fuhr man nach Bern, von wo man zunächst im nahen Biel durch die vorgeschichtlichen Sammlungen des Regionalmuseums „Schwab" mit Schwerpunkt auf Pfahlbauten geführt wurde. Am darauffolgenden Tag lernten die Exkursionsgäste das Historische Museum in Bern, das reiche Funde von neolithischen und bronzezeitlichen Pfahlbauten mit Resten von Haus-

und Jagdtieren wie auch Grabinventare aus verschiedenen prähistorischen Epochen enthielt, kennen. Zum festlichen Lunch lud Prof. Dr. Stein, offenbar ein Mäzen des Museums, in seinem Hause ein, wie die Zeitungen berichteten. Damit fand die Exkursion einen besonders schönen Abschluss.

Im Juli 1900 brachen Josef Szombathy und Moritz Hoernes zu einer fünf-wöchigen Studienreise nach Frankreich auf. Zunächst besuchten die beiden verschiedene Museen und paläolithische Fundplätze in Süd- und Ostfrankreich. Darunter die Fundstellen in Solutré, das Tal der Vézere in der Dordogne mit der Bilderhöhle in Les Eyzies und den weiteren bekannten Freiland- und Höhlen-fundstellen. Auch das Archäologische Nationalmuseum in St. Germain-en-Laye, die Schauräume der Antike im Louvre und das Anthropologische Museum im Jardin de Trocadéro wurden besichtigt[24]. Die Reise erfüllte ebenso den Zweck der Teilnahme am Internationalen Kongress für Prähistorische Archäologie und Anthropologie in Paris, an dem sich organisatorisch übrigens auch die Wiener Anthropologische Gesellschaft beteiligte[25].

Der Kongress wurde mit einer Rede des Präsidenten Bertrand eröffnet, der die starke Beteiligung nicht nur aus Europa, sondern auch der USA hervor-hob. So waren etwa Virchow aus Berlin, Evans aus London, Sergi aus Rom, Montelius aus Stockholm und Wilson aus New York angereist. Zu den Spit-zenvertretern aus Österreich-Ungarn zählten neben Szombathy, Hoernes, Hampel, Hörmann, Meska, Truhelka und Woldřich. Hoernes hielt zwei Vorträge über bos-nische Fundmaterialien[26], Szombathy über die paläolithischen Menschenschädel in der Prähistorischen Sammlung im Hofmuseum.

Das Komitee des Kongress ersuchte die Delegation der Wiener Anthropo-logischen Gesellschaft, den nächsten Kongress in Wien abhalten zu dürfen. Vorgeschlagen wurde ein Ausschuss zur Vorbereitung, dem Szombathy und Hoer-nes sowie Präsident Andrian-Werburg und Much angehören sollten. Hoernes fiel bei diesem Vorschlag eine größere Rolle zu, da der geplante Wiener Kongress eine mehrtägige Exkursion unter seiner Führung durch Bosnien und die Her-zegowina enthalten sollte. Die Begründung für eine Austragung des folgenden Kongresses in Wien war „der Reichtum der Wiener Museen an vorgeschichtli-chen Denkmälern und der Zahl und Bedeutung vorgeschichtlicher Fundstellen in der Umgebung von Wien, wie in Österreich überhaupt". Angesichts dieser Kon-gresspläne für Wien forderte Szombathy, neben der bisherigen Vortragssprache Französisch auch Deutsch als Kongresssprache in den Statuten des Komitee zu verankern. Seinem Vorschlag wurde zugestimmt.

Zu dem Kongress in Wien kam es aber nicht. Die Gründe lagen wohl in der Entfremdung von Szombathy und Hoernes gegenüber dem Präsidenten der Wiener Anthropologischen Gesellschaft, Andrian-Werburg. Dazu in einem späteren Kapitel.

Der Pariser Kongress wurde mit einem festlichen Empfang des Pariser Bürgermeisters im Hotel de Ville, im Rathaus, abgeschlossen. Szombathy und Hoernes blieben noch einige Tage in der Stadt, um die Weltausstellung zu besuchen. Diese war von April bis November 1900 zu sehen und enthielt eine große Menge von archäologischen Exponaten, die den jeweiligen Hauptthemen, wie Landwirtschaft, Technik, Stadt- und Landbevölkerung zugeordnet waren. Hoernes verfasste später einen langen Beitrag über „Urfrankreich in der Weltausstellung" im Neuen Wiener Tagblatt vom 28.9.1900. Er beanstandete – wenn auch in launigen Formulierungen – die Sicht der Franzosen zu ihrer Ethnogenese aus den keltischen Galliern. Prähistorisch war für die französische Forschung nur das Paläolithikum und das Neolithikum. Bronze- und Eisenzeit gehören bis heute schon der Protohistorie an und galten jedenfalls damals als Zeit der Entstehung der „französischen Nation".

Zunächst war Hoernes noch stark in der Anthropologischen Gesellschaft involviert. Er wirkte aber auch in anderen Gremien, wie in der Zentralkommission für kunst- und historische Denkmale, wo er 1883 Korrespondent geworden war. Er ließ in diesen Jahren auch kaum eine Sitzung aus, die abwechselnd in einer der Landeshauptstädte und in Wien stattfanden. Seine vorwiegende Aufgabe bestand in Referaten über wichtige Neuerscheinungen unter den prähistorischen Publikationen. Seit 13. Juli 1900 wurde er von der Zentralkommission zum Konservator für die Bezirke Horn, Krems, Pöggstall, Waidhofen an der Thaya und Zwettl bestellt. 1907 wurde seine Zuständigkeit wegen zu starker Arbeitsüberlastung auf die Bezirke Horn und Krems eingeschränkt. 1910 wurde er schließlich ordentliches Mitglied der Zentralkommission. Er arbeitete an den von ihr herausgegebenen Bänden I (Krems) und V (Horn) der Österreichischen Kunsttopographie mit, die 1907 und 1911 erschienen[27].

Eine Tagung des Gesamtvereines der deutschen Geschichts- und Altertumsvereine in Wien vom 24. bis 28. September 1906 benützte Hoernes, um über das prominente Gräberfeld von Hallstatt sprechen. Ihm ging es dabei wieder einmal um die „Gruppen und Stufen des Gräberfeldes"[28]. Daraus wurde auch eine eigene Veröffentlichung[29]. Der Gesamtverein besaß zweifellos einen stark deutschnationalen Einschlag. Insoferne war zumindest das Hallstatt-Thema völlig neutral, zumal Hoernes an die frühe Hallstätter Bevölkerung kein Volkstum knüpfte.

Bei dem Abschluss-Empfang im Rathaus in Wien sprach Bürgermeister Dr. Karl Lueger ex tempore zu den Teilnehmern der Tagung: „Als ich noch ins Gymnasium ging, war Geschichte mein Lieblingsgegenstand, hauptsächlich darum, weil da nicht viel herumgeschwatzt werden darf, sondern nur das vorgetragen werden darf, was tatsächlich klar vorliegt. In letzter Zeit ist die Behauptung aufgestellt worden, dass die abendländische Kultur durch die magyarische Kultur gerettet wurde (schallende Heiterkeit bei den Zuhörern). Ich habe gelernt, dass die abendländische Kultur gerade durch den Widerstand der Stadt gerettet wurde, und, wenn das deutsche Wien nicht gewesen wäre, wäre es in unserer nächsten Nähe irgendeine Provinz des türkischen Reiches…" Der Bürgermeister entschuldigte sich am Ende seiner Rede aber, dass er „durch sein Temperament etwas in Hitze geraten sei"[30].

Exkursionen der Anthropologischen Gesellschaft fanden regelmäßig im Mai oder Juni statt. Ein zweitägiger Ausflug am 10. und 11. Juni 1900 ging mit der Bahn nach Eggenburg, wo der Besitzer einer archäologischen Sammlung, Johann Krahuletz, und ein Sammler volkskundlicher Objekte, Dr. E. Frühauf die Gäste empfingen. Nach dem Besuch der Sammlungen wurde allgemein der Wunsch nach Einrichtung eines naturhistorisch-anthropologisch-volkskundlichen Regionalmuseums geäußert. Und der erste Schritt war schon bald die Gründung eines „Krahuletz-Vereines". Bereits 1902 gelang es, ein Museum in Eggenburg zu gründen, das die reiche Sammlung von Krahuletz aufnahm und nach ihm, wie schon der Verein, benannt wurde. – Für Hoernes war die Wanderung auf den Vitusberg bei Eggenburg besonders interessant, weil dort in einer mittelneolithischen Siedlung bemalte Keramik und Tonidole gefunden worden waren, die Ähnlichkeiten mit den Funden in Butmir bei Sarajewo aufwiesen[31].

Eine andere Exkursion der Anthropologischen Gesellschaft zu Pfingsten 1901[32] führte nach Linz und Hallstatt. Nach Besichtigung des römischen Museums und des Lapidariums in Enns konzentrierte sich das Interesse auf die Funde aus Hallstatt im Landesmuseum von Oberösterreich. Ein Ausflug wurde auf den Freinberg mit seinen keltenzeitlichen Wallanlagen unternommen. Dann fuhr man weiter nach Hallstatt, wo das Museum und das Gelände des Gräberfeldes am Salzberg besichtigt wurden (Abb. 6). Am Abend gab es ein Essen im Grünen Baum, wo die Teilnehmer und ihre weiblichen Begleitungen mit den Mitgliedern des Hallstätter Museumsvereines zusammensaßen. Die Festrede hielt Matthäus Much, der in seine charmanten Worte auch Ideologisches einfließen ließ. Er erinnerte daran, dass nicht bloß Männer, sondern auch die Frauen ihren Platz in der Urgeschichte hatten: „Wir fanden in den Gräbern oben auf dem Salzberg die Gattin an der Seite des Gatten, das Kind in den Armen der Mutter bestattet, lauter sprechende Zeugnisse für die Erfüllung des Berufes der Frau als Gattin und Mutter". Immerhin behauptete er aber immerhin durchaus korrekt, dass die Tongefäße von Frauen hergestellt waren, worauf die Abdrücke von Fingern hindeuteten[33].

Abb. 6 Hochtal am Salzberg bei Hallstatt mit Rudolfsturm. Im Vordergrund Bereich der eisenzeitlichen Nekropole. Wandbild im Naturhistorischen Museum, Wien

Es ist recht aufschlussreich für das Wissenschaftsverständnis von Moritz Hoernes, wenn man sein Engagement in Schulfragen ansieht. So kritisierte er die Art und Weise, wie Latein und Griechisch in den Gymnasien unterrichtet wurde. Diese Fächer als reine Altsprachenvermittlung zu lehren, hielt er für völlig falsch. Vielmehr sollten Lehramtskandidaten für diese Disziplinen schon an der Universität mehr Wissen aus kulturgeschichtlichen Fächern, wie Prähistorische und Klassische Archäologie oder Ägyptologie erhalten. Auch Kenntnisse der Völkerkunde wären in das Studium der angehenden Gymnasiallehrer einzubauen. Im übrigen fand Hoernes, dass dies auch für Studenten dieser Fächer selbst gelte. Sie sollten sich nicht einseitig in ihr Doktoratsfach „verbohren", sondern in einem interdisziplinären Studium die kulturgeschichtlichen Zusammenhänge besser erfassen[34].

Anmerkungen

1. Das Vaterland, 20.12.1894.
2. Wien 1., Wipplingerstraße 34/1.
3. Wiener Zeitung vom 14.2.1902.
4. MAG 19, (1899, 58–59).
5. MAG 31, (1901, 49–50)
6. J. Szombathy, Die Archäologen- und Anthropologen-Versammlung in Sarajevo vom 17.–21. August 1894 [202–213]; R. Virchow, Conferenz in Sarajevo. ZfE 27, 1895 [38–59].
7. Salomon Reinach war ein naher Verwandter von Joseph Reinach, dem bekannten Journalisten und sozialistischen Abgeordneten in der französischen Nationalversammlung.
8. Die Presse, 19.8.1894.
9. Neues Wiener Journal vom 19.8.1894.
10. R. Virchow, Die anthropologische Excursion nach Bosnien, der Herzegowina und Dalmatien. ZfE 27, 1895 (637–646); Fatouretchi 2009, 73–74.
11. Hoernes (1895g, h; 1898f).
12. Hoernes (1894b).
13. Innsbruck (1894). - Eine moderne Bearbeitung: A.Lippert, Das Gräberfeld von Welzelach (Osttirol). Eine Bergwerksnekropole der späten Hallstattzeit. Antiquitas Reihe 3/12 (Bonn) 1972.
14. R. Virchow, Begrüßungen des gemeinsamen Kongresses. MAG 24, 1894 [181–182].
15. Eine Ermittlung des Schädelmaßes in Draufsicht kann Kurz- oder Langköpfigkeit ergeben.

16. Innsbrucker Nachrichten vom 24.8.1894.

17. Hoernes (1894c).

18. Hoernes (1895b).

19. Hoernes (1895b).

20. Innsbrucker Nachrichten vom 27.8.1894.

21. MAG 30, (1900, 1–14); Fatouretchi (2009, 75–77).

22. H.W.G. Waldeyer, Universitäten und anthropologischer Unterricht. MAG 30, 1900 [4–9].

23. Hoernes (1899b; 1900a).

24. Heinrich 2013, 23; Ann.16, 1901, 55–56; Tagebücher J. Szombathy, Archiv der Präh.Abt./NHM, 116–118.

25. Hoernes (1900i).

26. Hoernes (1900f).

27. Hoernes 1907a; 1911c; T. Brückler/U. Nimeth, Personenlexikon der österr. Denkmalpflege: Hoernes, Moritz, Wien 2002.

28. Wiener Abendpost, 8.8.1906.

29. Hoernes (1907b).

30. Deutsches Volksblatt Nr. 6372, 28.9.1906.

31. Hoernes (1900e).

32. 25.–27.5.1901.

33. MAG 31, (1901, 94–106).

34. M. Hoernes, Mehr Philologie. In: Die Pädagogische Zeit Nr. 1439, 25.9.1905, 13.

1907: Ernennung zum autarken außerordentlichen Universitätsprofessor

Hoernes und seine Frau Emilie wohnten mit ihrer kleinen, 1892 geborenen Tochter Margarethe, die sie Grete nannten, zunächst in der Bechardgasse 22 im Wien 3. Die Adresse lag in einer Seitengasse der unteren Landstraße, wurde aber allmählich zu klein für die Familie. Sie zog daher 1898, als Grete in das Schulalter kam, in die Strohgasse 5 zwischen Linker Bahngasse und Ungargasse, von wo es zu den Gärten des Belvedere, aber auch zum Arendberg-Park nicht weit war. Im Jahr darauf, 1899, erhielt Hoernes zusätzlich zu seinem Gehalt als Musealbeamter ein Lehrentgelt als Titularprofessor. Damit war es nun auch leichter, die höheren Mietkosten der neuen Wohnung zu tragen. Offenbar waren Moritz und Emilie Hoernes mit dieser Bleibe aber nicht glücklich, da sie bereits 1901 eine noch größere Wohnung in der Ungargasse 27 bezogen. Sie lag in den oberen Stockwerken und war daher verhältnismäßig ruhig. Hier lebte die Familie bis zu Hoernes' Tod im Jahr 1917. Es fällt bei allen diesen Umzügen auf, auch wenn man die ursprüngliche elterliche Wohnung in der Aloisgasse dazunimmt, dass alle diese Wohnungen im 3. Bezirk lagen, wo sich die Familie Hoernes vermutlich am wohlsten fühlte.

Im Sommersemester 1904 entschloss sich das Professorenkollegium der Philosophischen Fakultät, eine ständige Professur für Prähistorische Archäologie einzurichten. Sicher hatte der schon erwähnte am Lindauer Kongress erfolgte Appell des Anatomen und Präsidenten der Berliner Anthropologischen Gesellschaft, Gottfried Waldeyer, zu dieser Entscheidung ganz wesentlich beigetragen. Auf die Absichtserklärung der Fakultät am 12. März folgte ein entsprechendes Ansuchen an das Unterrichtsministerium zwei Tage später. Allerdings blieb der Antrag

A. Lippert, *Moritz Hoernes*, https://doi.org/10.1007/978-3-658-43559-2_18

lange Zeit liegen, ging es dabei doch um eine Finanzierung einer neuen Professorenstelle. Trotzdem vergaß man nicht darauf, sei es, dass Hoernes selbst immer wieder darauf drängte oder dass er auch, wie schon früher, von Otto Benndorf, dem damaligen Direktor der Österreichischen Archäologischen Instituts maßgebliche Unterstützung erhielt.

Jedenfalls muss es bereits Ende 1906 eine größere Bereitschaft des Ministeriums gegeben haben, da dieses an die Intendanz des Naturhistorischen Hofmuseums die Anfrage richtete, ob der für eine Professur in erster Linie in Betracht gezogene Moritz Hoernes dafür geeignet wäre und vom Museum freigegeben werden könnte. Der Intendant, der Zoologe Franz Steindachner, leitete diese Anfrage mündlich an den Vorstand der Anthropologisch-Prähistorischen Sammlung Josef Szombathy weiter, der sie sehr ausführlich beantwortete (Abb. 1). Sein Brief an die Intendanz enthält eine detaillierte Dienstbeschreibung seines Mitarbeiters Hoernes und schildert höchst anschaulich nicht nur die Zusammenarbeit mit ihm, sondern auch dessen ausgezeichnete wissenschaftlichen Qualifikationen,

Abb. 1 Josef Szombathy, Direktor der Prähistorischen Abteilung am Naturhistorischen Hofmuseum in Wien in Betrachtung der Figur der „Venus von Willendorf", die1908 bei Ausgrabungen des Naturhistorischen Hofmuseums entdeckt wurde

die ihn eher für die Forschung und Lehre an der Universität als für die musealen Aufgaben befähigten. Das Schreiben soll daher hier in ungekürzter Länge wiedergegeben werden[1]:

Hochlöbliche Intendanz !

Dem mündlichen Auftrage entsprechend beehre ich mich, die für den vollständigen Übertritt des Herrn Professors Dr. Hoernes an die Universität sprechenden Gründe kurz darzulegen.

Die Haupttätigkeit des Herrn Dr. Moritz Hoernes ist die schriftstellerische, die das Gewicht auf die zusammenfassende und ordnende Bearbeitung der in die Literatur bereits aufgenommenen Funde und Fundverhältnisse legt. Dank einer starken Begabung hat sich Hoernes durch die Herausgabe großer Bücher und zahlreicher kleiner Schriften über die verschiedensten Kapitel der prähistorischen Archäologie ein großes Ansehen als Fachschriftsteller erworben.

Die zweite Betätigung Dr. Moritz Hoernes', seine Lehrtätigkeit an der Universität, ist eine sehr wichtige und erfolgreiche. Wichtig, weil sie an der Hauptuniversität unseres Reiches einen Wissenschaftszweig vertritt, zu dessen Pflege Österreich durch seine geographische Lage und durch die in seinem Boden erhalten gebliebenen Zeugen seiner wandlungsreichen prähistorischen Vergangenheit ganz besonders berufen ist – und in dessen akademischer Pflege wir weit hinter anderen Ländern Europa's zurück sind. Erfolgreich, da seine Vorträge stets eine zahlreiche Zuhörerschaft um ihn versammelt und tatsächlich Schule machen, indem bereits einige seiner Hörer die prähistorische Archäologie zum Hauptgegenstande ihres Doktorexamens erwählten und sich als ernste Jünger der Prähistorie bewähren.

Auch den volkstümlichen Universitätskursen leiht Hoernes seine geschätzte Kraft.

Eine weitere Vertiefung und Anerkennung dieser Lehrtätigkeit darf man als die augenblicklich wichtigste Forderung der österreichischen Urgeschichtsforschung bezeichnen, denn dieser tut vor allem eine bedeutende Vermehrung der geschulten Mitarbeiter not.

Dr. Hoernes versieht ferner das Amt eines Konsulenten des k. u. k. Gemeinsamen Ministeriums in Angelegenheiten Bosniens und der Herzegowina und eines Redakteurs der „Wissenschaftlichen Mitteilungen aus Bosnien und der Herzegowina".

Diese ganze, der vollen Arbeitsleistung eines fleißigen Gelehrten entsprechende Tätigkeit kann natürlich nur auf Kosten der Museumstätigkeit erfolgen. Die Akten des k. u. k. Ministeriums sowie die Manuskripte, Korrekturen u. s. w. für die „Wissenschaftlichen Mitteilungen" kommen in das Hofmuseum und werden hier während der Amtsstunden durchgenommen. Die Kollegien an der

Universität und die damit zusammenhängenden Arbeiten im Lehrapparat, für welche sich die Abendstunden schlecht eignen, nehmen wöchentlich mehrere Vormittagsstunden in Anspruch. Die schriftstellerische Tätigkeit endlich hält den Autor oft so vollständig gefangen, dass ihm wochen- und monatelang tatsächlich keine Stunde für das Museum übrig bleibt und dass er wiederholt außerhalb des jährlichen Urlaubs für längere Zeit von allen Amtsgeschäften dispensiert werden musste.

Der Anteil, welcher Dr. Hoernes an den Museumsarbeiten nimmt, sobald er einmal dazu Zeit findet, ist der Sachkenntnis und Arbeitskraft Dr. Hoernes' entsprechend, aber er kann bei weitem nicht als ein befriedigender bezeichnet werden, weil er eklektisch ist und sich auf einen Teil der Inventarisierungen und Aufstellungsgeschäfte beschränkt, ferner, weil er quantitativ gering ist und nicht immer zu der Zeit zur Verfügung steht, in der ihn das Amt braucht, sondern nur dann, wenn die außeramtlichen Arbeiten es zulassen. Von unseren Ausgrabungs-, Konservierungs- und Bureauarbeiten hält er sich ferne, selbst dann, wenn er während meiner Beurlaubung sich damit befassen soll.

Mein Zusammenarbeiten mit Dr. Hoernes und die Instandhaltung der mir unterstehenden Sammlungen war nur dadurch möglich, dass ich in selbstloser Auffassung meiner Amtspflichten den undankbaren, das alles Nichtliterarische umfassenden Teil der Museumsarbeiten auf mich nahm, dadurch aber leider zum Nachteile der mir obliegenden Veröffentlichungen von dem schriftstellerischen Teile meiner Aufgaben abgedrängt wurde.

Diese Zustände, die man eigentlich als unhaltbar bezeichnen darf, sind ja der hochlöblichen Intendanz bekannt. Sie schreien längst nach Abhilfe. Dr. Hoernes würdigt gleich mir die angedeuteten Übelstände und erkennt gleich mir in einem vollständigen Übertritte an die Universität das einzige Mittel zur Abhilfe. Durch diesen Übertritt wird er von den ihm lästigen Museumsarbeiten erlöst und gibt den Raum frei für die Anstellung einer jüngeren Kraft, deren wir bei den Ausgrabungen und bei verschiedenen geringeren Museumsarbeiten dringend bedürfen.

Dr. Hoernes und ich haben uns daher auch vereint angestrengt, eine Lösung der Frage in diesem Sinne zu erwirken und die mit dem Betriebe unserer Disziplinen vertrauten Herrn Abgeordneten Abt Dungel und Exc. Freiherr von Ludwigsdorff haben uns darin bestens unterstützt. Das Ziel scheint nun nahe zu sein. Der Staatsvoranschlag pro 1907 präliminiert für eine a. o. Lehrkanzel Anthropologie an der Universität Wien folgende Beträge:

Gehalt	K	3600.-
Aktivitätszulage	K	1400.-
Personalzulage	K	1400.-
Zusammen	K	6400.-

Das ist so viel, als Dr. Hoernes jetzt aus seinen beiden Stellungen am Hofmuseum und an der Universität zusammen bezieht. Sein mit einer Ersparnis an Arbeitsverpflichtungen verbundener Übertritt an die Universität kann sich also ohne finanzielle Einbuße vollziehen. Die Anwartschaft auf Qingennien und Avancement, welche er beim Verlassen des Museums aufgibt, wird ihm durch Qingennalzulagen und durch die Aussicht auf das Vorrücken zum (Extra-) Ordinarius reichlich ersetzt.

Das dem Lehramte durch den Übertritt Dr. Hoernes' ein eminenter Gewinn erwächst, ist selbstredend. Außerdem ist es als ein Gewinn für die Urgeschichtsforschung in Österreich zu betrachten, dass auf dem Museumsposten eine neue Kraft angestellt werden kann, wodurch die Zahl der in Wien angestellten Prähistoriker von 2 auf 3, also um 50 % wächst. Dem k.k. Hofmuseum erwächst nicht nur der Nutzen, dass es eine ihm zur Gänze dienende Kraft gewinnen kann, es wird auch durch den Weggang Dr. Hoernes' so gut wie keine Einbuße erleiden. Die wissenschaftliche Mitarbeit Dr. Hoernes' – der für das Museum vor allem wertvolle Teil seiner Wirksamkeit – wird uns auch in Zukunft ungeschmälert erhalten bleiben, weil unsere Sammlungen und unsere Bibliothek der Ort sind, an welchem der Prähistoriker in Wien seine geistige Nahrung findet. Das steht so weit fest, dass Dr. Hoernes jetzt bereits gebeten hat, auch nach seinem Abgange von der Anstellung am Hofmuseum einen Arbeitsplatz in der prähistorischen Sammlung behalten zu können.

Demnach ist der vollständige Übertritt Dr. Hoernes' vom Hofmuseum an die Universität Wien in jeder Beziehung als ein der Wissenschaft im allgemeinen und dem Hofmuseum im besonderen nützlicher Fortschritt zu begrüßen.

Wien

am 15. November 1906

Dr. Szombathy

Aus dieser langen Stellungnahme geht hervor, dass Szombathy die wissenschaftliche Arbeit von Hoernes überaus schätzte, aber dessen Arbeit im Museum sehr kritisch sah. Man könnte das Schreiben als ein Hinausloben von Hoernes an die Universität bezeichnen. Auf jeden Fall sprach sich Szombathy zum Wohle aller Beteiligten für einen Wechsel aus.

Bei der Neuschaffung einer Universitätsprofessur musste das Ministerium damals beim Obersthofamt anfragen. Dieses plädierte gegenüber dem Kaiser, der obersten Instanz, ganz eindeutig für die Einrichtung einer festen Lehrstelle für Prähistorische Archäologie an der Universität Wien[2]: „Im Kreise der an der Wiener Universität gepflegten historischen Disziplinen hat sich der Mangel einer ausgiebigen und gesicherten Vertretung der urgeschichtlichen Archäologie seit langem fühlbar gemacht. Nicht bloß die Entwicklung dieser Wissenschaft, die heute bereits über ein ausgebildetes System und eine anerkannte Methode verfügt, sondern insbesondere die Tatsache, dass jene Entwicklung zu nicht geringem Teile der Wirksamkeit österreichischer Forscher und vaterländischer Institutionen zu danken ist, hat die Erkenntnis gezeitigt, dass es unabänderlich ist, für eine besoldete Lehrkraft auf diesem Wissensgebiete Vorsorge zu treffen".

Von Allerhöchster Seite, dem Kaiser, gab es Zustimmung für die vorgeschlagene Professur. Das Ministerium forderte nunmehr die Philosophische Fakultät auf, eine Entscheidung über die Besetzung zu treffen. Und schon am 21. Juli wurde das Professorenkollegium mit dieser Frage befasst. Erwartungsgemäß legte es sich auf Moritz Hoernes fest[3]: „Das Professoren-Collegium ersucht, den bisherigen unbesoldeten Extraordinarius des Faches, Custos am Naturhistorischen Hofmuseum, Dr. Moritz Hoernes, auf diese Lehrkanzel zu berufen, für welche gegenwärtig neben ihm kein anderer Candidat in Betracht kommen könnte".

Schon zehn Tage später traf die Ernennung von Hoernes in Form eines Erlasses des Ministeriums für Cultus und Unterricht bei der Universität Wien ein[4]: „Dr. Moritz Hoernes, Custos II.Klasse am Naturhistorischen Museum und unbesoldeter außerordentlicher Professor für Prähistorische Archäologie erhält mit Rechtswirksamkeit vom 1. Oktober 1907 systemmäßige Bezüge sowie eine Personalzulage von jährlich 1200 Kronen[5]. Zusätzlich zu den bisherigen Lehrverpflichtungen sind mindestens fünf Stunden wöchentlich in jedem Sommersemester abzuhalten[6]. Gleichzeitig wird Dr. Hoernes ab Ende September 1907 von seiner gegenwärtigen dienstlichen Stellung (im Hofmuseum) enthoben".

Der Nachfolger von Hoernes in der Anthropologisch-Prähistorischen Sammlung war übrigens sein Schüler Josef Bayer, der sich sofort nach seiner Promotion im Oktober 1907 um die frei werdende Stelle bewarb. Er wurde nach einem vierteljährigen und unbesoldeten Probedienst am 1. August 1908 als Volontär mit einem Adjutum von jährlich 1200 Kronen an der Sammlung eingestellt[7]. 1924 folgte er Szombathy als Direktor der Prähistorischen Abteilung nach.

Die Lehrveranstaltungen von Hoernes waren bereits seit dem Wintersemester 1907/08 umfangreicher als bisher. Nach wie vor fanden sie im Hörsaal 18 statt. Nur die Bestimmungsübungen von prähistorischen Fundobjekten wurden im Funddepot, im „Speckkammerl" abgehalten. Die Vorlesungen aus den Jahren 1907 bis 1911, also der Zeit zwischen der festen außerordentlichen Professur und dem Ordinariat, lassen eine chronologische oder geographische Systematik vermissen. Stattdessen gab es zwei Kategorien: Überblick- und Schwerpunktvorlesungen. Die Überblickvorlesungen galten der gesamten Urgeschichte. Unter den Schwerpunkten sind hingegen Themen wie Alter und Abstammung des Menschen, Rassen und Völker in alter und neuer Zeit, Geschichte und System der anthropologischen Disziplinen, das Neolithikum, die Bronzezeit im Mittelmeergebiet, die erste Eisenzeit in Süd- und Mitteleuropa und die Urgeschichte der Tracht, nämlich von Waffen, Werkzeugen, Schmuck und Kleidung, zu finden.

Das Paläolithikum deckte seit dem Wintersemester 1909/10 der 1904 bei Hoernes promovierte, aus Regensburg stammende Hugo Obermaier in zweistündigen Vorlesungen ab. Er las aber auch über das Neolithikum.

Übrigens war für die Studenten der Besuch von Lehrveranstaltungen damals mit der Entrichtung einer Gebühr verbunden, die sich nach der Zahl der Wochenstunden richtete. Die Taxe, also die Gebühr, betrug pro Wochenstunde zwischen zwei und drei Kronen[8].

Die Vorlesungen von Moritz Hoernes wurden auch von angehenden Geschichtslehrern besucht. Überhaupt war es die Philosophische Fakultät, die sich aus den für die Lehramtskandidaten relevanten geistes- und naturwissenschaftlichen Fächern zusammensetzte. Daher war es vor allem auch diese Fakultät, die sich im Herbst 1904 gegen das neue niederösterreichische Landesschulgesetz wandte, das eine bedeutende Verschlechterung für Lehrer und Schüler darstellte[9]. In diesem Schulgesetz, das gegen den Protest der Liberalen und Sozialdemokraten von der Christlich-Sozialen Partei im Oktober 1904 beschlossen wurde, waren disziplinäre Verschärfungen und persönliche politische Einschränkungen taktisch mit Gehaltserhöhungen und Aufstiegsmöglichkeiten der Lehrer verbunden. So mussten Lehrer bei einem Disziplinarverfahren auch über ihr privates Leben und besonders über ihre Beziehung zur Kirche Rechenschaft ablegen. Ihr Fortkommen in der Schulhierarchie war von Sympathie oder Zugehörigkeit zur Christlich-Sozialen Partei abhängig. Eine parteiliche Einseitigkeit der Lehrer betraf letztlich natürlich auch den Unterricht vor den Schülern selbst.

Ein Proponent dieser konservativen und schädlichen Schulpolitik war Albert Geßmann, ein Mitbegründer der Christlich-Sozialen Partei und politischer Weggefährte von Karl Lueger, dem Wiener Bürgermeister. Er wurde 1896 in den Niederösterreichischen Landtag gewählt und setzte sich für die neue Schulreform ein. Gegen das Schulgesetz protestierten 88 Professoren, meist aus den Reihen der Philosophischen Fakultät der Universität Wien. Es kam aber nicht nur zu einer Unterschriftenliste, sondern auch zu einer Kundgebung am 11. November.

Moritz Hoernes beteiligte sich an den Protesten, die der niederösterreichischen Landesregierung eine „Rückwärtsreformierung" und eine „schwere Schädigung der allgemeinen Volkserziehung" vorwarfen. Es war auch davon die Rede, dass das „Unterrichtswesen an der Wurzel getroffen wurde"[10]. Die Teilnahme von Hoernes an dem Widerstand der Universität gegen das konservative Schulgesetz zeigt einmal mehr, dass er politisch auf der liberalen Seite stand.

Anmerkungen

1. Wissenschaftsarchiv des Naturhistorischen Museums, Zl. 799, 28.XI.1906.
2. Staatsarchiv, Zl. 48.198, 27.6.1907.
3. Universitätsarchiv, Phil.Fak. 1–53, Sch.96.
4. Staatsarchiv, Zl.31.001, 31.7.1907.
5. ca. 9000.- Euro, Nationalbank.
6. Erlass Unterrichtsministerium Zl.31.001 vom 31.7.1907.
7. Heinrich (2003, 10).
8. ca. 15–23 €, Nationalbank.
9. T. Hellmuth, Zwischen Freiheit und Herrschaft. Bildung und Schule in der bürgerlichen Gesellschaft. In: O. Kühschelm et. al. (Hrsg), Niederösterreich im 19.Jh. (St.Pölten), Bd.1, 2021, 797–798.
10. Neue Freie Presse, Nr. 14.446, 11.11.1904; Arbeiter-Zeitung, Nr. 313, 11.11.1904.

Neue Forschungen im Spiegel von Wort und Schrift

Mit dem Ende des 19. und dem Beginn des 20. Jahrhunderts war die Prähistorische Archäologie bereits eine methodisch gefestigte Wissenschaft. Die Bodenfunde wurden in Kategorien eingeordnet und systematisch ausgewertet. Moritz Hoernes jedenfalls bearbeitete Funde und archäologische Themen nach dem damals neuesten Standard. Die Typologische Methode von Oscar Montelius und Hans Hildebrand konnte er durch Beobachtung von Fundzusammenhängen noch verfeinern und damit zur relativen Chronologie, besonders der Metallzeiten, einiges beitragen. In einem Brief an Camillo List (1867–1924), Kustos in der kaiserlichen Waffensammlung in Wien, stellte er zu zwei mittelalterlichen Helmen mehrere Fragen, die er auch bei urgeschichtlichen Objekten gestellt hätte[1]: „Aus welchem Metall bestehen sie? Aus welcher Zeit stammen sie? Welchem Volk waren sie zugehörig? Unter welchen Umständen wurden sie gefunden? (Zusammen) mit welchen anderen Gegenständen?"

Auch in seinen Vorträgen versuchte Hoernes, seinem Publikum die notwendigen Argumente für jede Schlussfolgerung oder Theorie zu unterbreiten. Das galt auch für die zahlreichen Volkstümlichen Universitätskurse, in denen er an seine Zuhörer hohe Ansprüche stellte und ein hohes Niveau verfolgte. Andererseits waren seine Vorträge klar und verständlich, ja mitunter auch voll Leidenschaft, sodass man seinen Ausführungen gerne folgte.

Auf den Hochschulkursen in Salzburg vom 1. bis 17. September 1908 sprach Hoernes über die frühe Menschheit[2]. Zum Alter, also zu den frühesten Funden, äußerte er sich aber vorsichtig und mit Recht zurückhaltend und wollte „nichts Bestimmtes" sagen. Eine heute noch lebende Affenform kam für ihn als Vorgänger des Menschen nicht in Frage. Die 1891 von Eugène Dubois in Trinil auf Java gefundene Schädelkalotte, die heute dem homo erectus aus der Zeit vor eine Million Jahren zugeschrieben werden kann, stammte nach Hoernes noch nicht von

© Der/die Autor(en), exklusiv lizenziert an Springer Fachmedien Wiesbaden GmbH, ein Teil von Springer Nature 2024
A. Lippert, *Moritz Hoernes*, https://doi.org/10.1007/978-3-658-43559-2_19

einem Frühmensch, sondern von einer Zwischenform von Pongiden und Hominiden. Man nannte diesen vermeintlichen Vormenschen immerhin Pithecanthropus erectus, also den „aufrecht gehenden Affen". Man sah sie damals als den berühmten „missing link" an. Hoernes erkannte aber richtig, dass die Abspaltung dieser Vormenschen von den Pongiden noch am Ende des Tertiärs erfolgte. Heute wissen wir, dass der letzte Vorfahre, den der Mensch mit den Schimpansen und den Bonobos gemeinsam besaß, vor 6–8 Mio. Jahre lebte. Es handelt sich dabei um den Australopithecus, also den „Südaffen". Hoernes setzte als Eigenschaften für den Frühmenschen voraus, dass er nicht mehr in den Bäumen lebte, sondern aufrecht ging, ein vergrößertes Gehirn hatte, Steingeräte herstellte und Feuer nutzen konnte. Es mussten also alle diese Kennzeichen zutreffen.

Für Hoernes war der Neandertaler die erste Menschenform. Jahrzehntelang hatte es einen Streit darüber gegeben, ob der Neandertaler überhaupt dem Menschen zugerechnet werden sollte. Erst die 1907 unter dem Felsdach von Le Moustier und 1908 unter jenem von Laq Chapelle-aux-Saints in der Dordogne entdeckten Bestattungen brachten Gewissheit. Er stellte allerdings fest – und im Großen und Ganzen entspricht dies auch der heutigen Erkenntnis -, dass erst der Mensch von Cro Magnon, also die Frühform der Jetztmenschen, neben stark verbesserten Steinbearbeitungstechniken eine besonders große Kunstfertigkeit besaß. Das trifft vor allem auf seine Ausbreitungsgebiet in Europa und Eurasien zu. Hoernes ordnete sie dem Solutréen, Magdalenien und Azilien[3], den für ihn wichtigsten Phasen des Jungpaläolithikums, zu. Damit hielt er immer noch an dem Begriff „Solutréen" in Mitteleuropa fest, obwohl diese Kulturerscheinung eigentlich hauptsächlich auf Frankreich und Spanien zutrifft. Erst einige Zeit später verwendete er stattdessen den Terminus des Aurignacien, der im östlichen Mitteleuropa auftretenden frühen Kultur des homo sapiens. Das Azilien hingegen ist bereits eine frühe Stufe des Mesolithikums im 9. und 8. Jahrtausend. In diesen Zeitabschnitt fallen auch die ostspanischen Felsbilder. Die Höhlenkunst und die Venusstatuetten des frühen Jungpaläolithikums hat Hoernes übrigens mit Recht nicht als Ergebnis von Alltagsbeschäftigungen, sondern von kultischen Praktiken bezeichnet.

Der damals nicht nur von Matthäus Much geäußerten Ansicht, die frühen Neolithiker könnten bereits arischem oder sogar germanischem Volkstum zugerechnet werden, trat Hoernes energisch entgegen. Er erkannte richtig, dass die ersten Bauern in Mitteleuropa allmählich von Südosteuropa eingewandert waren und sich in Form der bandkeramischen Kultur weiter ausbreiteten. Bei der Beurteilung der eigentümlichen Mäander- und Spiralornamentik auf den Tongefässen, die er ebenfalls aus dem Südosten ableitete, lag er aber sicher falsch. Diese ist in Mitteleuropa entstanden. Die spätneolithischen Kulturen in Europa, besonders die Schnurkeramik, führte er auf Einwanderungen der Indoeuropäer aus Skandinavien zurück. Tatsächlich gab es um 3000 v. Chr massive Einwanderungen von Indoeuropäern. Sie gehörten im Wesentlichen der in Kurganen bestattenden Jamnaja-Kultur, die sich aus einer halbmomadischen Bevölkerung in der pontischen Steppe zusammensetzte, an. Und die schnurkeramische Kultur war eine der Hauptableger der Jamnaja-Zivilisation in Europa.

Eine Sternstunde für die Prähistorie war der Fund einer naturhaft geformten Venusfigur in Willendorf in der niederösterreichischen Wachau. Sie kam bei Grabungen im Zuge von Bauarbeiten einer Eisenbahnstrecke zum Vorschein. Man hatte meterhohe Lössschichten in einem senkrechten Profil abgetragen und konnte mehrere Kulturschichten feststellen. Die Statuette wurde am 7. August 1908 am Boden von Schichte 9 entdeckt. Sie ist aus Kalkstein geschnitzt, etwa 11 cm hoch und gibt eine nackte weibliche Gestalt wieder (Abb. 1 im Kap. „1907: Ernennung zum autarken außerordentlichen Universitätsprofessor"). Hoernes bezeichnete sie als das „bisher beste Stück dieser ältesten Kunstgattung der europäischen Urbevölkerung"[4]. An der Grabung waren Josef Szombathy sowie Josef Bayer und Hugo Obermaier, beide promovierte Schüler von Hoernes, beteiligt. Aufgrund charakteristischer Steingeräte konnten die unteren Schichten 1–4 dem Aurignacien und die oberen Schichten 5–9 dem Spät-Perigoridien oder Gravettien zugeordnete werden. Diesen Bezeichnungen schloss sich Hoernes bei einer Diskussion mit den Ausgräbern in einer Sitzung der Anthropologischen Gesellschaft schließlich auch an. Er ließ somit den bisherigen Sammelbegriff „Solutréen" für das frühe Jungpaläolithikum im östlichen Mitteleuropa fallen und verwendete fortan die neuen Begriffe. Damals war aber eine absolute Datierung der Schichten noch recht ungenau. Heute erlaubt die Radiokarbonmethode, die Fundschichte der Venusstatuette in das 27. Jahrtausend vor Chr. zu datieren.

Einen peinlichen Moment erlebte Hoernes bei einer Ausschusssitzung der Anthropologischen Gesellschaft am 22. Juni 1910[5]. Szombathy berichtete über aktuelle Grabungen von Prof. Carl Moser im Triestiner Küstenland. Dabei zählte er eine Reihe von Fälschungen unter den Fundstücken auf und nannte auch einige Unzulänglichkeiten des Ausgräbers und Sammlers, der viele Jahre ehrenamtlich für die Prähistorische Sammlung in Wien tätig gewesen war. Wegen einiger gefälschter Fundstücke hatte Moser die erste Anwesenheit von Menschen in der Vlaška-Höhle in das Paläolithikum gestellt. Tatsächlich gehörten die ältesten Funde aber dem Neolithikum an. Die Situation während der Berichterstattung von Szombathy drohte zu eskalieren, da Moser an der Sitzung teilnahm und sich heftig wehrte und zu rechtfertigen suchte. Für Hoernes, der nur als Gast, nicht als Mitglied der Gesellschaft, an der Sitzung teilnahm, waren die Worte von

Szombathy sehr unangenehm, da er viele Jahre ausgezeichnet mit Moser zusammengearbeitet hatte. Ihm fiel es zu, die Gemüter zu besänftigen und Moser's Unschuld hervorzuheben. Dennoch legte Moser in einem späteren Brief an die Gesellschaft alle seine ehrenamtlichen Aktivitäten nieder und brach den Kontakt mit der Prähistorischen Abteilung ab.

Ein besonderes Anliegen war es Hoernes, mithilfe typologischer Untersuchungen und Betrachtungen den prähistorischen Fundstoff zu gliedern und zu datieren. Allerdings überschätzte er die Möglichkeiten manchmal. So ist auch ein Vortrag auf der 5. Gemeinsamen Versammlung der Deutschen und Wiener Anthropologischen Gesellschaft in Heilbronn vom 6. bis 9. August 1911 zu beurteilen. Der Titel seines Referates lautete; „Die Formentwicklung der prähistorischen Tongefäße und die Beziehungen der Keramik zu Arbeiten in anderen Stoffen"[6]. Hoernes versuchte bei diesem Thema Gefäßtypen kulturgeographisch und zeitlich einzuordnen, ging aber sicher zu weit in seinen Hypothesen. Zunächst räumte er ein, dass die ältesten keramischen Formen in Europa noch unbekannt waren. Tatsächlich kannte man damals die Sesklo- und Starčevo-Keramik am südlichen und westlichen Balkan noch nicht. Die frühesten bekannten Gefäßformen waren für ihn aber jedenfalls stark abgerundet oder bauchig. Zu ihnen zählten Kugelgefäße und kalottenförmige Schalen im kleinasiatischen Troja, in Griechenland, Bosnien, Sizilien, Unteritalien und Spanien. Dann folgten nach seiner Ansicht Zylinderhalsurnen, dessen klassischer Typus, wie wir längst wissen, eigentlich der Urnenfelderzeit vorbehalten war. Diese Form kam nach Hoernes' Einschätzung hauptsächlich in Deutschland, Österreich, Böhmen und Ungarn, aber auch in Mittel- und Oberitalien sowie Kreta vor. „Eckige Formen" der Keramik, die auf mediterrane Einflüsse zurückgingen, wären dann für die Endbronze- und frühe Eisenzeit kennzeichnend, wobei Italien das Hauptverbreitungsgebiet darstellte[7].

Weniger verfänglich waren die Vortragsthemen und deren Behandlung anderer führender Prähistoriker auf dem Kongress in Heilbronn. Oscar Montelius sprach über „Das erste Auftreten des Eisens in Italien" und führte entsprechende Beziehungen zu Kleinasien und Griechenland an. Carl von Schuchardt berichtete über „Die neuesten Grabungen auf der Römerschanze bei Potsdam" und Josef Szombathy über „die Bronzefunde aus der Fliegenhöhle bei St. Kanzian" im Küstenland.

In diesen Jahren verfügte Österreich noch über keine eigene Fachzeitschrift für Prähistorische Archäologie. Veröffentlichungen zur Urgeschichte waren aber natürlich in den Mitteilungen der Anthropologischen Gesellschaft in Wien oder im Jahrbuch für Altertumskunde möglich, wenngleich in diesen Zeitschriften überwiegend die Anthropologie und Ethnologie zu Wort kamen. Hoernes publizierte wegen eines Zerwürfnisses mit der Führung der Anthropologischen Gesellschaft seit 1902 nicht mehr in den „Mitteilungen". Außerdem zog er es meist vor, seine Aufsätze in populären Magazinen zu veröffentlichen, da ihm sehr an einer größeren Verbreitung seiner Beiträge bei einem urgeschichtlich interessierten Publikum gelegen war. Freilich besaßen diese Art von Zeitschriften jeweils einen übergeordneten Bezug. Als der Pariser Professor Salomon Reinach einen Aufsatz über die gallischen Kelten in der Politisch-Anthropologischen Revue schrieb[8], verfasste Hoernes noch im selben Band eine Arbeit mit dem Titel „Das keltische Temperament"[9]. Diese Überschrift war eher ein attraktiver Aufhänger, denn in Wahrheit ging es Hoernes um Überlegungen zur Herleitung der keltischen La-Tène-Kultur. Er meinte, dass die Kelten eine von der hallstättisch-illyrischen wenig beeinflusste eigene Kultur gehabt hatten. Sie hätten sich von den britischen Inseln und Nordfrankreich allmählich nach Süden und Osten verbreitet. In der Folge erreichten die Kelten Spanien, Mitteleuropa und Italien, wo sie sich mit Iberern, Rätern, Illyrern und Ligurern vermischten. Dabei kam es in manchen Regionen zu ausgeprägten Keltisierungen, also zur Übernahme keltischer Kultur.

Typisch für die Kelten war Hoernes zufolge ihr eigentümlicher, abstrakter Kunststil, der auch für die Frage nach dem Ursprung keltischer Kultur wichtig ist. Heute wissen wir natürlich schon viel mehr über die Herkunft der Kelten und deren Kultur. Diese ging von Nordostfrankreich, Südwestdeutschland und der Westschweiz aus. Abgesehen von den von antiken Autoren recht verlässlich und detailliert beschriebenen Wanderungen einzelner keltischer Stämme und Scharen, ist aber auch beim heutigen Stand der Forschung noch nicht festzulegen, wieweit etwa die La-Tène-Kultur in Österreich und Westungarn auf Einwanderungen oder kulturelle Diffusion beruht. Dem von Reinach geschaffene Begriff eines eigenen „keltischen Temperaments", also einer spezifischen Volksseele der Franzosen, stimmt Hoernes übrigens voll zu. Heute kann man darüber aber nur schmunzeln, weil es ja nicht nur die Kelten waren, die Frankreich besiedelt hatten. Teile des französischen Territoriums wurden nach den Kelten von den germanischen Franken, dann von den Normannen, den deutschsprachigen Elsässern, von den Katalanen und nicht zuletzt von Maghrebinern besiedelt. Einen in Frankreich einheitlichen Charakter mit „keltischem Temperament" gab es daher wohl nie.

Im Jahr 1909 erschien in 25 Lieferungen und zwei Bänden ein neues bedeutendes Werk von Hoernes im Wiener Hartleben Verlag: „Natur- und Urgeschichte des Menschen"[10]. Ursprünglich war es als Neuauflage der „Urgeschichte des Menschen"[11] geplant worden. Konzept und Inhalt wichen nun davon aber stark ab. Mit

Themen der Physischen Anthropologie, also der Herkunft des Menschen und der Beschreibung seines Äußeren im Laufe der Entwicklung sowie der Gliederung nach bereits bekannten Menschenformen sollte die Naturgeschichte des Menschen erfasst werden. Die Urgeschichte wurde jetzt weitgehend mit prähistorischen Funden rekonstruiert, ethnologisches Wissen diente nur mehr zu einigen wenigen Vergleichen. Das war schon einmal ein großer Fortschritt. Außerdem enthielt das neue Werk vielen Literaturangaben. Und anders wie in der „Urgeschichte des Menschen" war die Darstellung in großen Zusammenhängen, die nicht nach urzeitlichen Kulturen in Regionen vorging, gestaltet. Es ist sicher interessant, aus welchen Kapiteln sich die neue Monographie von Hoernes zusammensetzte.

Im ersten Teil von Band 1 ging es prinzipiell um die Abstammung des Menschen aus dem Tierreich. Schon damals war klar, dass die urtümlichen Aborigines in Australien, die Haushunde – Dingos – hielten, und eine entwickelte Steinzeitkultur besaßen, nicht dem Bild der ältesten Menschheit entsprachen. Sie waren viel später aus Südostasien eingewandert bzw. auf Booten nach Australien gekommen. Darwin meinte schon in seinen Hauptarbeiten, dass Afrika das Ausgangsgebiet der ersten Menschen war. Dem schloss sich Hoernes an. Im zweiten Teil behandelte er die Forschungsgeschichte der Anthropologie, Ethnographie und Prähistorie, dann die Theorien der Kulturentfaltung. Kenntnisse von Naturvölkern waren wichtig, weil sie die Verbindungen von Kultur- und Wirtschaftsformen aufzeigten.

Hoernes hatte, wie dies ja auch aus seinen früheren Büchern und Aufsätzen hervorgeht, eine durchaus auch heute noch nachvollziehbare Vorstellung von der Definition eines Ethnos. Ein Volk zeichnete sich demnach durch „bestimmte geistige Eigenschaften" – gemeint waren Sprache, Kunst und Kunstgewerbe, Kult – „in Verbindung mit der Summe der sozialen Verhältnisse" aus.

Band 2 ist in große Themenkomplexe gegliedert. Dazu gehören: Sorge um Ruhe und Sicherheit (Feuer, Küche, Siedlung, Haus), die künstlichen Organe (Werkzeug, Waffe, Schmuck, Kleidung, Stufen der Metallnutzung), der Zusammenschluss (Familie, Staat, Sitte, Recht, Verkehr, Handel) und Mitteilung und Darstellung (Sprache, Schrift, Kunst, Religion) Diese Einteilung, die sich nicht immer auf archäologischen Fundstoff stützen konnte, mutet fast modern an. Viele Übersichten zur Urzeit sind heute zwar nicht gleich, aber ähnlich gegliedert.

Wie wenig man über die Anfänge der Menschheit wusste, zeigte sich in der Feststellung von Hoernes: „Eine Menschengruppe, die des Feuers entbehrt hätte, kennt man nicht, weder aus der fernsten Urzeit noch aus den entlegensten Wohnsitzen heutiger Wildstämme". Älteres als das Acheuléen, das fälschlich den Neandertalern, nicht dem homo erectus zugeschrieben wurde, waren noch unbekannt. Etwa die Kultur des viel früheren homo habilis, der wahrscheinlich noch über kein eigenes Feuer verfügte. Hoernes sah aber völlig richtig, dass es im Paläolithikum nicht nur Höhlenunterkünfte, sondern auch Windschirme und Behausungen unter Abris, also Felsüberhängen, und Freilandsiedlungen gegeben haben musste. Und – noch vor den modernen Ausgrabungsergebnissen – mutmaßte er völlig zurecht, dass sich der Alltag der altsteinzeitlichen Menschen nicht im Innern der Höhlen, sondern im Eingangsbereich abgespielt hatte.

Die „Natur- und Urgeschichte des Menschen" war reich bebildert. 500 Illustrationen und 7 Karten gehörten zur Ausstattung.

Einen in Zeitabschnitte aufgebauten längeren Beitrag zur Urgeschichte verfasste Hoernes für die „Weltgeschichte" von Julius von Pflugk-Harttung[12]. Die Kulturperioden in Mittel- und Nordeuropa behandelte er in diesem Fall ganz systematisch. Es ist erstaunlich, dass seine absoluten Zeitangaben den heutigen Daten bereits stark angenähert waren. Das Vollneolithikum, unter dem man damals das Früh- und Mittelneolithikum verstand, stellte Hoernes in die Zeit von rund 5000 bis 2500, die Kupferzeit in die Zeit von 2500 bis 1900 v. Chr. Ganz ähnlich verhält es sich mit der Bronze- und Eisenzeit, deren Eckdaten grosso modo durchaus dem heutigen Zeitgerüst an die Seite gestellt werden können. Für die moderne Forschung ist eine präzise Datierung kein Problem mehr. Die Radiokarbonmethode konnte in den letzten Jahrzehnten ständig verbessert werden, sodass die Abweichungen der erzielten Daten geringer wurden. Hoernes vermochte zu seiner Zeit aber nur die Kulturkontaktmethode heranziehen, die Fundstücke und Fundensembles durch Vergesellschaftung mit südlichen Importstücken datieren konnte. Umso mehr sind die von ihm vor weit mehr als 100 Jahren zusammengestellten und schon weitgehend verlässlichen Zeitrahmen einzelner Kulturepochen zu bewundern. So stimmen etwa die für die mitteleuropäische Eisenzeit von Hoernes angeführten mit den aktuellen Daten recht gut überein:

Phasen	Hoernes 1909	Heute
Mittlere Hallstatt-Periode (= Heute: Ältere Hallstattzeit)	850–650	800–630
Späte Hallstatt-Periode (= Jüngere Hallstattzeit)	650–500	630–480/420
Frühe La Tène-Periode (= Frühlatènezeit A/B)	500–300	480/420–280
Mittel La Tène-Periode (= Mittellatènezeit C)	300–150	280–180/120
Späte La Tène Periode (= Spätlatènezeit D)	150–0	180/120–0

Es ist noch ein anderer Aufsatz von Hoernes erwähnenswert, der sich ganz allgemein mit den Begriffen und Zuordnungen von Geschichte und Vorgeschichte befasste[13]. Er kritisierte in dieser Arbeit in aller Schärfe, dass es nicht nur Laien, sondern auch manche Gelehrte gab, die das Alte Testament und andere antike Texte für die Zeitbestimmung der ersten Menschen verwendeten. Dem zufolge gab es diese erst einige tausend Jahre v. Chr. Geb. Der Altorientalist und Althistoriker Eduard Meyer etwa behauptete, dass der Beginn der Menschheit um 12.000 v. Chr. anzusetzen wäre. Hoernes entgegnete mit Bestimmtheit und Autorität, dass die Kenntnisse von der frühen Menschheit ausschließlich auf Bodenfunden beruhen dürfen. Er warnte gleichzeitig vor der Entfremdung der Urgeschichte durch Mythen und Sagen und bezeichnete deren Auslegung als „pseudohistorischen Kram". Und abschließend meinte er auch, dass sich manche Altertumsforscher vor falschen Schlüssen über prähistorische Zeit besser zurückhalten sollten.

Seine Arbeiten über das Paläolithikum, vor allem auch seine Beiträge zur französischen Altsteinzeit in seinen Büchern, trug Hoernes eine Auszeichnung ein. Am 15.12.1907 erhielt er die französiche Dekoration eines „Officier d l'Instruction publique".

Anmerkungen

1. NB A 1299/65-2.
2. Arbeiter-Zeitung, 26.8.1908.
3. Azilien nach Mas d'Azil in Südfrankreich.
4. MAG 40, 1010 [4–9].
5. MAG 40, 1910 [34–37].
6. MAG 42, 1912 [83–125].
7. Hoernes (1911d; 1912a).
8. Pol.-Anthr.Revue VII, (1908, 187–201).
9. Hoernes (1908c).
10. Hoernes (1909a).
11. Hoernes (1892a).
12. Hoernes (1909c).
13. Hoernes (1910c).

Das Verhältnis der Wiener Prähistorie zur Physischen Anthropologie und Ethnologie

Am 13.Februar 1870 wurde die Anthropologische Gesellschaft als einer der ältesten Wissenschaftsvereine Österreichs gegründet. Zu den Gelehrten, die diese Gesellschaft ins Leben riefen, waren Physische Anthropologen, Anatomen, Prähistoriker, Volkskundler und Ethnologen. Und es ging von Anfang an um eine enge Zusammenarbeit der von ihnen vertretenen Disziplinen. Somit diente die Gesellschaft vor allem als Dachorganisation aller humangeschichtlicher und anthropologischer Fachgebiete.

Der erste Präsident der Gesellschaft war Carl von Rokitansky, Professor für Pathologische Anatomie an der Universität Wien. Er war seit 1869 Präsident der kaiserlichen Akademie der Wissenschaften und verfügte somit auch über ein großes Netzwerk von Forschern. Ein prominentes frühes Mitglied der Gesellschaft war der Geograph und Anthropologe Ferdinand von Hochstetter, der an der Einrichtung der prähistorisch-ethnographischen Sammlung der Gesellschaft mitwirkte. Diese Sammlung wurde dann später ein wesentlicher Bestandteil der Sammlung der Anthropologisch-Ethnographischen Abteilung des Naturhistorischen Hofmuseums.

1879 – nach dem Tod von Rokitansky – folgte Eduard von Sacken, Kunsthistoriker und bedeutender Erforscher des Gräberfeldes von Hallstatt, als Präsident der Gesellschaft. Von 1882 bis 1902 bekleidete diese Funktion dann der Geologe und Anthropologe Ferdinand von Andrian-Werburg. Der nächste Präsident war der Anatom Carl Toldt in den Jahren 1903–1920. Es fällt also auf, dass weder ein geschulter Prähistoriker noch Ethnologe in der Zeit zwischen der Gründung im Jahr 1870 und dem Ende des ersten Weltkriegs die Gesellschaft führte. Moritz Hoernes wurde erst in den 80er Jahren einfaches Mitglied, nahm aber immerhin bald wichtige Positionen in der Gesellschaft ein: von 1887 bis 1889 war er Zweiter Sekretär und 1889 wurde er in den Ausschuss gewählt. Diese Funktionen brachten ihm auch finanzierte Aufträge für Ausgrabungen. Allerdings erhielt

A. Lippert, *Moritz Hoernes*, https://doi.org/10.1007/978-3-658-43559-2_20

Hoernes, der als führender Prähistoriker in Österreich galt, keine höhere Positionen, etwa die eines Präsidenten oder Vizepräsidenten, was sich in der Folge auf seine Einstellung zur Gesellschaft sehr ungünstig auswirkte.

Aus der Sicht von Hoernes waren sowohl die Physische Anthropologie als auch die Ethnologie von großer Bedeutung für die Prähistorische Archäologie. Vor allem ging es ihm dabei einerseits um die Abstammung und das Erscheinungsbild des frühen Menschen und andererseits um ethnografische Beispiele und Vergleiche, die urzeitliche Kulturen erklären und veranschaulichen halfen. Nun gab es aber in Wien zunächst keinen ausgewiesenen Physischen Anthropologen. Im Gegensatz dazu besaß Berlin in der Person von Rudolf Virchow einen Physischen Anthropologen, der mit der Prähistorie ausgezeichnet zusammenarbeiten konnte. Obwohl dieser manche Entwicklungen und Entdeckungen, wie etwa die Menschenform des Neandertalers, lange nicht anerkennen wollte, wusste er die Anatomie und die Erforschung des frühen Menschen sehr gut zu verbinden[1]. In Wien war man noch lange nicht so weit. 1870 wurde der Südtiroler Carl Toldt auf die Lehrkanzel für Anatomie berufen, die auch die Physische Anthropologie vertreten sollte. Toldt widmete sich aber keineswegs der Abstammungslehre, wenn man von seiner irrigen Lehre absieht, dass die Kinnbildung nur beim Menschen zu finden wäre. Wenn also frühe Hominide kein ausgeprägtes Kinn hatten, so zählten sie nach seiner Meinung nicht zum Menschen. Es war dies das sogenannte Toldt'sche Gesetz.

Die anthropologischen Forschungen von Toldt beschränkten sich auf Schädelmessungen von älteren und rezenten Skeletten, um ihre ethnische Zugehörigkeit zu ermitteln.[2] In einem Aufsatz ging Toldt von frühmittelalterlichen Schädeln im karantanisch-slawischen Gräberfeld in Krungl in der Obersteiermark aus und verglich sie mit rezenten Schädeln im Lungau und in Kärnten. Sein Ergebnis lautete, dass slawische Schädel einen „Mittellangbau" aufwiesen und ein „lang ausgezogenes und kegelförmig zugespitztes Hinterhaupt" besaßen). Heute wissen wir, dass derartigen Untersuchungen kein Erfolg beschieden ist. In dem Zusammenhang sollte man sich bewusst sein, dass er ein ausgeprägter Deutschnationaler war, der auch für eine Art Rassenkunde eintrat. Diese seine spezielle Ausrichtung waren für Hoernes wenig hilfreich, der in seinen Arbeiten auf eine ethnische Auswertung von Schädelmaßen kaum näher einging.

Die Universität Wien erhielt erst im Jahr 1919 ein eigenes Institut für Anthropologie, das sich dann dezidiert mit der Evolution des Menschen, aber auch mit allen Fragen der Ethnologie befasste. Der erste Ordinarius war Rudolf Pöch, der schon seit 1914 Extraordinarius für physische Anthropologie und Ethnographie gewesen war. Neben ihm gab es den Titularprofessor Michael Haberlandt für allgemeine Ethnologie. Aber erst 1927 wurde dann ein eigenes Institut für Physische Anthropologie und 1928 eines für Völkerkunde gegründet[3].

Schon erwähnt wurde die günstige Konstellation von Forschung und Lehre der Anthropologie und Urgeschichte an der Universität München. Der Mediziner Johannes Ranke wurde 1886 der erste Inhaber eines Lehrstuhles für Anthropologie, die auch die Prähistorie mit einschloss, in Deutschland., Außerdem war er Vorstand der prähistorischen Staatssammlung. Die Forschungen von Ranke waren sehr weitläufig, sie umfassten auch die wichtige Evolutionsproblematik ebenso wie prähistorische und frühgeschichtliche Funduntersuchungen.

In Prag war Jindřich Matiegka um die Jahrhundertwende Professor für Anthropologie. Ähnlich wie Toldt war auch er den Messungen von menschlichen Schädeln und deren ethnischer Ausdeutung verfallen. Allerdings befasste er sich auch mit Skelettmaßen[4]. Toldt und Matiegka führten jedenfalls keine systematischen Bestimmungen von Geschlecht und Alter prähistorischer Bestattungen durch. Auch konsequente Untersuchungen pathologischer Merkmale fehlen in ihren Arbeiten.

Sieht man sich die frühen Berichte von Ausgrabungen von ur- und frühgeschichtlichen Gräberfeldern an, so sieht man, dass auf die Bergung und Bestimmung von Skelettresten kaum oder unzureichend Wert gelegt wurde. Georg Ramsauer, der 1846 bis 1863 das Gräberfeld von Hallstatt erforschte, wurde von seinen Auftraggebern in Linz angewiesen, nur die Metallobjekte zu bergen. Daher wurden menschliche Überreste kaum weiter beachtet und aufbewahrt. Erst bei späteren Ausgrabungen in Hallstatt wurden zumindest gut erhaltene Skelettteile geborgen und erstmals gegen Ende des 19. Jhs. anthropologisch grob gesichtet[5].

Typisch für die damalige Auswertung ist beispielsweise eine Arbeit von Lubar Niederle, einem Prähistoriker und Anthropologen an der Universität Prag, über langobardische Gräber in Podbaba[6]. Die Geschlechts- und Altersbestimmungen an den Schädeln der Körperbestattungen sind ziemlich vage. So heißt es beispielsweise für Schädel 1: „ein älteres weibliches Individuum" oder für Schädel 4: „ein jüngeres männliches (?) Individuum. Und auch hier gilt das Hauptinteresse den Schädelmessungen. Niederle stellte vorwiegend dolichocephale, also Langschädel, fest, die er germanischen Langobarden zuordnete. Die mesocephalen Schädel wies er Slawen zu.

Hoernes beschäftigte sich allerdings auch mit der „Schädellehre" in seinen Vorlesungen und Publikationen. Seine Ansichten zu der Aussagekraft von Schädelmessungen waren aber ausgesprochen kritisch. In einem kleinen Aufsatz schrieb er über die Entwicklung der Methode[7]. Die Ursprünge dafür lagen bereits in der Antike, als man Schädelformen bestimmten Ethnien zuschrieb. In der Neuzeit wurden dann erste Schädelvermessungen vom schwedischen Anatomen Anders Retzius vorgenommen. Er unterschied bei den Schädeltypen der Nordeuropäer lang- und kurzköpfige Individuen und unter diesen orthognathe und prognathe, also Menschen mit gerader Kieferstellung mit nur leichtem Überbiss und solchen mit stärker vorstehendem Oberkiefer.

Hoernes wollte derartige Einteilungen noch am ehesten für Bewohner großer geschlossener Siedlungsgebiete, wie Skandinavien, Russland oder Afrika gelten lassen, aber kaum auf bestimmte Völker, wie Slawen, Germanen oder Romanen, die in vielen Teilen Europas vermischt waren, angewendet wissen. Allerdings entkam auch Hoernes der damals hartnäckigen Diskussion nicht ganz. So hat er gewisse Merkmale von Menschen bestimmter Kulturen und Zeiten doch auch in Erwägung gezogen. Zum Beispiel für das europäische Neolithikum, über das er in einem Vortrag am 20. Jänner 1909 an der Technischen Hochschule in Wien berichtete[8].

Was Schädelmessungen betrifft, die zur Zeit von Hoernes oft ethnischen Zuordnungen dienten, so sind sie noch in der jüngeren anthropologischen Literatur zu finden. Sie haben nämlich auch heute noch eine gewisse Bedeutung. Ein prominentes Beispiel dafür ist die Einschätzung der Schädelform des „Mannes im Eis", dessen Mumie 1991 in den Ötztaler Alpen entdeckt wurde. Von seinem Schädel wurde alle metrischen Daten erfasst und Vergleiche mit 144 Schädeln des frühen Jungneolithikums, also vom Ende des 4. und vom Beginn des 3. Jts. v. Chr., aus dem circumalpinen Gebiet angestellt. Der Mann konnte demnach der in Norditalien lebenden Gruppe 1 zugeteilt werden. Außerdem konnte festgestellt werden, dass er einer vorindoeuropäischen, also alteuropäischen Bevölkerung angehörte, die sich ursprünglich aus dem vorderasiatischen Raum allmählich nach Europa ausgebreitet hatte[9]. Die moderne Methode der genetischen Analyse kann aber heute mittels der DNA eine prähistorische Bevölkerungsgruppe genauer und zutreffender umschreiben. Auch ihre Herkunft, beispielsweise in Folge von Einwanderungen oder Ausbreitungen, lässt sich inzwischen auf diese Weise bestimmen[10].

In einer sehr detaillierten Arbeit in der „Rivista di scienza", die damals – ähnlich wie heute „Science" oder „Nature" – die neuesten natur- und geisteswissenschaftlichen Ergebnisse veröffentlichte, befasste sich Hoernes mit den paläolithischen Menschenformen[11]. Er sah im Unterkiefer von Mauer bei Heidelberg, der 1907 in einer Schottergrube gefunden wurde, das bisher älteste menschliche Fossil. Für ihn war dies der frühe Neandertaler, ähnlich wie der Schädelfund von Trinil auf Java. Heute rechnen wird diese Funde dem homo erectus zu, dessen Entstehung lange vor der des Neandertalers lag. Mit Recht nahm Hoernes aber an, dass der Cró-Magnon- oder frühe „Jetzt"-Mensch, nicht eine

Weiterentwicklung des Neandertalers war, obwohl er einige Steingerätformen aus dessen Kultur verwendete.

Anthropologische Untersuchungen urzeitlicher Bestattungen in Bosnien und der Herzegowina, wo Hoernes zu den ersten prähistorischen Forschern in den 80er und 90er Jahren gehörte, waren außerordentlich selten. Gewöhnlich wurden nur Körper- und Brandbestattungen unterschieden, die Skelettreste aber nicht geborgen. Es kam aber vor, dass die Schädel aus den Gräbern von Militärärzten untersucht wurden, wobei kaum brauchbare Ergebnisse zustande kamen. Immerhin fanden aber Lage und Körperhaltung der Bestatteten in den Grabungsberichten Erwähnung[12].

Die Fragen der Prähistorie an die Anthropologie, aber auch Ethnologie spiegeln sich in den Programmen der Tagungen und Kongresse sehr anschaulich wieder. So gab es auf dem Internationalen Kongress für Prähistorische Archäologie in Paris im Jahr 1900 drei relevante Themenbereiche[13]:

Punkt I umfasste die Anwendung der vergleichenden Anatomie und der Paläontologie auf die Evolution des Menschen. Es sollte über neuentdeckte fossile Affen und Halbaffen sowie „anatomische Thatsachen, welche das Verhältnis zwischen Halbaffen, Affen und Menschen im phylogenetischen Sinne beleuchten" diskutiert weden.

Im Punkt IX ging es um anatomische Merkmale des „primitiven Menschen (also Angehörige der Naturvölker) und der prähistorischen Rassen". Dabei waren die „prähistorischen Rassenmerkmale" nicht nur zu beschreiben, sondern auch zu erklären.

Punkt XI war als weitere Vernetzung von Prähistorie und Ethnologie geplant. Konkret wurde die Frage gestellt, wie weit archäologische und ethnografische Analogien eine Aussage über prähistorische Handelsbeziehungen und Wanderungen zuließen. Auch heute beschäftigt die Prähistorie das Problem, ob und welche Merkmale der Fundmaterialien auf Importe und welche auf Einwanderungen schließen lassen. Allerdings zieht man kaum Vergleiche aus der Ethnologie dafür heran, da die Methoden der modernen Urgeschichtsforschung als ausreichend und zielführender angesehen werden. Außerdem geht man schon längst davon aus, dass jede menschliche Kultur gewissermaßen einmalig ist und damit brauchbare Voraussetzungen für Vergleiche mit heute lebenden Naturvölkern meist fehlen.

Hoernes hatte vom Potenzial ethnologischer Erkenntnisse zur Veranschaulichung prähistorischer Kulturen zunächst noch eine hohe Meinung. So merkte er 1895 an, dass „die Ethnologie der Naturvölker den einzigen Weg bildet, auf dem wir zu einer vollen und reellen Anschauung primitiven Menschendaseins gelangen können... Aber nur eine Verbindung der historischen Methode und der historischen Fakten (also archäologischer Methoden und Funde) mit jenem

Wege (also der Ethnologie) kann eine beglaubigte Urgeschichte der Menschheit schaffen"[14].

Die alten Hochkulturen stellten für Hoernes in keiner Weise Vergleichsmöglichkeiten dar. Auch nicht die klassischen Kulturen in Griechenland und Italien. Die Ergebnisse aus solchen Vergleichen wären äußerst gering. „Der urzeitliche Mensch ist ein Wesen anderer Art als der geschichtliche Mensch"[15]. Hingegen gab es für Hoernes ein „schwesterliches Verhältnis zwischen Prähistorischer Anthropologie und der Ethnologie der Naturvölker" Seine überdeutliche Abgrenzung zur klassischen Archäologie und Geschichte ging aber nicht nur auf sachliche Gründe zurück, sondern auch auf die Befürchtung, „dass die Prähistorie innerhalb Geschichte zu einem Anhängsel von äußerst geringer erziehlicher Bedeutung herabsinken würde". Hoernes war zum Zeitpunkt dieser Äußerungen noch Universitätsdozent und besaß keine eigene Lehrkanzel für Prähistorische Archäologie. Und er ließ in seinen Vorträgen und Publikationen immer durchblicken, dass die drei anthropologischen Disziplinen, Physische Anthropologie, Prähistorische Archäologie und Ethnologie, als eigenständige Lehr- und Forschungsfächer an der Universität Wien angesehen werden sollten. Den Weg dorthin sah er aber zunächst in einer universitären Etablierung der allgemeinen Anthropologie.

Die Verbundenheit mit dem Fach Ethnologie wurde sicher auch durch die Freundschaft mit Michael Haberlandt beflügelt. Haberlandt hatte Indologie an der Wiener Universität studiert. 1882 wurde er bereits als Kustos an die Anthropologisch-Ethnographische Abteilung des Naturhistorischen Hofseums geholt. Hoernes trat in diese Abteilung 1885 als Volontär ein, womit sich zuerst ein kollegiales, dann freundschaftliches Verhältnis der jungen Männer entwickelte. Beide habilitierten sich 1892, Hoernes für Prähistorische Archäologie, Haberlandt für Völkerkunde, an der Universität Wien. 1894 gründete Haberlandt zusammen mit Wilhelm Hein und Moritz Hoernes den Verein für Volkskunde. Dann folgten die Gründungen der Zeitschrift für Österreichische Volkskunde und des Österreichischen Museums für Volkskunde im Jahr 1895. Haberlandt war in späteren Jahren – 1911 bis 1923 – Direktor dieses Museums. Seine wichtigsten Werke waren wahrscheinlich die „Völkerkunde" (Leipzig) 1898 und „Die Völker Europas und des Orients (Leipzig-Wien) 1920.

Haberlandt und Hoernes richteten nur wenige Jahre nach ihren Habilitationen einen Appell an das Unterrichtsministerium, an der Universität Wien das Fachgebiet Anthropologie einzurichten. Ihnen schwebte als Vorbild das 1886 gegründete Institut für Anthropologie an der Universität München vor, das nicht nur die Anthropologie im engeren Sinne, sondern auch die Prähistorie und Ethnologie vertrat[16]. Das Schreiben lautete:

Hohes Ministerium !

Die gehormsamst Gefertigten, seit längerer Zeit Beamte der Anthropologisch-Ethnographsichen Abteilung des k.k. Naturhistorischen Hofmuseums, und seit einigen Jahren auch Privatdozenten für zwei anthropologische Fächer an der k.k. Universität Wien, erlauben sich, dem hohen Ministerium im Nachfolgenden einige Darlegungen zu unterbreiten, welche sich auf die Bedeutung und Pflege der Anthropologie in Österreich beziehen, und welche sie der wohlwollenden Erwägung des hohen Ministeriums empfehlen möchten.

Die Hörer aller Facultäten, welche nach Absolvierung ihrer Studien Berufszweige in den verschiedenen Ländern Österreichs ergreifen, werden im Verlaufe ihrer akademischen Lehrjahre sowohl befähigt als auch vielfach angesagt, in ihrer späteren Lebenszeit nicht nur praktisch innerhalb ihrer amtlichen Sphären, sondern auch rein wissenschaftlich thätig zu sein. Leider erlauben die Umstände nur Wenigen, welche sich in größeren Städten der erforderlichen Bibliotheken, Laboratorien und sonstiger Hilfsmittel bedienen können, eine solche Thäitigkeit zu entfalten, welche von Denen, die sich ihr hingeben, als ein Segen für ihr ganzes Dasein und somit auch für ihr berufsmäßiges Wirken empfunden wird.

Es liegt in der Natur der älteren, durch jahrhundertelangen Betrieb ausgereiften Wissenschaften, dass sie nur an gewissen Centralstätten mit wahrem Erfolg gepflegt werden können. Auch von dem bisher zugänglichen Rohstoff haben diese früher schon in einem Umfang Besitz ergriffen, dass wohl Niemand hoffen darf, selbst nun in der beschriebenen Rolle des Sammlers und Berichterstatters mehr als gelegentlich Dienste zu leisten und dadurch immer Befriedigung zu gewinnen.

Dagegen liegt in den anthropologischen Fächern ein ungemein weites, verhältnismäßig wenig gepflegtes Arbeitsfeld offen da, auf welchem **der richtig Ausgebildete** (im Text hervorgehoben) noch reiche und rühmliche Ernten erzielen kann. Der Mediciner und der Naturforscher können auf dem Gebiete der physischen Anthropologie, der Philologe und Historiker, aber auch der Theologe und Jurist, auf dem Gebiete der Ethnographie und Vorgeschichte mit relativ geringer Mühe zum besten der Wissenschaft an der Mehrung der letzteren theilnehmen.

Österreich ist, wie vielleicht kein zweiter europäischer Staat, geeignet, auf diesem Wege strebsamen Geistes gesunde Nahrung zu bieten, welche durch ihre Beschaffenheit zugleich den Patriotismus und somit auch das Staatsinteresse fördert.

(Es folgt eine längerer Abschnitt, der die Vorteile aufzählt, die anthropologischen Fächer gebündelt an der Universität einzurichten, nämlich als eine einzige Disziplin „Anthropologie").

Mit Hilfe solcher im beiderseitigem Interesse (also von Staat und anthropologischen Fächern) gelegenen Verbindungen könnten die Auslagen, welche der hohen Unterrichtsverwaltung aus einer systematischen Pflege der Anthropologie erwachsen würden, auf ein Minimum reduziert werden. Aber auch abgesehen von jener Konstruktion würden die Kosten eines anthropologischen Lehrapparates verhältnismäßig gering sein. Es würde schon einen großen Schritt zum Ziele bedeuten, wenn das hohe Ministerium der Schaffung eines solchen Apparates für die Wiener Universität im Prinzip seine Zustimmung geben und durch Bestellung der geeigneten Lehrkräfte jene Personen bezeichnen wollte, welchen es die Ausführung dieses Werkes anzuvertrauen geneigt ist.

Moritz Hoernes
Michael Haberlandt
Wien
am 3.1.1896

Dieses für heutige Begriffe etwas umständlich und übertrieben höfliche Ansuchen, das dem Unterrichtsministerium die Etablierung einer Anthropologie im weitesten Sinn an der Wiener Universität nahelegen wollte, zeigte zunächst keine Wirkung. Immerhin wurde aber Hoernes selbst im Jahr 1899 zum Titularprofessor ernannt. 1906 folgte für ihn dann eine außerordentliche und 1911 eine ordentliche Professur. Die Physische Anthropologie und Ethnologie hingegen wurden als eigene Lehrfächer viel später eingerichtet. Erst 1919 erfolgte die Gründung einer gemeinsamen Lehrkanzel für Anthropologie und Ethnographie. Und erst 1927 bzw. 1928 entstanden eigene Institute für diese beiden Fächer[17].

Einen – und man kann sagen, persönlichen – schweren Rückschlag für Moritz Hoernes bedeutete die schlechte Zusammenarbeit mit der Anthropologischen Gesellschaft in Wien. Obwohl Einzelheiten nicht bekannt sind, kam es wohl zu Meinungsverschiedenheiten über die Bedeutung des Fachgebietes Prähistorische Archäologie. Offenbar strebte Hoernes eine stärkere Position in der Gesellschaft an, um den Einfluss und das Gewicht der Prähistorie zu verbessern. Schließlich mündete die Auseinandersetzung 1901 in ein Zerwürfnis zwischen dem Ausschussmitglied Hoernes und den Vorstandsmitgliedern, vor allem mit dem Präsidenten Andrian-Werburg. Dieser sah für seine Funktion dann auch nicht mehr den notwendigen Rückhalt, da sich auch einige andere Funktionäre ebenfalls von ihm zurückgezogen hatten. Andrian-Werburg stellte sich bei einer Ausschusssitzung am 29.10. 1901 einer Vertrauensabstimmung, die allerdings mit 10 zu 4 Stimmen zu seinen Gunsten ausging. Darauf traten die beiden Prähstoriker Hoernes und Szombathy aus der Gesellschaft aus. Auf der darauf folgenden Vorstandssitzung verließ auch Matthäus Much, der vorrangig im prähistorischen Bereich tätig war, „aus gesundheitlichen Gründen" die Gesellschaft. Als unmittelbare Folge dieser Austritte wurde in der Gesellschaft ein Komitee gegründet, das die Frage eines regelmäßigen Wechsels im Präsidium und im Ausschuss behandeln sollte[18].

Im Laufe der Zeit relativierte Hoernes seine Einstellung zur Ethnologie und ihrer Möglichkeiten für die Lösung von Problemen in der Prähistorie. Manche Schlüsse in der Ethnologie waren für ihn zu ideologisch geprägt. In einem Aufsatz aus dem Jahr 1911 kritisierte er etwa „methodische und problematische Beziehungsdarstellungen neuerer Völker (Naturvölker) und der Tatsachen der Urgeschichte"[19]. So die Behauptung einiger Völkerkundler, dass der Bronzeguss in verlorener Form aus Südwesteuropa nach Nord- und Innerafrika gelangt wäre. Umgekehrt wurden oft manche Entdeckungen in Afrika mit großer Faszination aufgenommen und Vermutungen darüber angestellt, dass von dort auch einige technische Errungenschaften, wie etwa die frühe Eisengewinnung und - verarbeitung aus Afrika über Ägypten nach Europa gelangt wären. Hoernes wies wohl zurecht darauf hin, dass man auf die chronologischen Daten genau achten müsse und überdies Erfindungen und Entwicklungen nicht unbedingt nur einmal und nur in bestimmten Regionen stattgefunden hätten. Er lehnte somit jegliche Voreingenommenheit scharf ab. Die Auffassung mancher Ethnologen, dass es „von Anbeginn der menschlichen Kultur einen weltgeschichtlichen Zusammenhang gegeben hätte – entsprechend der Kulturkreislehre -, hielt Hoernes für eine falsche pauschale Annahme und betonte überdies ein sehr differenziertes Wechselspiel der Kulturen. Schließlich meinte er auch, dass es schon bedenklich wäre, „vorgeschichtliches Material zur Belebung (also: Erklärung) alter und neuer Völkerschaften heranzuziehen".

Anmerkungen

1. Virchow (1889).
2. So etwa: C. Toldt, Die Schädelformen in den österreichischen Wohngebieten der Altslawen- einst und jetzt. MAG 42, (1912, 247–280).
3. Fatouretchi (2009).
4. z. B., J. Matiegka, Körperwuchs der prähistorischen Bevölkerung Böhmens und Mährens. MAG 41, (1911, 348–387).
5. Dazu: D. Pany, Die Bevölkerung des Hallstätter Hochtales in der Älteren Eisenzeit. In: Salz-Reich. 7000 Jahre Hallstatt (Hg. A. Kern et al.) Wien (2008, 136).
6. L. Niederle, Die neuentdeckten Gräber von Podbaba. MAG 22, (1892, 1–18).
7. Hoernes (1908d).
8. Hoernes (1909b).

9. W. Bernhard, Multivariante Untersuchungen zur Anthropologie des Mannes vom Hauslabjoch. In: The man in the ice. Wien-New York (1995, 217–229).
10. Krause (2019).
11. Hoernes (1910d).
12. Hoernes (1888b; 1889a, e).
13. MAG 30, (1900, [159]).
14. Hoernes (1895c).
15. Hoernes (1895f).
16. Univ.-Archiv Wien, Akte Moritz Hoernes, Schreiben vom 3.1.1896.
17. Fatouretchi (2009, Anm. 54).
18. Fatouretchi (2009).
19. Hoernes (1911a).

Moritz Hoernes und Matthäus Much

Neben Eduard von Sacken, Szombathy und Moritz Hoernes gab es schon früh einen weiteren renommierten Prähistoriker in Österreich: Matthäus Much. Er war zwar kein Archäologe vom Studium her, aber ein Autodidakt in der Prähistorie, der in Arbeitsweise und in seinen Ansichten stark von den anderen abwich.

Much stammte aus Göpfritz an der Wild bei Zwettl im nördlichen Waldviertel und besuchte das Theresianum in Wien, wo er 1850 maturierte. Er wandte sich darauf dem Jurastudium an der Universität Wien zu und legte zunächst alle Staatsprüfungen ab. Danach fand er eine Anstellung in der Finanzprokuratur in Temesvar in Ungarn. Er setzte schließlich sein Studium der Rechtswissenschaften an der Universität Graz fort und erlangte nach den bestandenen Rigorosen im Jahr 1858 das Doktorat. Sein besonderes Interesse galt aber der Germanistik und der Prähistorischen Archäologie, deren Kenntnisse er sich selbst erwarb (Abb. 1).

1860 heiratete er die Tochter eines reichen Fabrikanten und übernahm bald dessen Unternehmen. Dies ermöglichte ihm nun auch die Finanzierung eigener Ausgrabungen, die er an vielen wichtigen österreichischen Fundstellen, deren Zeitstellung vom Paläolithikum bis ins Mittelalter reichte, durchführte. Von besonderer Bedeutung waren seine Pfahlbauforschungen am Mondsee und seine Aufdeckungen und Forschungen im spätneolithischen und bronzezeitlichen Kupferabbaugebiet am Mitterberg in Salzburg. Die Bezeichnung und die Definition für den Begriff der „Kupferzeit", also für den Abschnitt zwischen dem Vollneolithikum und der Bronzezeit, gehen auf Matthäus Much zurück. Sie fanden allmählich auch Eingang in die Fachliteratur[1].

Much war seit der Gründung der Anthropologischen Gesellschaft im Jahr 1870 ihr Mitglied, von 1876 bis 1883 ihr Erster Sekretär und Schriftleiter und ab 1903 deren Vizepräsident. Er veröffentlichte insgesamt 28 Beiträge in den „Mitteilungen" der Gesellschaft, aber auch mehrere Aufsätze in den „Mitteilungen der k.k. Zentralkommission zur Erforschung und Erhaltung kunst- und historischer

A. Lippert, *Moritz Hoernes*, https://doi.org/10.1007/978-3-658-43559-2_21

Abb. 1 Matthäus Much,
Fabrikant und Prähistoriker
in Wien

Denkmale". Dieser Institution gehörte er zunächst als Mitglied, dann ab 1877 als
Konservator an. Seine Publikationen hatten überwiegend prähistorische Themen
zum Inhalt, enthielten aber kaum systematische Auswertungen, sondern waren
hauptsächlich auf Überlegungen und Theorien aufgebaut.

In einem Vortrag vor der 2.Versammlung der österreichischen Anthropologen und Prähistoriker in Salzburg vom 12. Bis 15. August 1881 sprach Much
„Über die ethnische Stellung der Bewohner Noricums" in der jüngeren Eisenzeit[2]. Er ging von historischen Quellen aus, die berichten, dass die keltischen
Noriker den östlichen Alpenraum besiedelten. Much erfand für sie aber den
etwas unglücklichen Kombinationsnamen „Keltomanen", der sich aus „Kelten"
und „Germanen" zusammensetzte. Für ihn waren die „echten Kelten" nämlich im
Grunde Germanen. Rudolf Virchow lehnte in der Diskussion nach Much´s Vortrag diese Version glatt ab, während der Bonner Anatom und Physiologe Hermann
Schaafhausen mit Much übereinstimmte, da nach seinen Untersuchungen die

Schädelmaße der Bewohner germanischen und keltischen Gebietes keine Unterschiede aufwiesen. Hier zeigte sich bereits der damals weit verbreitete Irrglaube, das physische Erscheinungsbild mit der kulturellen Zugehörigkeit in Deckung bringen zu können.

Die fixe Idee, weite Teile Mitteleuropas während der Eisenzeit als germanisches Siedlungsgebiet zu sehen, beherrschte Matthäus Much auch in allen seinen späteren Äußerungen und Veröffentlichungen. Sicher spielte dabei auch seine weltanschauliche Einstellung als Deutschnationaler eine große Rolle. Es ging Much aber nicht nur um eine Art Germanenmythos, sondern – noch übergreifender – um die Indogermanen – heute die Indoeuropäer – als die ältesten Bauern Europas, die sich aus dem Norden allmählich weit nach Süden ausgebreitet hätten.

Diese These von den Indogermanen findet sich immer wieder bei Much und geht beispielsweise in seiner Rezension von Hoernes's Werk „Die Urgeschichte der bildenden Kunst in Europa"[3] recht klar hervor[4]. Much schloss sich zunächst einigen Vorstellungen von Hoernes durchaus an. So etwa in der Feststellung, dass die Bronzezeit in Kleinasien und besonders in Troja, kulturell stark von vorderasiatischen Kulturen geprägt war. Auch, dass die Palastkulturen in Kreta und im mykenischen Kulturkreis starke Anregungen aus dem Orient zeigten. Nach solchen „Zugeständnissen" von Much schieden sich aber die Geister. Much verband das frühe Neolithikum im Norden Europas mit den Indogermanen. Hoernes hingegen sah das früheste Bauertum mit der bandkeramischen Kultur verknüpft, deren Entstehung auf der Balkanhalbinsel vor sich ging. Dies vor allem wegen der geometrischen Motive, die auf keinen Fall aus dem Norden abzuleiten wären. Er beschrieb eine Kulturtrift, die über Südosteuropa hinaus möglicherweise ihren Ursprung im östlichen Mittelmeerraum hatte. Die indogermanische Frage ließ er aber ausgeklammert.

Diesen gar nicht so weit von den heutigen Kenntnissen entfernten Annahmen von Hoernes, setzte Much ziemlich scharfe Worte entgegen: „Im allgemeinen scheint mir der Verfasser die prähistorische Cultur Europas zu gering, dagegen den Einfluss der orientalischen Cultur zu hoch anzuschlagen". Und an späterer Stelle der Rezension: „Welche bewundernswerte Vollendung in Bezug auf Technik und Formgebung zeigen übrigens die Steingeräte der westbaltischen Länder schon am Ende des dritten Jahrtausends v. Chr. sowie Waffen und Schmuck der älteren nordischen Bronzezeit und wie steht dagegen das zurück, was uns bisher aus gleichen Kulturzuständen Troja und selbst die (griechischen) Inseln und Aegypten bieten !". Die Kultur der nordischen Bronzezeit setzte Much mit den aus den Indogermanen hervorgegangen Ethnos der Germanen gleich.

Diese Gegensätze riefen den Extraordinarius für Vergleichende Grammatik der indogermanischen Sprache an der Wiener Universität, Rudolf Meringer, auf den Plan. Schon im Jänner 1897 bat er Hoernes, einen Vortrag über „Cultur und Heimat der Indogermanen aus archäologischer Sicht" an seinem Institut zu halten[5]. In einem weiteren Brief bedauerte dann Meringer die Absage von Hoernes[6]. An sich war Hoernes immer bereit, Vorträge zu halten. Es war also äußerst ungewöhnlich, dass er diesmal kein Interesse zeigte. Leider kennen wir die Antwort von Hoernes nicht. Er scheute aber offenbar zurecht davor zurück, über das Thema „Indogermanen" zu sprechen, da der Forschungsstand in der Urgeschichte nicht ausreichend war. Für Meringer, der Hoernes sehr schätzte, wäre ein Vortrag im Sinne von „audiatur et altera pars" gewesen, der die Indogermanen-These von Matthäus Much zur Diskussion gestellt hätte.

1902 verfasste Much ein Buch über die Indogermanen, das zwei Jahre später eine Neuauflage erlebte[7]. Much ließ die Geschichte der Indogermanen mit dem Beginn des Neolithikums in Nordeuropa beginnen. Das Werk ist in acht Kapitel gegliedert. Nach einer Beschreibung von Gerätschaften und Waffen aus verschiedenen Gesteinen, der geometrischen und farbigen Spiralverzierung der Tongefäße, der Bestattung in Steingräbern, der Kulturpflanzen und Haustiere geht Much zur „Rasse" der Indogermanen und zur „Geographischen und physischen Beschaffenheit des Heimatlandes und ihrem Einfluss auf die Bewohner" über. Archäologische Bodenfunde und die Umwelt stellten also den Hintergrund für seine These einer „Urheimat" der Indogermanen im Norden Europas dar. Dazu gehörten die Küstenländer und Inseln der westlichen Ostsee und ein breiter Gebietsstreifen von der Nordsee im Westen über den Gebirgszug des Harz bis zum Thüringer Wald, zum Fichtel-, Erz- und Riesengebirge und zur Oder im Osten. Aus diesem Siedlungsraum hätten sich die Indogermanen in einem späten Abschnitt des Neolithikums nach Süden und Westen ausgebreitet: „Noch in der Jungsteinzeit überschritten die Indogermanen das deutsche Mittelgebirge und drangen einerseits bis an die Alpen, schifften nach Großbritannien und Irland, erreichten andererseits etappenweise die mittlere Donau und den Balkan sowie den Dnjestr und die südrussische Steppe, endlich die Länder am Schwarzen und Ägäischen Meere[8]. Aus dem Text geht immer wieder hervor, dass Much unter "Indogermanen" die frühesten Germanen, die „Ur-Germanen", verstand. Damit waren gleich zwei Theorien mit der Wanderung der Indogermanen verbunden.

Aus archäologischen und genetischen Untersuchungen wissen wir heute, dass die Entstehung und Ausbreitung indoeuropäischer Kultur nicht an den Beginn, sondern an das Ende des Neolithikums zu setzen sind. Im auslaufenden 4.Jahrtausend wurde die Jamnaja- oder Grubengrab-Kultur zwischen dem Ural und

der nordpontischen Steppe bis zur Donaumündung Auslöser und Träger indoeuropäischer Einwanderungen in weite Teile Europas. In der ersten Hälfte des
3.Jahrtausends bildete sich in Ost- und Mitteleuropa die Kultur der Schnurkeramik heraus. Gemeinsame Merkmale in diesem großen Gebiet waren die
Bestattungsrituale sowie Gefäß- und Axtformen[9].

Für Much gab es im Neolithikum zwei „Rassen" in Europa: Die Indogermanen in Nord- und später Mitteleuropa sowie die Alteuropäer in Südeuropa. Er
zitiert Hoernes, der völlig zurecht davon ausging, „dass (im Spätneolithikum) ein
neolithisches Volk in die alteinheimische Bevölkerung von Frankreich und Italien eingedrungen ist"[10]. Die Einwanderung kam aber nicht aus dem Norden,
wie Much behauptete, sondern, wie wir heute wissen, aus dem Osten.Hoernes
ließ wegen der dürftigen Forschungslage noch ganz offen, wer diese Zuwanderer
waren und woher sie kamen.

Hoernes war in all diesen Fragen sehr vorsichtig und jedenfalls auch ande-
rer Meinung wie Much. Er sah den Ursprung und die Ansätze der bäuerlichen
Bandkeramik-Kultur, die in Mitteleuropa im frühen Neolithikum auftrat, in
Vorder- und Kleinasien. Von dort breitete sich die neue Wirtschaftsweise über
Südosteuropa nach Mitteleuropa aus. Es gab nach seiner Auffassung aber keine
Einwanderungen, sondern nur eine Weitergabe von kulturellen Errungenschaften,
wie Ackerbau, Viehzucht oder die Herstellung von Keramik[11]. Zu den Indogermanen oder Indoeuropäern hatte Hoernes zunächst keine feste Meinung. Er
wollte, wie bereits erwähnt, die Frage ihrer Herkunft und Ausbreitung wegen
fehlender archäologischer Belege noch offen lassen (Abb. 2).

Der von Matthäus Much strapazierte Begriff „Rasse" beschäftigte Hoernes
trotz allem, er fühlte sich herausgefordert, dazu Stellung zu nehmen. In einem
Aufsatz[12] schreibt er zunächst: „Es ist überraschend zu sehen, welcher hohe Grad
sesshafter (neolithisch-bäuerlicher) Gesittung noch ohne alle und jede Kenntnis
der Metalle in der neolithischen Periode erreicht war. In dieser und keiner anderen sind die ersten Grundlagen europäischer Civilisation geschaffen worden". Er
räumt aber gleich danach ein, dass der Forschungsstand noch zu gering war, um
über die Bevölkerung Näheres zu sagen: „Wir kennen nicht die Ursitze, Wanderungen und Ziele, nicht ihren Stamm und ihr Geblüt; wir wissen nicht, welche
Sprachen sie redeten, welche Gruppen sie bildeten".

Die Herkunft der jungsteinzeitlichen – und das betraf auch die spätneolithischen – Kulturen, war für Hoernes „ungewiss, hypothetisch, problematisch".
Es wäre bei jeder einzelnen neolithischen Kultur schwer zu entscheiden, ob sie
bodenständig war oder auf Zu- oder Einwanderungen zurückging. „Manches im
frühen Neolithikum deutet auf Übertragung gewisser ursprünglicher Kulturfor-
men aus benachbarten Kontinenten nach Europa". Damit meinte er die Züchtung

Abb. 2 Moritz Hoernes im
Jahr 1916

von Haustieren und Kulturpflanzen:" Was man von der Geschichte der ersten Zäh-
mung und Züchtung (von Wild- und Haustieren) erschlossen hat, deutet auf den
Süden und Osten, nicht auf den Norden und Westen". Und zur Indogermanen-
Frage: „Die ersten arisch (also indoeuropäisch) redenden Stämme erscheinen in
Mittel- und Nordeuropa für uns durchaus anonym, unkenntlich und vielleicht
sogar in einer relativ späten Phase jenes ganzen Prozesses (also in einem späten
Abschnitt des Neolithikums)".

Über Wesen und Definition einer „Rasse" schreibt Hoernes: „Die Rasse ist evi-
dent nicht das einzige, was die Kultur bestimmt". Eine bestimmte Kultur würde
weitgehend von Klima, Fauna, Flora, die geologische Beschaffenheit des Bodens,
Geografie und ihrer Geschichte abhängen. Außerdem: „Selbst der Beweis der
Zugehörigkeit einer bestimmten Kulturgruppe zu einer bestimmten Rasse, wie es
bei der (gut erforschten) frühbronzezeitlichen Bevölkerung Dänemarks der Fall

ist (nach Meinung Much's die germanische) kann nicht so sehr hoch angeschlagen werden. Wir sind daher genötigt, die neolithischen Kulturträger einfach als Menschen zu nehmen".

Einen durchaus modernen Ansatz zeigte Hoernes auch, wenn es um die Umschreibung von Kulturen ging. Für ihn waren nämlich die Formen und die Verzierungen von Tongefäßen der Schlüssel dafür. Er warnte aber gleichzeitig davor, ethnische Begriffe in diesem frühen Stadium der Urgeschichtsforschung zu verwenden. Das gelte für Indogermanen genauso wie für Germanen: „Erst dann (bei einem besseren Forschungsstand) wird man sehen, wie weit sich etwa die Grenze jener (Kultur-) Gruppe mit sicher konstatierten Rassengrenzen decken und sonach endlich jene (Kultur-) Gruppe mit diesem Rassennamen decken. Aber davon sind wir noch weit entfernt !".

In seiner Vorlesung „Die Rassen und Völker Europas in alter und neuer Zeit" im Sommersemester 1909[13] gliedert er das Thema in „Gegenwärtige Rassen, ältere und neue Einteilungen sowie Aufstellung von Urrassen, unter anderem mittels der Befunde an rezenten Rassen". In seinem Skriptum spielte er auf die Much'schen Ansichten an und fand eine präzisere Ausdeutung: „Der Begriff ‚Rasse' gründet sich ausschließlich auf die gemeinsamen körperlichen Merkmale, die eine menschliche Gruppe zufolge ihrer gemeinsamen Herkunft oder Abstammung besitzt... Körperliche Merkmale stimmen aber nicht unbedingt mit einer kulturell-sprachlichen Gruppe überein. So hat man oft irrtümlich von einer ‚germanischen Rasse' gesprochen...Die Begriffe ‚Volk' und ‚Nation' können nicht so sicher gegeneinander abgestimmt werden, wie beide zusammen sie sich vom Begriff ‚Rasse' abheben".

Es ist übrigens bemerkenswert, dass es trotz aller fachbezogenen Meinungsverschiedenheiten zu keinem Zerwürfnis zwischen Moritz Hoernes und Matthäus Much gekommen ist. Sie pflegten einen durchaus respektvollen und kollegialen Umgang miteinander, wie unter anderem aus Briefen von Much an Hoernes hervorgeht[14].

Anmerkungen

1. M. Much, Die Kupferzeit in Europa und ihr Verhältnis zur Kultur der Indogermanen. Wien 1886.
2. M. Much, Über die ethnische Stellung der Bewohner Noricums und Debatte. MAG 12, 1882, 16–26.
3. Hoernes 1898a.
4. M. Much, MAG 28, (1898), 101–104.
5. WB 125.899.

6. WB 125.900.
7. M. Much, Die Heimat der Indogermanen im Lichte der urgeschichtlichen Forschung (Jena-Berlin) 1902.
8. M. Much 1902, 5–6.
9. S.v. Schnurbein (Hg.), Atlas der Vorgeschichte. Stuttgart 2010/2.Auflage, 75–77, Abb. 76.
10. Hoernes (1903b).
11. Hoernes (1903b).
12. Hoernes (1905c).
13. Archiv der Universität Wien, Nachlass R.Pittioni, 131.30.3.3.1–5.
14. WB 125.916/30.10.1901; WB 125. 914/14.1.1903.

Libretti für Hugo Wolf und Carl Lafite

Die Bekanntschaft mit dem großen Tondichter Hugo Wolf verdankte Hoernes seinem Freund Michael Haberlandt. Dieser lernte Wolf bei einem seiner Liederabenden kennen. Die Vorstellung fand am 22. Februar 1897 im Bösendorfer Saal statt. Danach suchte Haberlandt das Gespräch mit Wolf, bei dem sich die beiden hervorragend verstanden. Es entwickelte sich eine spontane Freundschaft. Haberlandt schreibt in seinen Erinnerungen: „Er kam von da an fast jeden Tag zu mir"[1]. Am 13. März lud Wolf seine engsten Freunde, zu denen nun auch Haberlandt gehörte, zu seinem Geburtstag in seine Wohnung in der Schwindgasse 3 in Wien 4 ein. Er spielte seinen Gästen am Klavier seine Oper „Der Corregidor" vor und zwar vom 1. bis zum letzten Takt, drei Stunden lang[2].

Anfang April gründete Haberlandt einen Hugo Wolf-Verein in Wien. Wolf-Gesellschaften bestanden bereits in Laibach und in Berlin. Haberlandt selbst wurde zum Obmann gewählt. „Dem Verein schlossen sich zunächst aber keine Musiker oder Künstler, sondern ein paar Gelehrte, stille Beamte u.s.w., Dilettanten, an"[3].

Hugo Wolf (Abb. 1) wurde am 13.März 1860 in Windischgrätz in der damaligen Untersteiermark geboren. Sein Vater war ein musikalisch sehr gebildeter Lederhändler, der seinen Sohn in Klavier und Geige unterwies. Mit elf Jahren besuchte Hugo das Geistliche Internat in St.Paul in Kärnten, wo er nun auch das Spielen auf der Orgel lernte. Die Oberstufe begann er dann im Gymnasium in Marburg (heute Maribor in Slowenien), brach die Schule aber bald ab und studierte am Wiener Konservatorium weiter. Aber auch dort blieb er nicht lange. Nach einem Jahr verselbständigte er sich, da er dort nur „viel dummes Zeug componierte", wie er an einen Freund schrieb[4].

Das erste Lied, das seiner eigenen Kritik standhielt, nannte er „Morgenthau" und stammt aus dem Jahr 1877, als er 17 Jahre alt war. In der Folge vertonte er

A. Lippert, *Moritz Hoernes*, https://doi.org/10.1007/978-3-658-43559-2_22

Abb. 1 Hugo Wolf,
Komponist in Wien

zahlreiche Gedichte von Eichendorff, Mörike, Heine und anderer deutscher, italienischer und spanischer Lyriker. Dazu kam Chormusik und auch eine Oper in vier
Akten, „Der Corregidor". Das Textbuch verfasste Rosa Mayreder. Es baute auf
der Novelle „Der Dreispitz" des spanischen Dichters Pedro Antonio de Alarcón
auf. Diese Oper wurde am 7.Juni 1896 in Mannheim erfolgreich aufgeführt.

In Hugo Wolf reifte aber schon seit vielen Jahren der Plan für eine weitere
Oper. Er war nämlich von dem Roman „Der Balljunge" (El niño de la bola) von
Alarcón besonders berührt, den dieser 1880 geschrieben hatte. Wolf wollte nun
aus diesem Stoff ein zweites musikalisch-dramatisches Werk unter dem Titel der
Hauptperson „Manuel Venegas" schaffen. Hier kurz der Inhalt: Der im Ausland
zu Reichtum gekommene Manuel Venegas kehrt nach acht Jahren in seine spanische Heimat zurück. Dort möchte er die von ihm schon früher glühend verehrte
Soledad, die Tochter seines Erzfeindes, zu seiner Frau machen. Doch diese ist
inzwischen von ihrem hartherzigen Vater, der seinerzeit die Ehe mit dem armen
Manuel untersagte, mit einem anderen vermählt worden. Manuel gibt sich damit
aber keineswegs zufrieden und verbindet sein Schicksal mit dieser Liebe. Da

Soledad ihre Ehe nicht aufgeben kann, endet das Drama damit, dass er zuerst Soledad und dann sich selbst tötet.

Anfang Dezember bat Hugo Wolf die bereits in der Zusammenarbeit und in der Textarbeit erfahrene Librettistin Rosa Mayreder um ein Libretto für „Manuel Venegas"[5]. Mayreder konnte sich mit dem Stoff aber zunächst nicht anfreunden. Er war ihr „übermäßig katholisch". Sie bemerkte aber, dass Wolf in der Figur des Manuel „sein eigenes Wesen ins Überlebensgroße gesteigert erblickte"[6]. So wollte sie den Auftrag des mit ihr eng befreundeten Komponisten auch nicht zurückweisen und begann schließlich im Februar 1897 an dem Libretto zu schreiben. Zu seinem 37. Geburtstag am 13. März konnte sie Wolf bereits den 1. Akt überreichen. Und am 27.April war die Dramatisierung gänzlich fertig. Wolf war aber nach der Lektüre nicht glücklich mit Mayreders Text. Schon am 10.Mai schrieb er an seinen Freund Karl Mayr, dass ihm zu einigen Textstellen große Bedenken aufgekommen wären. Auch in den darauffolgenden Wochen äußerte er immer stärkere Zweifel an der Brauchbarkeit des Textbuches[7]. Sein nunmehriger Freund Haberlandt schlug ihm vor, Moritz Hoernes für ein neues Textbuch zu engagieren, um „die verwaiste Aufgabe zu intonieren"[8]. Am 26. Mai berichtete Wolf seiner guten Bekannten Melanie Köchert bereits, dass er den Text von Mayreder völlig ablehne und sich auf Vermittlung von Michael Haberlandt dessen poetisch talentierter Freund Hoernes dazu bereit gefunden hätte, ein neues Libretto zu verfassen[9].

Am 1.Juni schrieb Wolf dann an Melanie Köchert höchst erfreut, dass Hoernes ihm gerade das Szenarium vorgelesen habe[10].Wolf lobte das „Dynamit" in der ersten Begegnung zwischen Manuel und Soledad, schränkte seine Lobeshymnen gegen Schluss des Briefes aber etwas damit ein, dass er Hoernes „verteufelt unmusikalisch" charakterisierte. Wieso er schon bei der Inhaltsangabe des Librettos die Unmusikalität von Moritz Hoernes feststellen wollte, bleibt eigentlich offen. Vielleicht hat er Hoernes ja eines seiner Lieder vorgespielt und er hat aus dessen Reaktion seine Schlüsse gezogen.

Im Sommer 1897 begegneten sich in Perchtoldsdorf, dem bekannten Weinort südlich von Wien, wiederholt Wolf, Haberlandt, Hoernes und Werner. Haberlandt besaß dort ein Landhaus für seine Familie, das an der Stelle der später errichteten Essigfabrik in der Brunner-Gasse 7 stand. Er überließ Hugo Wolf ein Gartenhäuschen zum Komponieren. In den Wintermonaten konnte Wolf auch das Landhaus von Heinrich und Marie Werner in der Brunner-Gasse 26 bewohnen und zum Komponieren nutzen. Auch an den Sonntagen im übrigen Jahr, wenn die Werners in Perchtoldsdorf waren, durfte er in seinem gewohnten Arbeitszimmer in deren Haus komponieren und übernachten. Zu diesem Arrangement war er über seinen Freund Viktor Preyß, der mit den Werners verschwägert war, gekommen.

Seit 1880 hielt sich Wolf daher regelmäßig in Perchtoldsdorf auf, wo über 100 Lieder und große Teile des „Corregidor" entstanden[11]. Hoernes selbst verbrachte die Sommermonate mit seiner Familie ebenfalls in Perchtoldsdorf[12]. Jedenfalls „verging keine Woche, in welcher er (Hugo Wolf) nicht ein- bis zweimal in froher Stimmung bei den Freunden draußen weilte, wo dann meist die neue Dichtung (von Moritz Hoernes) besprochen wurde"[13].

Wir besitzen mit den „Erinnerungen" von Michael Haberlandt einen Augenzeugenbericht über den Moment, als er Hugo Wolf auf seiner Gartenterrasse das fertiggestellte Manuskript von Hoernes überreichte. Auch Heinrich Werner war damals anwesend[14]. Wolf las das Buch sorgfältig durch und war dann vollauf begeistert: „Ihm rannen heiße Tränen über das blasse Antlitz, und so groß war seine Erschütterung, unter welcher er bebte, dass auch ich mich der Tränen nicht erwehren konnte und wir uns schluchzend in die Arme sanken. Ein feierlicher und rührender Dank ward (dann später) in corpore dem prächtigen Dichter abgestattet … Abends wurde die Vollendung der Dichtung fröhlich bei einem Glas goldhellen Weins gefeiert, und Wolf tauschte damals den Bruderkuss mit seinem Dichter und mir, in seligster Erwartung der Schöpferarbeit, die er schon in sich drängen und treiben fühlte". Heinrich Werner erzählt Ähnliches, aber mit mehr Details: „Wolf vergoss bei der Lektüre Tränen der Rührung und Begeisterung. Wir eilten zusammen zu seinem Dichter (in dessen Feriendomizil in der Hochstraße). Er umarmte Hörnes und erklärte, Zeit seines Lebens keinen solchen Eindruck empfangen zu haben, wie bei der Lektüre der ersten zwei Akte. Am Abend ließ sich's Wolf nicht nehmen, die Freunde beim „Schwarzen Adler" (heute das Hotel-Restaurant Schindler am Perchtoldsdorfer Marktplatz 21) mit Wein zu bewirten. Mit herzlichen Worten ließ er das neugeborene Kind (von Emilie und Moritz Hoernes), den Vater Hörnes und Gevatter Haberlandt leben und bot beiden das brüderliche „Du" an"[15].

Am 8.Juli übergab also Hoernes das fertige Textbuch an Wolf. Dieser schrieb unmittelbar darauf an seinen Freund Oskar Grohe: „Der Text ist für mich unantastbar" und „Shakespeare hätte den Stoff nicht dramatischer und poetischer gestalten können"[16]. Der Text von Moritz Hoernes skizziert jedenfalls sehr genau die verschiedenen Persönlichkeiten und verströmt nicht nur bei den Auftritten von Manuel und Soledad, sondern auch besonders in den Gegensätzen von Manuel und dem Geistlichen Trinidad große Leidenschaft.

Danach nahmen die Dinge aber keineswegs einen reibungslosen Verlauf. Ja, sogar noch am selben Abend, ersuchte Wolf den Librettisten Hoernes, einige Änderungen in der Szene Manuel und Soledad im 1. Akt vorzunehmen. Am 10. Juli schrieb Wolf daher auch an Melanie Köchert, dass Hoernes noch einiges im 1.Akt ändern wolle und er daher noch nicht an die „Arbeit" des Komponierens gehen könne[17]. Das in der Handschriftensammlung der österreichischen National-bibliothek befindliche autographe Libretto zeigt deutliche Eingriffe in den Text, teilweise von Hoernes selbst, aber auch von Haberlandt, den Wolf für Verbesse-rungen später heranzog. Von den 71 einseitig beschriebenen Blättern weisen die 15, die Wolf vertont hat, zahlreiche Streichungen und Änderungen auf[18]. Wolf schrieb auch an Hoernes, wie diese Texte abzuändern und je zwei Strophen mit dem gleichen Reim zu versehen wären[19]. Am 29.Juli teilte er schließlich Lola, der Frau von Haberlandt, mit, dass er ihre freundliche Einladung zum Mittagstisch ablehnen müsse, weil er sich nun in das Komponieren der Oper gestürzt habe. Und: „Hoernes' famose Dichtung entzückt mich täglich mehr. Ich schwelge nur so darin und kann den Text fast auswendig…"[20].

Bis zum 7. August hatte Wolf bereits 155 Takte komponiert, die er am dar-auf folgenden Tag, einen Sonntag seinen beiden Freunden in Perchtoldsdorf am Klavier vorspielte. Am 13.August schloss er die 1. Szene ab. Die 2. Szene wurde dann am 23. August fertig vertont, nachdem sie Haberlandt großteils umgeschrie-ben hatte. Hoernes erklärte sich zu weiteren Veränderungen nämlich nicht mehr bereit. Dann komponierte Wolf im rasenden Tempo bis zum 18.September wei-ter. Schon am 15.September hatte er Haberlandt gebeten, für den kommenden Sonntag, den 19.September, alle Mitglieder des Wiener Hugo Wolf-Vereins zum Vorspiel einzuladen: „Lieber Michel ! Gestern Nachmittag (habe ich) den ganzen Monolog des Manuel in einem Zuge aufgeschrieben, trotz vielfacher Störungen und Besuche. Rufe für den nächsten Sonntag alle Getreuen unter die Fahne. Ich werde aus der neuen Oper vorspielen. Herzlichst Dein Hugo Wolf"[21]. An die-sem Sonntag kam es dann zu dem denkwürdigen Vorspiel im Haus Bohmayer in Mödling, bei dem Hugo Wolf aus körperlicher und geistiger Erschöpfung zusammenbrach. Der Kranke wurde am Montag in der Svetlinischen Geisteskran-kenanstalt aufgenommen[22]. Schon bald war gewiss, dass die Oper unvollendet bleiben sollte. Sein Nervenleiden machte ihn mit nur einer kurzen Unterbrechung im Frühjahr 1898 bis zum seinem Lebensende arbeitsunfähig. Er starb schließlich in geistiger Umnachtung am 22. Februar 1903 in der Wiener Landesirrenanstalt[23].

Heute wird bei vielen Gelegenheiten der „Frühlingschor" aus „Manuel Vene-gas" aufgeführt. Er stellt den bezaubernden Beginn der Oper dar und sollte einen harmonischen Kontrapunkt zu der sich zu einer Tragödie entwickelnden Ereignisse bilden (Abb. 2 a, b).

In seiner Beurteilung des Librettos von Moritz Hoernes merkt Leopold Spitzer, ein führender Hugo Wolf-Kenner der letzten Jahrzehnte, recht kritisch an: „Aus der heutigen Sicht können wir sagen, dass dieser Text zwar anders, aber keines-wegs besser (als jener von Rosa Mayreder) ist, da Hoernes weder die Bewältigung des durch novellistische Erzählweise geformten Geschehens geglückt ist, noch

Abb. 2 Titelblatt und Partitur-Auszug vom Frühlingschor der Oper Manuel Venegas von Hugo Wolf mit Libretto von Moritz Hoernes

auch die Sprache den Erfordernissen des realistischen Stoffes entspricht. Ob auch der Ausbruch der Krankheit (Wolf's) vielleicht durch die Erkenntnis Wolfs beschleunigt wurde, dass auch dieser Textentwurf nicht entspricht, könnte nur ein Neurologe beantworten" (Spitzer 1973, 450). Es wird aber doch eher so gewesen sein, dass die schweren gesundheitlichen Probleme Wolfs prinzipiell auf seinen chronisch labilen Zustand zurückzuführen sind, zumal er sich beim Komponieren der letzten Oper nicht geschont hatte.

Das Opernfragment von „Manuel Venegas" wurde im Oktober 1902 als Klavierauszug mitsamt dem Text von Moritz Hoernes vom Wiener Hugo Wolf-Verein herausgegeben und im Verlag K.Ferdinand Heckel in Mannheim veröffentlicht. Im Vorwort findet sich die Wiedergabe eines Briefes von Hugo Wolf an seine Mutter von Anfang Juni 1897: „Glücklicherweise habe ich den Mann gefunden, der diesem gewaltigen Stoff gewachsen zu sein scheint. Es ist dies Dr. Hoernes, ein Poet comme il faut. Vor der Hand hat er mir ein Scenarium geliefert von ganz exquisiter Art. Wenn die Ausführung nicht dahinter bleibt, bin ich ein gemachter Mann"[24].

Das Libretto für „Manuel Venegas" hatte Moritz Hoernes in Musikkreisen bekannt gemacht. So kam er zu der Texterung des Märchens „Das steinerne Herz" von Wilhelm Hauff, das der beliebte Wiener Komponist Carl Lafite zu einer Oper vertonte. Zum Inhalt des Märchens: Der Köhlerbursche Peter im Schwarzwald ist mit der hübschen Lisbeth verlobt. Er ist aber mit seiner Arbeit und seinem Schicksal unzufrieden und zieht in die Fremde, um sein Glück zu versuchen. Im Tannenbühl trifft er auf den Holländer-Michel, der ihm Geld, Macht und Ansehen verspricht, wenn er sein warmes Herz gegen ein Herz aus Stein tauschen lässt. Zurück im Dorf ist Peter nun ein reicher, aber harter und jähzorniger Mann, der seine Arbeiter schindet, seine Mutter aus dem Haus jagt und sein braves Weib Lisbeth schlägt. Die Liebe von Lisbeth rettet ihn aber schließlich, da sie dem Dämon Holländer-Michel das Herz ihres Gemahls abschmeicheln und die Gunst des guten Geistes in Person des Herrn Schatzhauser gewinnen kann. Schatzhauser ist es dann auch, der dem reuevollen Peter alles verzeiht, sodass er nicht der Hölle verfallen ist.

Ähnlich wie bei „Manuel Venegas" handelt es sich beim „Kalten Herz" also um einen romantischen Stoff. Es ist daher sicher kein Zufall, dass Lafite gerade Hoernes wegen eines Librettos ansprach. Dieser hatte außerdem schon früher höchst romantische Texte und Gedichte verfasst, sodass er sich durchaus für dieses Märchen von Wilfhelm Hauff erwärmen konnte.

Der Vater von Lafite war Maler. Carl wurde schon in seiner Kindheit im Klavierspiel von den Eltern gefördert. Mit acht komponierte er bereits eine „Ritteroper". Er studierte nach dem Gymnasium am Konservatorium in Wien Klavier und Orgel. Nach einigen Jahren als Musiklehrer in Olmütz kehrte er 1898 nach Wien zurück, wo er vielseitig tätig war: als Organist bei den Piaristen, als Leiter des Wiener Sängerbundes, als Chordirigent der Wiener Singakademie, als Klavierbegleiter und anderes mehr (Abb. 3). 1909 war er unter den Gründern der Gesellschaft der Musikfreunde. Für mehrere Wiener Zeitungen schrieb er regelmäßig Musikkritiken. Zu seinen musikalischen Schöpfungen gehören Chöre

Abb. 3 Carl Lafite im Jahr
1908

und Lieder, vielfach in Anlehnung an Volksweisen, ebenso wie Operetten und
Opern[25].

Carl Lafite bat Moritz Hoernes im Frühjahr 1904 um ein Textbuch für das
Hauff'sche Märchen. Es war zuerst unter dem Titel „Kohlemunk-Peter" geplant,
erhielt dann aber die Bezeichnung „Das kalte Herz". Diese Oper war eine
Arbeit, die vom Direktor der Volksoper Rainer Simons und seinem Musikdi-
rektor Alexander von Zemlinsky in Auftrag gegeben wurde. Das Libretto stellte
Hoernes im September fertig und Lafite, der keine Verbesserungen oder Veränderungen wünschte, machte sich unverzüglich an die Vertonung. Er brauchte
bis zum Juli 1896 dafür und reichte die Partitur mit Text an der Volksoper
ein[26]. In der Folge war aber keine Aufführung an diesem Haus vorgesehen.
Über Entstehung, die Premiere in Prag und die weitere Entwicklung der Oper
schrieb später Lafite[27]: „Und neuerlich trieb mich das Schicksal dem Märchen
in die Arme. Dr.Moritz Hoernes, Universitätsprofessor und Jugendfreund Hugo

Wolfs – er hat das Buch zu dessen unvollendeter Oper Manuel Venegas verfasst – brachte das stimmungsvolle Schwarzwald-Märchen-Kohlenmunk-Peter von Wilhelm Hauff in eine Opernform, und ich schrieb dazu die Musik: Das kalte Herz – eine richtige Volksoper. Uraufführung in Prag. Aber es gab schwere absonderliche Hindernisse: Auch zwei andere Komponisten hatten, ohne voneinander und von meiner Arbeit zu wissen, denselben Stoff vertont – der Prager erste Kapellmeister und ein dort lebender, später in Wien ansässiger Musiker. Und noch dazu stammte das eine dieser Bücher von Dr. Richard Batka, dem in Theaterdingen sehr einflussreichen Musikkritiker des „Prager Tagblatt". Wie man sieht, nicht gerade eine günstige Konstellation zum Starten. Es kam denn auch nach langem Hin und Her 1906 zur Prager Uraufführung, und ich kann nicht behaupten, dass diese besonders liebevoll vorbereitet gewesen wäre. Trotzdem hatte das Werk starke Premierenerfolge. Eine spätere Überarbeitung hat unter dem Titel „Rheinische Flößer" der Wiener Männergesangsverein in seinem Konzert 1941 zur durchschlagenden Wirkung gebracht, auch ein Orchesterzwischenspiel ist wiederholt aufgeführt worden".

Tatsächlich wurde der Stoff des Märchens von Hauff damals auch von anderer Seite dramatisiert und vertont, wie das Musikalische Wochenblatt Nr. 19 vom 1.2.1907 berichtet. Ob dieses Musikstück dann auch fertiggestellt und aufgeführt wurde, entzieht sich aber jeder Kenntnis. Richard Batka jedenfalls veröffentlichte kein Libretto zu dem Hauff'schen Märchen. Bekannt ist aber die von Ignaz Brüll 1885 fertig komponierte romantische Oper in drei Akten „Das steinerne Herz",das von J.V.Widmann frei nach Hauff bearbeitet und in Wien uraufgeführt wurde. Dieses Werk hat Lafite allerdings in den vorhin zitierten Ausführungen nicht erwähnt.

Über seine Arbeit an der Oper schreibt Carl Lafite in seiner Autobiographie: „In den ersten Sommern nach 1900 kam ich noch regelmäßig nach Pöchlarn zu meinen Freunden. Dann aber fand ich mit meiner Schwester Ellie gemeinsam ein reizendes Häuschen in Mödling, wo wir die Ferien verbrachten. Ohne dass gerade diese Gegend durch besondere Schönheit aufgefallen wäre, hatte dies kleine Refugium doch alle Eigenschaften, die uns den Aufenthalt dort angenehm und behaglich machen konnten. Es war mir besonders für meine kompositorischen Arbeiten vermöge seiner Stille und Abgeschiedenheit höchst willkommen. Viele Stunden schrieb ich auf der grün umsponnenen Veranda, die so freundlich ins Gärtchen hinaushing, an der Partitur meiner ersten Oper „Das kalte Herz" und später an den ersten Skizzen zur Altwiener Tanzpantomime König Fridolin. Fast täglich mache ich den Weg über den Anninger nach Baden".

Die Uraufführung der Oper „Das kalte Herz" fand dann übrigens nicht 1906, wie Lafite schrieb, sondern erst am 1. Februar 1908 unter der Direktion von Angelo Neumann am Deutschen Theater in Prag statt[28]. Die Wiener Volksoper war maßgeblich an den Vorbereitungen für die Aufführung in Prag beteiligt, da sie die Partitur von Carl Lafite für das „Kalte Herz" dramaturgisch mit Regie-Anmerkungen eingerichtet hatte. Der Komponist überarbeitete die musikalische Fassung viele Jahrzehnte später und reichte sie 1943 im Opernhaus der Stadt Wien ein. Wegen der fehlenden Kapazitäten wurde die Aufführung auf die Zeit nach dem Krieg verschoben, dann aber nicht realisiert[29].

Die Oper ist in ein Vorspiel und zwei Akte mit insgesamt sechs Bildern aufgeteilt. Bei der Prager Premiere führte Josef Trummer Regie, während Arthur Bodanzky dirigierte. Zu den Sängerinnen zählten die Damen Brenneis, Finger, Heiß und Stolz, zu den Sängern die Herren Hunold, Wachsmann, Frank, Pokorny, Zottmayr, Pauli, Taußig und Veit[30].

Die Kritiken fielen sehr gemischt aus, besonders was das Textbuch betraf. Der schon erwähnte Musikkritiker Richard Batka schrieb – vielleicht nicht ganz unbefangen, da er angeblich selbst an dem Stoff arbeitete – noch lange vor der Aufführung in Prag[31]: „Die Musik von Lafite ist sehr sympathisch und ungeschminkt natürlich. Lafite gibt den einzelnen Figuren die musikalische Kontur". Und zum Text: "Moritz Hoernes, der Librettist der Oper, bewies leider nicht die glückliche Hand, den Stoff zu fassen und zu gestalten. In dem Streben, das ganze Stoffmaterial des Märchens in das Libretto hineinzuzwängen, drängte er eine Situation in die andere, vernachlässigte die Charakteristik der Figuren und die präzise Markierung der dramatischen Höhepunkte".

Unmittelbar nach der Uraufführung wurde aber auch reichlich Lob gespendet: „Musikalisch gibt es Anklänge an die Opernbücher von „Freischütz" und der „Fliegende Holländer". Lafite zeigt eine geschickte und geschmackvolle Hand. In allen Texten der Oper klingt eine poetische Grundstimmung immer wieder durch. Anmutige und träumerische Partien wechseln mit frischen, stimmungsvollen Klängen... Hoernes gruppiert die Märchengestalten feinsinnig und arbeitet sie individuell heraus"[32].

In einer weiteren Kritik heißt es: „Hoernes lässt viel Geschicklichkeit bei der Bearbeitung (des Märchens) erkennen, aber auch wenig Kunst". Und zur Partitur: „Die Musik ist reich an Erfindung und sehr melodiös, ihr guter Eindruck steigert sich von Akt zu Akt... Der Einzige Mangel ist die Unentschlossenheit des Autors im Stil. Ein bisschen Wagner und ein bisschen Humperdinck läutet immer herein. Die Instrumentalisierung hingegen ist der Befähigungsnachweis eines berufenen Musikers"[33].

Anmerkungen

1. Haberlandt (1903), 31.
2. Haberlandt (1903), 32.
3. Haberlandt (1903), 32.
4. Neues Wiener Journal 3350, 23.2.1903.
5. Spitzer (1973), 443–444.
6. R. Mayreder, Hugo Wolfs zweite Oper. Deutsche Musik-Zeitung 59, 1928, Nr. 27, 584–604.
7. Spitzer (1973), 444.
8. Haberlandt (1903), 43.
9. Spitzer (1977), 68.
10. Hugo Wolf-Gesellschaft 2010, Brief Nr. 1973.
11. Freundl. Mitteilung von Dr. Hubert Szemethy, Wien, vom 19.4.2023.
12. In der Hochstraße 35, Perchtoldsdorf.
13. Werner (1925), 95–96.
14. Haberlandt (1903), 44–45.
15. H. Werner, Hugo Wolf in Perchtoldsdorf. (Regensburg) 1925, 96.
16. Hugo Wolf: Briefe an Oskar Grohe. Hg. H. Werner, Berlin 1905, 272.
17. Hugo Wolf-Gesellschaft, Brief Nr. 2012.
18. Spitzer (1977), 69.
19. Hugo Wolf-Gesellschaft 2010, Brief Nr. 2021.
20. Hugo Wolf-Gesellschaft 2010, Brief Nr. 2026.
21. Hugo Wolf-Gesellschaft 2010, Brief Nr. 2100.
22. Spitzer (1977), 72.
23. Neues Wiener Journal 3350, 23.2.1903; Hugo Wolf. In: Neue österreichische Biographie ab 1815. Große Österreicher. Band 13, Wien 1959.
24. s.a. E. Descey, Aus Hugo Wolf´s letzten Jahre. In: Die Musik. 2.Oktoberheft 1901, 141.
25. Carl Lafite: Österreichisches Biographisches Lexikon 1850–1950. Wien 1969, 402–403.
26. Nr.1730 der „Operndichtung", Volksoper Wien.
27. C. Lafite, 50 Jahre Musik in Wien. Autobiographie. Digitalausgabe in MUSIKZEIT-Verlag, Wien 2022.
28. Partitur und Textbuch befinden sich heute im MUSIKZEIT-Archiv, Archiv Lafite,Wien (LAFITEArchiv)

29. Die Partitur wurde nach der Einreichung in einem anerkennenden Schreiben vom 25.1.1944 der Direktion des Opernhauses und mit Hinweis auf die Möglichkeit einer Aufführung nach dem Krieg zurückgesendet. Freundl. Mitteilung Joachim Diederichs, Musikzeit/LAFITEArchiv Wien.
30. Prager Tagblatt 30, 31.1.1908.
31. Prager Tagblatt 147, 30.5.1907.
32. Wiener Sonn- und Montags-Zeitung vom 3.2.1908.
33. Das interessante Blatt 7, 13.2.1908.

Berufung auf eine Lehrkanzel für Prähistorische Archäologie

Am 11. Dezember 1909 beantragten die Professoren der Philosophischen Fakultät der Universität Wien Oberhummer, Reisch, Brückner und Uhlig die Einsetzung einer Kommission zur Berufung von Moritz Hoernes mit der „Lehrbefugnis für Urgeschichte des Menschen". Die Kommission wurde gebildet und trat am 22. Jänner 1910 erstmals zusammen. Ihr gehörten die Antragsteller und vier weitere Professoren an. Mit Oberhummer und Brückner waren dies Geographen, mit Uhlig ein Geologe, mit Reisch ein klassischer Archäologe, mit Rudolf Much ein Germanist und Altertumskundler, mit Redlich ein Historiker, mit Hatschek ein Zoologe und mit Diener ein Paläontologe. Somit waren in der Kommission nur drei Archäologen und Althistoriker, sonst aber Naturwissenschaftler. Ethnologen und Anthropologen hatten damals noch keine eigenen Lehrstühle und waren daher in der Professorenkurie, die diese Kommission beschickte, nicht vertreten.

Oberhummer als „Berichterstatter" der Kommission – heute lautet die Funktion „Vorsitzender" – hob im Protokoll die anerkennenswerte Vielseitigkeit von Hoernes im Vergleich mit anderen Prähistorikern hervor, merkte aber auch sein geringes Interesse an der Paläontologie sowie Sprach- und Wortforschung an. Wesentlich für die Gründung einer neuen Lehrkanzel „ist aber nicht die Person Hoernes", sondern auch das Forschungsgebiet der Urgeschichte selbst, das von Tag zu Tag berechtigteren Anspruch auf eine ebenbürtige Stellung erhebt. Dazu kommt der Reichtum an gehobenen und ungehobenen Bodenschätzen (also archäologischen Funden) einschlägiger Art in Österreich-Ungarn[1]. Die Kommission unterbreitete der Philosophischen Fakultät einstimmig den Vorschlag, ein Ordinariat ad personam für Moritz Hoernes einzurichten. Gleichzeitig wurde die Empfehlung ausgesprochen, eine außerordentliche Professur für den in Ethnologie habilitierten Michael Haberlandt zu schaffen.

Am 29. Oktober 1910 befasste sich die Fakultät mit den Vorschlägen der Kommission. Während dem Vorstoß für Haberlandt nicht weiter nachgegangen wurde,

A. Lippert, *Moritz Hoernes*, https://doi.org/10.1007/978-3-658-43559-2_23

erhielt der von Professor Oberhummer gestellte Antrag für eine Lehrkanzel für Hoernes 35 Pro-Stimmen und nur eine Gegenstimme. Der nächste Schritt bestand in der Einholung einer Art von Führungszeugniss für Moritz Hoernes über die Landesverwaltung. Der diesbezügliche Bescheid der k.k. niederösterreichischen Statthalterei lautete[2]: „In der mitfolgenden Eingabe stellt das Dekanat der Philosophischen Fakultät der Universität Wien den Antrag, den a.o.Professor für Prähistorische Archäologie Moritz Hoernes zum ordentlichen Professor ad personam zu ernennen. Professor Hoernes, Mitglied der Zentralkommission für kunst- und historische Denkmale, Ritter des Franz Josef-Ordens, ist im Jahre 1852 in Wien geboren, ebendahin zuständig, katholischer Religion, verheiratet und wohnt mit seiner Gattin und seiner 18 jährigen Tochter im III. Bezirke, Ungargasse 27. Der Genannte lebt in vollkommen geordneten Vermögensverhältnissen, erscheint in moralischer und staatsbürgerlicher Einsicht unbeanstandet und (es) liegt gegen denselben in keiner Richtung etwas Nachteiliges vor".

Der mit diesem Dokument der Statthalterei ergänzte Beschluss der Fakultät konnte nun an das Ministerium für Cultus und Unterricht zur allfälligen Bestätigung weitergeleitet werden[3]. Das Ministerium holte, wie bei einer Neuerrichtung eines Lehrstuhl erforderlich, die Zustimmung des Kaisers ein. Im Österreichischen Staatsarchiv ist der entsprechende Akt erhalten[4]: „Nach allerhöchster Entschließung vom 6.August 1911[5] ernennt Kaiser Franz Josef den a.ö. Professor Dr. Moritz Hoernes ad personam zum ordentlichen Professor der Prähistorischen Archäologie an der Universität Wien. Bad Ischl, am 6.August 1911, Franz Joseph m.p." (Abb. 1). Jetzt konnte das Ministerium die Berufung von Hoernes zum o.ö.Universitätsprofessor, also zum ordentlichen öffentlichen Universitätsprofessor, aussprechen. Damit verbunden waren das Zugeständnis von systemmäßigen Bezügen und eine Rechtswirksamkeit mit dem 1. Oktober 1911. Über die bisherige Lehrverpflichtung eines a.o. Professors hinaus gab es die „Obliegenheit, in jedem dritten Semester ein collegium publicum über Specialpartien seines Nominalfaches abzuhalten". Dieses Nominalfach sollte aber die bisherige Bezeichnung weiterführen: "Von der beantragten Abänderung des Nominalfaches in „Urgeschichte des Menschen" wird abgesehen, da es dem Genannten (Hoernes) freisteht, über dieses Gebiet auch bei seinem bisherigen Nominalfach zu lesen"[6]. Mit der Errichtung der Lehrkanzel wurde quasi auch ein Institut für Prähistorische Archäologie geschaffen, da Hoernes keinem anderen Institut zugeordnet wurde. Das bot die Möglichkeit für die Anstellung von Mitarbeitern und den Anspruch auf Räumlichkeiten. Wie sich dann zeigte, sollten zunächst weder besoldete Mitarbeiter eingestellt noch Arbeitsräume oder ein eigener Hörsaal bereitgestellt werden.

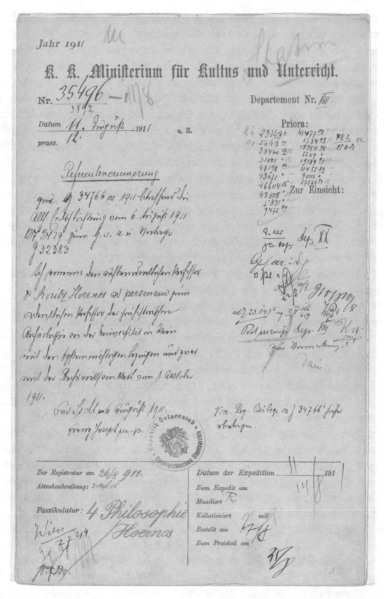

Abb. 1 Handschriftliche Ernennung M.Hoernes' zum ordentlichen Professor für Prähistorischen Archäologie an der Universität Wien durch Kaiser Franz Josef am 6. August 1911 in Bad Ischl

Unmittelbar nach seiner Berufung am 9.Oktober 1911 richtete Hoernes ein Schreiben an die Intendanz des Naturhistorischen Hofmuseums. Es ging ihm in seiner neuen Stellung darum, die jahrzehntelangen Bande zur Prähistorischen Sammlung nicht zu verlieren. Er suchte um die Bewilligung an, in den Amtsräumen der Prähistorischen Sammlung zweimal monatlich wissenschaftliche Besprechungen abhalten zu können. Sie sollten unter der Aufsicht des Sammlungsleiters Josef Szombathy stattfinden. Hoernes ersuchte die Intendanz gleichzeitig, bei diesen Forschungsgesprächen auch Sammlungsobjekte begutachten zu dürfen. Diese „Sprechabende", wie diese Diskussionsrunden dann hießen, wurden von der Intendanz am 16.Oktober genehmigt[7].

Szombathy schrieb viele Jahre später, wie wertvoll diese Initiative von Hoernes gewesen sei: „Es fanden regelmäßig Prähistorikerabende, an denen neuere Ergebnisse der Urgeschichtsforschung eingehend besprochen und auch neue Funde vorgelegt wurden"[8]. An diesen Besprechungen nahmen neben Hoernes, Szombathy und dem Anatomen Toldt oft auch Fachleute aus Nachbardisziplinen, wie der Physischen Anthropologie und Ethnographie, teil.

Für Hoernes, nun ordentlicher Professor seines Faches, war klar, dass das Studium seiner Hörer nicht nur auf Fachliteratur aufgebaut werden konnte. Praktische Arbeit an Fundmaterialien war notwendig. Und in dieser Hinsicht bot die Prähistorische Sammlung am Naturhistorischen Hofmuseum reichliche Möglichkeiten. So arbeiteten einige seiner Schüler an einem systematischen Katalog von Fibeln in Österreich mit, die in der Sammlung lagen. Josef Szombathy hatte Hoernes im April 1913 darum gebeten, da der Leiter der Vorgeschichtlichen Abteilung des Landesmuseums in Schwerin, Robert Beltz, Typenkarten der europäischen Fibeln der Bronze- und Eisenzeit zusammenstellte[9]. Diese nützlichen Verbreitungs- und Beschreibungsvorlagen publizierte Beltz dann auch[10].

Das Wintersemester begann für den frisch berufenen Ordinarius mit einer fünfstündigen Vorlesung über die „Urgeschichte des Menschen, hauptsächlich in Europa". Er hielt sie jeweils eine Stunde von Montag bis Freitag. Diese und die weiteren Lehrveranstaltungen in den darauf folgenden Semestern firmierten im Vorlesungsverzeichnis unter Abteilung C. Fachbereich Geographie, Ethnographie und Prähistorische Archäologie. Die Vorlesungsthemen zeigen weitgehend einen Übersichts-Charakter: Prähistorische Kunst; Chronologie; Prähistorische Formenlehre inklusive Wirtschaft, Behausung, Tracht, Schmuck, Werkzeuge, Waffen und Geräte; Urgeschichte der Keramik; Prähistorische Topographie Europas. Dazu kamen regelmäßige Bestimmungsübungen an prähistorischen Fundobjekten. Die Vorlesungen waren gewöhnlich zweistündig und fanden, so wie bisher, in Hörsälen der Universität am Ring statt. Die Übungen wurden zunächst beim dortigen „Lehrapparat", also in einem Depotraum von Funden, Repliken und einigen

Büchern im Hof 5, später aber in den neu erworbenen Sammlungsräumen in der Wasagasse 4 im 9. Bezirk abgehalten.

Die Unterbringung der Fundmaterialien des Lehrapparates in der Wasagasse ging auf eine neue Situation zurück: nach dem Tod von Matthäus Much im Jahr 1909 stand seine große Privatsammlung, die sich aus seinen Ausgrabungsfunden zusammensetzte, zum Verkauf. Über Drängen seines habilitierten Schülers Oswald Menghin ersuchte Hoernes das Unterrichtsministerium, diese Sammlung anzukaufen. Nach langem Zögern entschloss sich das Ministerium, dieser Bitte nachzukommen. Die Fundbestände aus der Much'schen Sammlung umfassten 24. 400 Einzelfunde. Es waren dies hauptsächlich Fundstücke von den Pfahlbauten am Mondsee, Bergbaufunde vom Mitterberg bei Bischofshofen und Grabbeigaben aus hallstattzeitlichen Grabhügeln im nordöstlichen Niederösterreich. Die erworbene Sammlung verblieb zunächst noch im Eigentum des Ministeriums und wurde „Prähistorische Staatssammlung" bezeichnet. Das Ministerium stellte sie aber der Lehrkanzel für Prähistorische Archäologie leihweise zur Verfügung. Glücklicherweise konnte der nun massiv erweiterte Lehrapparat in mehreren Räumen des Hauses in der Wasagasse 4 im 9. Bezirk untergebracht und aufgestellt werden (Abb. 2). Hier befand sich das mit dem Staatsdenkmalamt verbundene Kunsthistorische Institut in einer großen angemieteten Wohnung, die sie nicht zur Gänze benötigte. Die Übersiedlung in die nunmehrigen sechs Sammlungsräume bewerkstelligte Dr. Georg Kyrle, ein Schüler von Hoernes. Er führte auch die Neuinventarisierung der Funde in jahrelanger Arbeit durch und brachte sie thematisch gegliedert unter: Raum 1 – Niederösterreichische Ansiedlungsplätze, Raum 2 – Pfahlbauzimmer, Raum 3 – Bergbaufunde, Raum 4 – Hallstattzimmer, Raum 5 – Arbeitszimmer mit Streufunden und Raum 6 – Typologische Sammlung. Hoernes suchte im Ministerium angesichts der Inventarisierungsarbeiten um eine höhere Jahressubvention für den Lehrapparat an. Es wurde ihm aber nur eine einmalige Sonderdotation bewilligt[11].

Abb. 2 Das „Hallstattzimmer" des Prähistorischen Lehrapparats der Universität Wien in der Wasa-G.4 im Jahr 1913. In der Pultvitrine eisenzeitliche Grabfunde aus Hallstatt, in und auf der Standvitrine spätbronzezeitliche Grabfunde von Stillfried an der March, auf den seitlichen Wandregalen eisenzeitliche Grabfunde aus einem Grabhügel in Bernhardstal im nördlichen Niederösterreich

Der Prähistorische Lehrapparat wurde erst nach dem Tod von Hoernes während der ersten Nachkriegsjahre zu einem Institut mit Arbeitsräumen und Hörsaal erweitert. Dieses befand sich zuerst gemeinsam mit den Sammlungsräumen im zweiten Stock und verfügte über einen kleinen Hörsaal, eine Bibliothek, Arbeits -und Präparationsräume (Abb. 3). 1939 wurde auch der dritte Stock dazu gemietet, sodass das Institut auch genügend Arbeitsplätze für Mitarbeiter und Studenten besaß. Nach einem Bombentreffer knapp vor dem Ende des zweiten Weltkrieges übersiedelte das Institut in die nahe gelegene Heßgasse 7 im 1.Bezirk.

Hoernes bemühte sich merkwürdigerweise, soweit wir wissen, um keine Assistentenstellen. Das kann verschiedene Gründe gehabt haben. Wahrscheinlich war es schwierig, dass das zuständige Ministerium nach Einrichtung der ordentlichen Professur und dem Ankauf der Sammlung Much nun auch noch eine Assistentenstelle finanzieren sollte. Vielleicht sah Hoernes auch das Problem bei einem solchen Ansuchen, dass für Mitarbeiter keine eigenen Arbeitsräume zur Verfügung standen. Immerhin befürwortete er aber den Antrag seines Schülers Josef Weninger um eine Volontärstelle als unbesoldete wissenschaftliche Hilfskraft. Diese wurde auch am 9. März 1915 gewährt. Bald danach wechselte Weninger

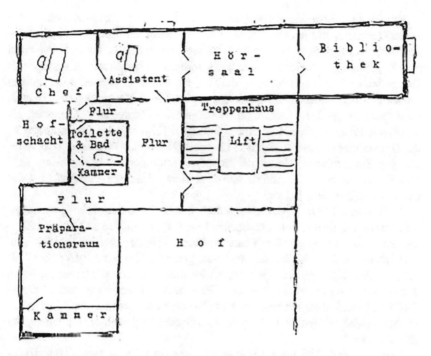

Abb. 3 Grundriss des ersten Urgeschichtlichen Wiener Universitätsinstitutes im 2.Stock der Wasagasse 4 im 9..Bezirk

in gleicher Funktion zur Anthropologie und Ethnographie an der Universität bei dem außerordentlichen Professor Rudolf Pöch, da dies seinem Hauptfach Physische Anthropologie besser entsprach. Er habilitierte sich und übernahm 1927 schließlich die Leitung des neu gegründeten Anthropologischen Instituts.

In den Jahren nach seiner Berufung kam es für Hoernes zu den ersten gesundheitlichen Problemen, die auf eine fortschreitende Arthrose der Arterien zurückging. Schon im Wintersemester 1915/16 musste er erstmals alle Vorlesungen aus diesem Grund absagen. Im Sommersemester 1917 war er nicht mehr in der Lage, seine Lehrveranstaltungen zu halten, er starb im Juli dieses Jahres. Die Urgeschichte an der Universität war aber nie verwaist: schon seit dem Wintersemester 1914/15 wurde das Lehrangebot durch Vorlesungen seiner habilitierten Schüler Oswald Menghin und Josef Bayer ergänzt, sodass es für die Studenten nie zu einer ungewollten Unterbrechung ihres Studiums kam.

Zunehmend traten wissenschaftliche Gesellschaften und Institutionen an den neuen Ordinarius mit der Bitte heran, um Funktionen zu übernehmen. Noch im Jahr 1911 wurde er Mitglied des Denkmalrates, wo er nun in den Bezirken Horn und Eggenburg für den Schutz von prähistorischen Fundplätzen zuständig war. Das bedeutete für ihn, zahlreiche Berichte zu verfassen und an den häufigen Sitzungen teilzunehmen. Der Denkmalrat genoss in den höheren Kreisen, so auch im Kaiserhaus, großes Ansehen. So war es auch ein besonderer Höhepunkt, als Erzherzog Franz Ferdinand zu einem festlichen Empfang des Denkmalrates in das Obere Belvedere am 14. April 1912 einlud. Neben den Mitgliedern des Rates und den Konservatoren folgten der Einladung auch der Ministerpräsident Graf Stürgkh, der Minister für Kultus und Unterricht Ritter von Hussarek und der Obersthofmeister Graf Latour[12].

1912 wurde Hoernes wirkliches Mitglied des Österreichischen Archäologischen Institutes, dem er nun auch beratend zur Seite stand. Am 15.Februar.1899 – zur Zeit der Verleihung der Titularprofessur – hatte man ihn bereits zum korrespondierenden Mitglied des Institutes gemacht. Übrigens bat ihn die Leitung der Anthropologischen Gesellschaft im Jahr 1916, ihr wieder anzugehören und dem Ausschuss beizutreten. Dem kam er vor allem nach, weil ihn sein Schüler Oswald Menghin dazu drängte. Somit hatte Hoernes die Möglichkeit zur Mitsprache bei den Aktivitäten der Gesellschaft und auch der Gestaltung der „Mitteilungen".

Tagungen und Kongresse besuchte Hoernes aber kaum mehr. Wahrscheinlich waren Zeitnot und seine sich verschlechternde Gesundheit die Gründe dafür. Natürlich konnte er sich solchen wissenschaftlichen Zusammenkünften nicht ganz entziehen. So wurde er von der Regierung als offizieller Vertreter des 14. Kongresses für Prähistorische Anthropologie und Archäologie, der vom 9. bis 15. September 1912 in Genf stattfand delegiert[13]. Tagungen, die bei Hoernes ein besonderes Interesse weckten, wie der Kongress für Aestethik und allgemeine Kunstwissenschaft, der vom 7. bis 9. Oktober 1913 in Berlin ausgetragen wurde, besuchte er aber doch noch gerne. Er hielt dort einen Vortrag über „Die Anfänge der bildenden Kunst".

Er engagierte sich auch bei dem 85.Kongress deutscher Naturforscher und Ärzte, der vom 21. bis 28.September 1913 in Wien abgehalten wurde. Dieser Kongress wurde von österreichischer Seite von dem bekannten Kinderarzt Clemens Peter Freiherr von Pirquet geleitet. Es gab an diesem Kongress 34 Sektionen oder Abteilungen und rund 500 Referate[14]. Zusammen mit dem Ethnologen Franz Heger vom Naturhistorischen Hofmuseum war Hoernes für die Abteilung Anthropologie zuständig. In diesem Rahmen organisierte er eine Exkursion zu den paläolithischen und anderen prähistorischen Fundstätten in der Wachau[15].

Die Forschungsschwerpunkte seines Institutes bildeten sich in den Vorträgen von Hoernes und seinen Schülern gut ab. Er selbst sprach „Über die Unfruchtbarkeit hochspezialisierter Formen der prähistorischen Kunst", A.Kohn über „Das Verhältnis von älterer und jüngerer Steinzeit im Vorderen Orient und in Europa", O. Menghin „Zur jüngeren Steinzeit Niederösterreichs" und G.Kyrle über den „Versuch einer Berechnung der ausgebrachten Metallmengen aus den prähistorischen Kupfergruben in den Salzburger Alpen" und „Die ursprüngliche Besiedlung des Kronlandes Salzburg"[16].

Hoernes ging in seinem Vortrag von den Forschungen des amerikanischen Paläontologen Eduard Coper aus. Dieser hatte nämlich festgestellt, dass „überdifferenzierte" Tierarten leicht aussterben konnten. Nun meinte Hoernes, dass eine analoge Anwendung dieser Erkenntnis auch im kulturellen Bereich möglich wäre. Er nannte mehrere Beispiele, darunter die geometrische Kunst des neolithischen und frühmetallzeitlichen Bauerntums, die dann keine weitere Entwicklung erfuhr[17].

Die Zahl der Publikationen in den Jahren als ordentlicher Professor ging gegenüber früher stark zurück. Sicher war er durch seine Arbeit am Institut zu stark in Anspruch genommen, um regelmäßig zu veröffentlichen. Dennoch sind einige wegweisende Aufsätze und Bücher in dieser Zeit entstanden. Ein kleiner, aber aufschlussreicher Beitrag erschien im Reallexikon der „Germanischen Altertumskunde" über den „Aunjetitzer Typus", unter dem man heute die frühbronzezeitliche Aunjetitz-Kultur versteht[18]. Hoernes umriss die Verbreitung bereits richtig mit dem Gebiet zwischen Thüringen und Niederösterreich. Er vermutete bei der geometrischen Strichverzierung einen spätneolithisch-nordischen Zusammenhang. „Dessen ungeachtet" schrieb er, „hat man mit Unrecht auf eine von Skandinavien bis Westgriechenland reichende indogermanische Völkerwanderung geschlossen". Er pochte jedenfalls auf eine weitgehend autochthone Entwicklung dieser Kultur.

Seinen schon bisherigen großen Übersichten zur Urgeschichte fügte Hoernes 1912 ein dreibändiges Buch über „Die Kultur der Urzeit" in Taschenformat hinzu[19]. Dieses als Nachschlagwerk für Forscher, Studenten und an der Prähistorie Interessierte konzipierte Werk lehnte sich zwar an die früheren Bücher an, zeigte aber in vielem eine neue Gestaltung und neue Inhalte. Gegliedert war die „Kultur der Urzeit" in Stein-, Bronze- und Eisenzeit mit jeweils reichhaltigen Literaturhinweisen. Auch hier zog Hoernes wieder Vergleiche mit den Kulturen der Naturvölker, doch zeigte sich jetzt eine viel stärkere Unabhängigkeit bei der Ausdeutung urgeschichtlicher Befunde und Funde. Die Ethnologie diente nicht mehr als Erklärung, sondern als modellhafte Veranschaulichung urgeschichtlicher Kulturzustände.

Der Beginn des Paläolithikums war für Hoernes noch immer ganz unsicher. Erste Fundbelege nannte er für das zweite und dritte Interglazial und verband sie mit den Kulturstufen von Chelles und Acheul, benannt nach nordfranzösischen Fundorten. Die Verbreitung sah er über einen riesigen Raum zwischen West- und Südeuropa einerseits und Vorderasien bis Sibirien andererseits. Typisch waren mandelförmige Faustkeile. In der letzten Eiszeit trat dann das nach dem südfranzösischen Fundplatz bekannte Mousterien, der Kultur des Neandertalers auf. Im Jungpaläolithikum folgten das Aurignacien, Solutréen und Magdalénien, Kulturstufen, die Hoernes missverständlich einer „älteren, mittleren und jüngeren Rentierzeit" zuordnete. Heute fällt uns im Text sofort auf, dass Fundplätze und Kulturschichten nicht weiter beschrieben wurden. Aber nur solche Beobachtungen von Fundzusammenhängen hätten weiterführende Kenntnisse gebracht. Allerdings war ein solches methodisches Vorgehen auch sonst noch nicht weit verbreitet.

Das Neolithikum begann, wie Hoernes ausführte, im südlichen Europa früher als im Norden, während Nordafrika und Vorderasien wieder viel früher als Südeuropa zu einer bäuerlichen Lebensweise kamen. Typisch waren die Sesshaftigkeit, Keramik und geschliffene Steingeräte. Der Autor unterschied in Europa, wie schon in früheren Arbeiten, vier große Kulturgebiete, nämlich die südliche Balkanhalbinsel und die Ägäis, Mitteleuropa mit den Kulturgruppen der Spiralmäander-, Stichband- und Schnurkeramik wie auch der Glockenbecher-Gruppe, dann eine Pfahlbauprovinz im Raum nördlich der Westalpen und die nordischen Kulturgruppen der Kjökkenmöddinger (Muschelhaufen), Erd-, Dolmen-, Gang- und Steinkistengräber.

Sehr ausführlich ging Hoernes auf die bronzezeitliche Baufolge in Troja-Hissarlik an der kleinasiatischen Westküste ein. Er versuchte von hier und von den Kykladen aus die Anregungen und Einflüsse des Orients auf Südosteuropa darzustellen, so etwa auch bei den Figurinen, die eine Muttergottheit wiedergeben würden. Schließlich stellte er etwas übersteigert fest, dass „die kretisch-mykenische Kultur die größte und folgenschwerste Erscheinung der Bronzezeit auf der Erde" gewesen wäre.

Die mitteleuropäische Bronzezeit unterteilte Hoernes, wie noch heute üblich, nach Bestattungsformen mit annähernd richtigen Rahmendaten:

2500–1900 Kupfer- und frühe Bronzezeit (1. Stufe).

1900–1600 Hockergräber (2. Stufe).

1600–1300 Hügelgräber (3. Stufe).

1300–900 Brandbestattungen (4. Stufe).

Für die letzte bronzezeitliche Stufe sah der Verfasser eine Ausbreitung „mittel-europäischer Stämme nach Ober- und Mittelitalien, wo es zur Entstehung des Villanova-Typus, die nach einem Fundort bei Bologna benannt war, gekommen wäre. Tatsächlich gab es nach heutigem Wissen starke Einwirkungen, wenn nicht sogar Einwanderungen aus dem Nordalpenraum auf die Apeninnenhalbinsel gegen Ende des 2. Jahrtausends.

Immer wieder ging in diesem Werk der Blick weit über Europa hinaus. Für Nord- und Südamerika bot Hoernes etwa eine kurze Übersicht zu den frühen indianischen Kulturen, betonte aber, dass zeitliche Gliederungen für die Jahrtausende v.Chr. noch nicht möglich wären.

Die früheste Eisengewinnung und – verarbeitung lokalisierte Hoernes um die Mitte des 2. Jts. in Vorder- und Kleinasien. Von dort verbreitete sich die neue Eisentechnologie allmählich nach Griechenland, auf den Balkan, aber auch nach Italien. Schließlich erreichte sie Mittel-, West- und Nordeuropa. In der Hallstatt-zeit, also der älteren Eisenzeit während der 1.Hälfte des 1. Jts. v. Chr, unterschied Hoernes vier größere kulturelle Gruppen: eine Südost-Gruppe zwischen mittlerem Balkan bis zum Südostalpengebiet, die er den Illyrern zuwies. Dann eine Mittlere oder Donauländische Gruppe am Nordrand der Ostalpen und im mittleren Donauraum sowie Böhmen und Mähren. Dies war die östliche Hallstattkultur oder auch Ostkeltische Gruppe. In Süd- und Westdeutschland, der Nordschweiz und in Ost-frankreich war die Westliche oder Rhein-Rhone-Gruppe verbreitet, die Hoernes als Westliche Hallstattkultur oder Westkeltische Gruppe bezeichnete. Schließ-lich definierte er noch eine Nordost- oder Elbe-Oder-Gruppe in der Oberpfalz, Schlesien und in Posen. Es war dies die Germanische Gruppe. Zweifellos sind diese Zuschreibungen von keltischen oder germanischen Gruppen in der frühen Eisenzeit aus heutiger Sicht keinesfalls belegbar oder berechtigt. Andererseits war Hoernes vorsichtig genug, um nicht schon im Neolithikum oder in der Bronze-zeit ethnische Begriffe einzusetzen, wie dies damals manche Prähistoriker, allen voran Gustav Kossina getan hatten. Im selben Jahr wie die „Kultur der Urzeit", also 1912, erschien dessen Buch „Die deutsche Vorgeschichte, eine hervorragend nationale Wissenschaft" in Würzburg. In diesem legte Kossina seine These dar, dass die Frühzeit der Germanen in das Neolithikum falle. Kossina war damals Professor für deutsche Archäologie in Berlin.

Die „Kultur der Urzeit" stieß nicht nur in Fachkreisen, sondern auch in den Zeitungen auf großes Interesse. So schrieb die Wiener Zeitung am 12.Mai 1912: „Lange hat sich der Mangel eines kurzgefassten, doch möglichst ausgreifenden, chronologisch geordneten Leitfadens dieses Zweiges der Altertumswissenschaft fühlbar gemacht... Außerdem galt es, dem gegenwärtigen Stande dieser rasch fortschreitenden Wissenschaft Rechnung zu tragen... Die drei Büchlein versuchen nun nicht nur eine fast unübersehbare Stoffmenge im Wort und in sorgsam ausgewählten Abbildungen zu bewältigen, sondern auch die leitenden Gesichtspunkte zu zeigen, die der wissenschaftlichen Betrachtung dieses Stoffgebietes zu Grunde liegen".

In seinen letzten Jahren befasste sich Hoernes besonders mit dem Gräberfeld in Hallstatt und anderen wichtigen, bereits freigelegten Nekropolen der Eisenzeit. Solche waren die krainischen Hügelgräberfelder im heutigen Slowenien. Im Focus stand eine verbesserte Chronologie, die für die Auswertung von wirtschaftlichen, sozialen und kulturellen Entwicklungen die Basis bildete[20]. Ausgangsmaterialien für eine Vertiefung der chronologischen Fragen waren für Hoernes die von Jernej Pečnik, einem slowenischen Autodidakten in der Archäologie, in Unterkrain in jahrelangen Ausgrabungen aufgedeckten Riesentumuli mit Sippengräbern. Deren mehr oder weniger in ihren Zusammenhängen gesicherten Grabinventare verkaufte dieser an die Prähistorische Sammlung des Naturhistorischen Hofmuseums, aber auch an das Landesmuseum in Laibach (Ljubljana). Natürlich beschäftigte sich Hoernes auch mit den Gräberfeldern der Laibacher Gruppe nördlich von Krain. Tatsächlich gelang es ihm, eine erste brauchbare zeitliche Abfolge der Gräber anhand der Formen und Formenvarianten von Keramik, Waffen und Schmuck zu ermitteln. Hier spielte die Untersuchung des Gräberfeldes in Watsch (Vače) eine besondere Rolle. Darüber hinaus konnte Hoernes aufzeigen, dass die eisenzeitliche Laibacher Gruppe im Vergleich mit der krainischen Hallstatt-Gruppe viel intensivere Beziehungen zur oberitalienischen Este-Kultur aufwies. Dies erwies sich vor allem anhand von Importen, aber auch im Einfluss dieser Kultur auf keramische Formen und ihrer Verzierung sowie auf Fibeltypen.

Schon 1894 hatte Hoernes eine relative Chronologie für das Gräberfeld von Santa Lucia (Most na Soči) westlich des Laibacher Beckens erfolgreich erarbeitet. Da kulturelle und wirtschaftliche Kontakte zu der Bergwerksbevölkerung in Hallstatt bestanden, wie aus den Beigaben der dortigen Gräber zu erkennen ist, erhoffte er sich auch eine erste chronologische Durchdringung der für die mitteleuropäische frühe Eisenzeit namengebenden Nekropole. Damals war dies aber noch kaum möglich. Hoernes wandte sich daher in seinen späteren Jahren nochmals dem Gräberfeld von Hallstatt zu. Er verfasste eine wertvolle Studie, die er offensichtlich immer wieder überarbeitete und die er aber wegen der Kriegsjahre nicht in Druck gehen lassen konnte. Erst unter der Schriftleitung seines Schülers Georg Kyrle erschien dann aus seinem Nachlass „Das Gräberfeld von Hallstatt" in den Mitteilungen des Staatsdenkmalamtes[21]. In dieser bedeutenden

Arbeit stellte Hoernes zunächst fest, dass viele Grabinventare aus verschiedenen Gründen nicht vollständig und die Grabzusammenhänge oft nicht gesichert waren. Er machte sich daher daran, die in der Prähistorischen Abteilung in Wien und im Landesmuseum in Linz befindlichen Grabfunde mit den Fundprotokollen zu vergleichen. Dabei gelang es ihm, viele Grabinventare zu rekonstruieren und somit abzusichern. Schließlich zeigte sich, dass für rund ein Drittel der Gräber – etwa 340 Bestattungen – sichere Grabzusammenhänge herzustellen waren. Durch genaue Vergleiche der Grabinventare und ihrer Formen und Varianten war es für Hoernes nun möglich, zwei chronologische Gruppen zu unterscheiden. Die ältere Belegungsstufe datierte Hoernes in die Zeit von 900 bis 700, die jüngere von 700 bis 400 v. Chr. Diese Rahmendaten sind aber zu hoch angesetzt, wie wir heute wissen. Dennoch ist es im Wesentlichen bei diesen zwei Belegungsstufen geblieben.

Außerdem fiel Hoernes auf, dass die Brandbestattungen meist einer wohlhabenden, die Körperbeisetzungen einer ärmeren Bevölkerungsschicht angehörten (Abb. 4). Weiters bemerkte er zu Recht, dass der orientalisierende Stil, der sich etwa in den getriebenen Ornamenten der Bronzeblechgefäße äußerte, nicht über den Balkan, sondern über das östliche Oberitalien nach Hallstatt und in die Ostalpen gelangt war. Er erkannte aber auch, dass dieser Stil in Hallstatt nicht besonders häufig auftrat und diese Art von Einflüssen bescheiden war. Immerhin betonte Hoernes jedoch, dass Hallstatt eine pulsierende Drehscheibe für wirtschaftliche und kulturelle Strömungen war. Eine besonders enge Anbindung bestand für Hoernes aber weniger nach Süden, sondern in den donau- und rheinländischen Raum.

In dieser Studie setzte sich Hoernes auch mit den Einschätzungen anderer Fachgrößen auseinander, die sich mit Hallstatt beschäftigt hatten: Eduard von Sacken, der die ersten Forschungen in Hallstatt betrieb, Otto Tischler, Oscar Montelius und Paul Reinecke. Es ist nicht zu übersehen, dass Hoernes selbst eine Reihe von neuen Ergebnissen und Einschätzungen gelang.

Wenn man heute diese und etliche anderen Schriften von Hoernes studiert, fällt einem sehr bald auf, dass er vieles richtig erkannt und dargestellt hat. Mehr noch: seine eigenen Forschungen haben manche neuen Erkenntnisse gebracht und zu Impulsen für die weitere Forschung geführt. Seine Arbeiten sind keineswegs bloße Zusammenstellungen, sondern weisen vielfach präzise archäologische Auswertungen auf. Es sind Ansätze, aber auch Folgerungen, die sogar noch heute die Forschung bestimmen. 1911 publizierte der schon vorhin erwähnte Gustav Kossina eine Arbeit, die sich mit der Herkunft der Germanen befasste. In dieser Veröffentlichung behauptete Kossina, dass „scharf umgrenzte archäologische Kulturprovinzen sich zu allen Zeiten mit ganz bestimmten Völkern

Abb. 4 Eisenzeitliche
Gräber in der Nekropole
von Hallstatt im Auf- und
Grundriss. Aquarelle von
Isidor Engl um 1850

oder Völkerstämmen decken"[22]. Diese These wandte Kossina für die Zeit ab dem Neolithikum an. Alle, die diese „Methode" nicht anerkannten, stempelte er gewissermaßen als rückschrittliche Prähistoriker ab. So wurde auch Hoernes, der sich nicht mit diesen Vorstellungen identifizieren konnte, von Kossina vorgeworfen, ein Kompilator zu sein, der nichts Neues in der Urgeschichtsforschung hervorgebracht hätte. Hoernes wäre „auf den niedrigsten Standboden der Gelehrsamkeit, auf das Niveau des reinen Kompilators zu stellen"[23]. Bedauerlicherweise schleppte sich diese Unterstellung noch bis in die neuere Fachliteratur herauf. So hat etwa der Wiener Prähistoriker Otto Urban gemeint, „Hoernes war in erster Linie Kompilator"[24]. Diese Zuordnung zeugt von der Unkenntnis der vielen konstruktiven und einflussreichen Arbeiten von Moritz Hoernes.

Die kaiserliche Akademie der Wisssenschaften in Wien ernannte Moritz Hoernes im August 1916 zum korrespondierenden Mitglied im Inland[25]. Diese vom Kaiser persönlich ausgesprochene Genehmigung war eine verdiente Ehrung des großen Prähistorikers, der sich in seinem Lebenswerk bestätigt sehen konnte.

Anmerkungen

1. Universitätsarchiv Wien, Personalakt Hoernes, Kommissionsbericht vom 22.1.1910.
2. Öst. Staatsarchiv Zl. IX 1868/1 vom 26.Mai 1911.
3. Universitätsarchiv Wien, Phil.Fakultät, Fol. 1–53, Sch.96.
4. Öst.Staatsarchiv Nr. 35.496 vom 11.8.1911.
5. Öst.Staatsarchiv, RZ 2429.
6. Ministerium für Cultus und Unterricht Zl. 35.496 vom 11.8.1911.
7. Wissenschaftsarchiv des Naturhistorischen Museums, Zl. 2901.
8. Szombathy (1917), 149.
9. Briefe Josef Szombathy an Hoernes vom 26. und 30.Jänner 1913, Archiv der Prähistorischen Abteilung/NHM.
10. R. Beltz, Die Latènefibeln, ZfE 43, 1913; Die bronze- und hallstattzeitlichen Fibeln, ZfE 45, 1913.
11. O. Menghin, die Neuaufstellung der Sammlung Much. Urania 6, 1913, 601–603; O. Menghin, Die Leiden eines Institutsvorstandes an der Wiener Universität. Neue Freie Presse vom 11.10.1923; Felgenhauer 1965, 19–20.
12. Wiener Zeitung Nr. 85 vom 14.4.1912.
13. Neues Wiener Tagblatt vom 25.8.1912.
14. Allgemeine medizinische Zeitung vom 29.7.1913.
15. Reichspost 408 vom 30.8.1913.
16. Neue Freie Presse vom 19.9.1913.
17. Neue Freie Presse vom 2.10.1913.
18. Hoernes 1911–1913, 143.
19. Hoernes (1912b).
20. Hoernes (1914b); (1915c).
21. Hoernes 1920/21.
22. G. Kossina, Herkunft der Germanen. Zur Methode der Siedlungsarchäologie. Würzburg 1911, 3.
23. Dsb., Titel wie Anm.22 2.Auflage, Leipzig 1920. Hier äußert sich Kossina ähnlich scharf: „ … oder jene Klasse von „Forschern" in der Art von Moritz Hörnes, dessen Forschungstrieb vollauf befriedigt ist, falls sie ihre Fundstücke, oder wenn es hoch kommt, ihre Kulturgruppe mehr oder weniger anschaulich beschrieben haben" (S. 13). Und weiter: „Dieser Kompilator (M.Hoernes) gehört überhaupt zu den gedankenärmsten Gelehrten, die heute in deutschen Landen einen Universitätsstuhl einnehmen" (S. 15).

24. O. Urban, Die Anfänge der Urgeschichte in Wien. In: (Hg. J. Callmet et al.), Die Anfänge der ur- und frühgeschichtlichen Archäologie als akademisches Fach (1890–1930) im europäischen Vergleich. Rahden/Westfalen 2006, 270.

25. Neue Freie Presse vom 26.8.1916.

Schüler von Moritz Hoernes

Mit der Verleihung der, wenn auch unbezahlten, außerordentlichen Professur im Jahr 1899 konnte Hoernes seine Studenten zu Prähistorikern ausbilden. Es war somit möglich, ein Studium im Nominalfach „Prähistorische Archäologie" vollständig durchzuführen und mit dem Doktorgrad für Philosophie abzuschließen. Bis dahin konnte der Besuch der Lehrveranstaltungen von Hoernes nur bei etablierten Fachgebieten, wie Klassische Archäologie, Alte Geschichte und Epigraphie oder Kunstgeschichte angerechnet werden. Es hatte bislang kein eigenes Studium der Prähistorischen Archäologie gegeben. Somit kann 1899 als „Geburtsjahr" eines akademisches Studiums dieser noch jungen Wissenschaft in Wien gelten. Aus der Schule von Moritz Hoernes gingen einige recht namhafte Prähistoriker und Gelehrte hervor[1].

Zu den ersten Studenten und Absolventen bei Moritz Hoernes gehörte Hugo Obermaier. Sein Vater war Gymnasialprofessor in Regensburg. Zunächst studierte er Theologie in seiner Heimatstadt und wurde 1900 zum katholischen Weltpriester geweiht. Im Mai 1901 schrieb er an Hoernes, dass er sich „zu Spezialstudien in der Prähistorischen Archäologie" in Wien entschlossen habe und um ein Vorstellungsgespräch bitte. Außerdem würde er, wenn er sich in Wien aufhalte, gerne möglichst unter der Führung von Hoernes die diluvialen Sammlungen in der Anthropologisch-Ethnographischen Abteilung im Naturhistorischen Hofmuseum besichtigen wolle[2]. Hoernes war dort ja damals dort noch Kustos. Aus einem weiteren Brief an Hoernes geht hervor, dass er am Mittwoch den 4. Juni um 17 Uhr Hoernes erstmals aufsuchte, um seinen Studienwunsch zu besprechen[3]. Eigentlich ist unschwer zu erraten, warum der Priester Hugo Obermaier Urgeschichte studieren wollte: sehr wahrscheinlich ging es ihm um sein theologisches Interesse an dem Ursprung der Menschheit. Immerhin hielten einige Kreise der Kirche immer noch daran fest, dass der Mensch unmittelbar von Gott geschaffen worden war. Obermaier war aber so weit vorgebildet und stammte aus einem

A. Lippert, *Moritz Hoernes*, https://doi.org/10.1007/978-3-658-43559-2_24

aufgeschlossenen Elternhaus, dass er die Entstehung des Menschen aus dem Tierreich nicht in Zweifel zog. Von daher bezog er offensichtlich sein akademisches Interesse an den Anfängen menschlicher Kulturen.

Im Wintersemester 1901/02 nahm Obermaier sein Studium in der Prähistorischen Archäologie im Hauptfach und in der Geologie bei Alfred Penck im Nebenfach auf. Schon im Sommersemester 1904 schloss er es mit einer Dissertation über „Die Verbreitung des Menschen in Mitteleuropa während des Eiszeitalters" ab. Seine Promotion erfolgte am 19. Juli 1904.

Wie aus verschiedenen Briefen an Hoernes hervorgeht, erwies Obermaier ihm große Dankbarkeit und Respekt. Mit der Zeit entwickelte sich sogar ein freundschaftlich-kollegiales Verhältnis zwischen ihnen. Obermaier fand zunächst eine Anstellung in der königlichen Kreisbibliothek in Regensburg, von wo er am 20.August 1904 ein ebenso höfliches wie ambitioniertes Schreiben an Hoernes richtete[4]: „Es war mir gegönnt, die Jahre als Schüler zu Ihren Füßen zu sitzen und unter Ihrer gnädigen Anleitung mich – einen alten Studientraum verwirklichend – dem Studium der menschlichen Ur- und Frühgeschichte zu widmen. Drei Jahre konnte ich an Ihrer Seite mir die Schätze des Hofmuseums zunutze machen, die Sie mir mit seltener Liberalität erschlossen haben. Es soll meine Lebensaufgabe bleiben, die in Wien gelegten Keime zur Entfaltung zu bringen und in streng wissenschaftlicher und gewissenhafter Forschung mein Scherflein zu Lösung der Probleme beizutragen, die vorab uns beschäftigen". Tatsächlich wurde Obermaier einer der bedeutendsten Paläolith-Forscher und Universitätslehrer seiner Zeit.

Moritz Hoernes regte Obermaier dazu an, die Hallstattfunde im Germanischen Museum in Nürnberg näher zu studieren und zu bearbeiten. Dies entsprach allerdings nicht unbedingt Obermaier's ureigenem Interesse. Jedenfalls schrieb er in dieser Angelegenheit am 10. Oktober 1904 an Hoernes[5]: „Das Germanische Museum in Nürnberg enthält wohl eine Reihe von Funden, aber sämtliche sind nach Typen zusammengestellt, also als zusammenhängende vollständig auseinander gerissen, sodass für speziellere chronologische Studien nichts mehr zu machen ist". Immerhin beschrieb er für Hoernes dann doch recht genau noch einige wichtige Fundstücke in diesem Brief. Und er erwähnte abschließend, dass er in Kürze zu Studien im Museum von St. Germain bei Paris aufbrechen werde, um paläolithische Funde anzusehen.

Der Kontakt zu Hoernes blieb für Obermaier weiterhin aufrecht, er wurde sogar enger. Er kehrte nämlich immer wieder nach Österreich zurück und arbeitete bei Ausgrabungen mit. So im Jahr 1908 in Willendorf in der Wachau, wo Josef Bayer und Josef Szombathy Untersuchungen an den meterhohen Lössprofilen mit paläolithischen Fundschichten vornahmen. Obermaier nahm dort gerade die Profile zeichnerisch auf, als die berühmte Venusfigur gefunden wurde. 1909 habilitierte sich Obermaier für „Prähistorische Archäologie" bei Moritz Hoernes mit der Arbeit „Die Steingeräte des französischen Altpaläolithikums". Schon im Wintersemester dieses Jahres hielt er eine zweistündige Vorlesung über den „Mensch des Eiszeitalters", im Jahr darauf – im Wintersemester 1910/11 – über das „Frühalluvium – Die Neolithzeit im Okzident und Orient".

1911 erhielt der erst 34 Jahre alte Dozent einen Ruf an das Institut de Paléontologie Humaine in Paris, wo er bis 1914 als Professor wirkte. Danach ging er nach Madrid, wo er am Museo Nacional de Ciencas Naturales arbeitete (Abb. 1). Sein Wechsel hing mit den großen und interessanten Möglichkeiten zusammen, die neue Forschungen, vor allem zur Altsteinzeit, in Spanien eröffneten. Er nahm jedenfalls an zahlreichen Grabungen in paläolithischen Freiland- und Höhlenstationen teil. Eine besondere Faszination übten auf ihn die mesolithischen Felsbilder in der spanischen Levante aus, von denen er erstmals Umzeichnungen anfertigte. 1922 widmete die Universität Complutense in Madrid einen eigenen Lehrstuhl für ihn, den der bis 1936 einnahm. In dieser Zeit unternahm er eine Reihe von Studien- und Vortragsreisen, die ihn in weite Teile Europas, nach Asien, Afrika und Amerika führten. In Spanien selbst kann er als Begründer der Urgeschichtsforschung gelten. Übrigens war er lange Zeit auch der Hausgeistliche des 17. Herzogs von Alba, Jacobo Fitz-James Stuart y Falcó.

Das Angebot, die nach Max Ebert vakante Lehrkanzel an der Universität Berlin zu übernehmen, schlug er aus wissenschaftlichen und politischen Gründen aus. Ihm war die bevorstehende Machtübernahme der Nationalsozialisten bewusst und er wollte sich keiner Ideologie unterwerfen. Aus ähnlichen Gründen gab er 1936 seinen Lehrstuhl in Madrid auf, als der spanische Bürgerkrieg ausbrach. Er zog zunächst nach Italien. 1938 nahm er dann einen Ruf an die Lehrkanzel für Urgeschichte an der Universität Fribourg in der Schweiz an. Dort blieb er über die Kriegsjahre bis zu seinem Tod im Jahr 1946[6].

Obermaier richtete sich zeitlebens nach den Grundsätzen der katholischen Kirche. Das Studium der Urgeschichte, dass ihm in allen Einzelheiten gezeigt hatte, dass der Mensch unmittelbar dem Tierreich entstammte, hatte ihn als Priester keineswegs verunsichert. Er stand der Kirche weiterhin eng zur Seite, was sicher auch seine Ablehnung totalitärer Staatsstrukturen zur Folge hatte. Nach seiner Promotion nahm er gerne auch die Einladung der Leo-Gesellschaft an, in Wien einen Vortrag über „Die Kunst im Diluvium" zu halten. Dieser österreichische Verein ist nach Papst Leo XIII benannt, wurde 1892 gegründet und verfolgt das Ziel, Wissenschaft und Kunst auf katholischer Grundlage zu fördern.

Der Vortrag mit Lichtbildern fand am 21. Februar 1905 im Klub österreichischer Eisenbahnbeamter statt. Die Nummer 43 der „Reichspost" berichtete, dass ein „erlesenes Publikum" gekommen war. Genannt wurden Rittmeister Baron

Abb. 1 Der
Paläolithforscher Hugo
Obermaier in Pamplona im
Jahr 1924

Lederer, der Kammervorsteher von Erzherzog Franz Salvator und seiner Gemahlin Valerie, Domherr Graf Lippe, Hausprälat Graf Orienburg, Pater Maurus Kinter
vom Stift Raigern in Böhmen, Josef Szombathy als Vertreter der Anthropologischen Gesellschaft, Prof. Hoernes, Pater Theodor Jensen vom Stift Gabriel in
Niederösterreich, Fräulein S. v. Görres, Eduard Hlatky, der Dichter des „Wel-
tenmorgen", Regierungsrat Marek, Landtagsabgeordneter von Troll, Dr. Hirn,
Prof. Swoboda, Pater Schweickart S.J., Kaiserlicher Rat Branky, Pater Bruns-
mann vom Stift Gabriel, Dr. Wallentin und A. Trabert. Diese Aufzählung zeigt
das breite Interesse in der gehobenen Gesellschaft für Archäologie und Kunst. Im
Vortrag meinte Obermaier, dass „der Werdegang der menschlichen Gesellschaft
erst eine gewisse Höhe erreicht haben muss, bis das jüngste Kind der Kultur,
die Kunst, entsprießen konnte". Chronologisch waren seine Zuordnungen paläolithischer Kunst noch völlig falsch: „In der Zwischenpause der dritten und vierten
Eiszeit entstand die Kunst als Umrisszeichnung und die Höhlenmalerei". In anderen Fragen erwiesen sich Obermaier's Ausführungen aber schon richtig: er wies

die damals verbreitete Hypothese der Domestikation des Wildpferdes im Paläolithikum scharf zurück. Außerdem erkannte er bereits, dass die Entwicklung der Kunst während des Paläolithikums und Mesolithikums von naturnaher zu stark stilisierter Darstellung verlief.

Obermaier war einer der führenden Erforscher der Altsteinzeit und des Mesolithikums. Er genoss den Ruf eines internationalen Gelehrten. Auf Initiative des Erlanger Lehrstuhlinhabes für Vorgeschichte, Lothar Zotz, wurde im Juni 1951 die Hugo Obermaier-Gesellschaft gegründet. Ihr gehörten von Anfang an nicht nur Prähistoriker, sondern auch Geologen, Paläontologen und Anthropologen an. Die Gesellschaft trug im hohem Ausmaß zur Erforschung des Quartärs und der älteren Steinzeiten bei.

Zu den herausragenden Arbeiten von Obermaier gehören „Der Mensch der Vorzeit" (Berlin 1912) und „Fossil man in Spain" (Leiden 1924). Auch die zahlreichen Beiträge zur Felsbildkunst des Paläolithikums und Mesolithikums in Spanien, aber auch in Südafrika in verschiedenen Fachzeitschriften sind hier anzuführen. Zweifellos hatte Obermaier sein großes Interesse an prähistorischer Kunst mit Moritz Hoernes geteilt und von ihm schon früh wirksame Impulse erhalten.

Im selben Jahr, wie Obermaier, promovierte Emerich Kohn in Prähistorischer Archäologie bei Moritz Hoernes. Sein Dissertationsthema „ Die südlichen Handelsbeziehungen der österreichischen Alpenländer in der älteren Bronzezeit" war sicherlich dem Wunsch von Moritz Hoernes zu verdanken. Die Kontakte Mitteleuropas in den Metallzeiten nach Italien und zur Balkanhalbinsel standen immer im besonderen Focus von Hoernes. Über den weiteren Lebensweg von Kohn ist nicht viel zu erfahren. Jedenfalls publizierte er 1906, also nur zwei Jahre nach seinem Universitätsstudium, ein Buch über die „Urgeschichte des Menschen" (Berlin-Leipzig).

Ein weiterer Schüler von Hoernes war Josef Bayer. Er wuchs in Wien als Sohn eines Oberlandesgerichtsrates auf und begann 1904 ein Studium der Prähistorischen Archäologie und Geographie. 1907 promovierte er mit einer Dissertation über „Die Hallstattperiode in Niederösterreich". In diesem Jahr folgte er Moritz Hoernes in der Anthropologisch-Prähistorischen Abteilung im Naturhistorischen Hofmuseum nach, zunächst als Volontär und schließlich über die üblichen Stufen Assistent bis zum Kustos-Adjunkt und Kustos II. und I. Klasse. 1924 wurde er als Nachfolger von Josef Szombathy Direktor der Sammlung.

1913 habilitierte sich Bayer mit dem Thema „Chronologie des jüngeren Quartärs"[7] für die „Urgeschichte des Menschen", wie das Fach an der Universität nun hieß. 1921 gründete er ein Institut zur Eiszeitforschung, 1924 die Zeitschrift „Die Eiszeit", die später in „Eiszeit und Urgeschichte" unbenannt wurde.

Bayer's Schwerpunkte lagen auf den Zeit vom Paläolithikum bis zum Neolithikum. Grabungen führte er an den jungpaläolithischen Stationen Willendorf und Kamegg sowie im neolithischen Feuersteinbergwerk auf der Antonshöhe in Wien 23 durch. Zu seinen größeren Publikationen zählt „Der Mensch im Eiszeitalter" (Leipzig-Wien) 1927.

In gewisser Weise bedeuteten die Lehrveranstaltungen Bayer's eine Entlastung für Hoernes. Bereits im Wintersemester 1913/14 hielt er eine zweistündige Vorlesung über den „Mensch im Eiszeitalter" und im Wintersemester 1914/15 eine weitere zweistündige Vorlesung über die „Geologischen Grundlagen der prähistorischen Kultur" Wegen seines Kriegseinsatzes konnte Bayer erst wieder im Wintersemester 1917/18 lesen. Das Thema dieser dreistündigen Vorlesung lautete: „Die großen Abschnitte der Menschheitsgeschichte I-III (vom Neandertaler über den Homo sapiens bis zum Beginn der Geschichte". Offensichtlich wollte sich Bayer mit diesem Kolleg für eine spätere Professur in Wien präsentieren, indem er zeigte, dass er das gesamte Gebiet der Urgeschichte lehren konnte. Allerdings war er damit eindeutig zu spät dran, da Hoernes bereits im Juli 1917 verstorben war und schon bald eine Berufungskommission für die Nachfolge eingesetzt wurde.

Der Sohn des Ethnologen und Indologen Michael Haberlandt, Arthur wandte sich gleich nach seinem Schulabschluss im Jahr 1908 der Prähistorischen Archäologie im Haupt-, und der Anthropologie im Nebenfach zu. Sicher war er von vorneherein mehr an der Volkskunde interessiert, doch konnte man zu diesem Zeitpunkt noch kein Studium in der Ethnologie oder Volkskunde absolvieren; erst 1913 wurde das Institut für Anthropologie und Ethnographie an der Universität Wien gegründet und damit ein Vollstudium möglich[8]. Hier war die Prähistorische Archäologie weit voraus, – wie erwähnt war ein Studiumsabschluss schon seit 1899 möglich. 1911 erfolgte Haberlandt's Promotion zum Dr. phil. bei Moritz Hoernes. Obwohl nichts Näheres über seine Dissertation bekannt ist – sie fehlt in der Fachbibliothek für Ur- und Frühgeschichte – liegt die Vermutung nahe, dass Arthur Haberlandt ein Thema behandelte, dass er 1913 in gekürzter Form veröffentlichte: „Prähistorisches in der Volkskunst"[9]. Es war diese wahrscheinlich auch sein einziger publizierter Beitrag mit Bezug zur Urgeschichte. 1914 habilitierte er sich – das war nun am Institut für Anthropologie und Ethnographie möglich – mit einer volkskundlichen Thematik. Arthur Haberlandt folgte schließlich seinem Vater als Direktor des Museums für Volkskunde und als Herausgeber der „Zeitschrift für Volkskunde". Die Volkskunde wurde in Wien als Ethnographie der Völker des Habsburgerreiches aufgefasst. Die zahlreichen Arbeiten von Haberlandt zeigten aber oft eine stark germanophile Ausrichtung.

Das Fach „Prähistorische Archäologie" wählte ein weiterer Schüler, Georg Kyrle, aber erst in einem zweiten Studiengang. Sein Vater war Stadtapotheker im oberösterreichischen Schärding. Schon als 16jähriger – ab 1903 – wurde Kyrle, wohl auf Drängen des Vaters, Aspirant der Pharmazie in dessen Apotheke. Tatsächlich studierte er Pharmazie dann auch von 1906 bis 1908. Schon als Schüler und Pharmaziestudent sammelte Kyrle begeistert prähistorische Funde. Dieses Interesse sollte dann den Ausschlag für ein Studium der Prähistorischen Archäologie mit dem Nebenfach Geographie in Wien geben. Er begann damit im Jahr 1909. Sein Dissertationsthema handelte über „Prähistorische Keramik vom Kalenderberg mit besonderer Berücksichtigung der Mondidole".

Nach seiner Promotion 1912 war Kyrle Praktikant in der Kommission für Denkmale, dem nachmaligen Bundesdenkmalamt. Hier durchlief der Prähistoriker die verschiedenen Dienststufen, bis er 1921 sogar zum Generalkonservator ernannt wurde. Bereits 1917 habilitierte er sich in der „Urgeschichte des Menschen" mit dem Thema „Der prähistorische Bergbaubetrieb in den Salzburger Alpen". 1924 erhielt er einen Lehrauftrag für „Höhlenkunde" und 1929 das Titular für eine außerordentliche Professur für dieses Thema.

Ein besonderes Verdienst von Kyrle war die Gründung eines Speläologisches Institut an der Wiener Universität. Es gelang ihm, die Höhlenkunde allmählich zu einem selbständigen Fachgebiet zu entwickeln, inhaltlich blieb sie jedoch weiterhin eng mit der Urgeschichte verbunden. Im übrigen hielt Kyrle auch immer wieder Vorlesungen zu urgeschichtlichen Themen. Die Entwicklung der Speläologie wurde durch den Tod Kyrle's im Jahr 1937 jäh unterbrochen. In dem Format, das Kyrle geschaffen hatte, existierte das Fach später jedenfalls nicht mehr. Unter den Veröffentlichungen von Georg Kyrle sind vor allem Arbeiten über den prähistorischen Bergbau und Höhlenfunde hervorzuheben. Dazu gehören eine monographische Bearbeitung des bronze- und früheisenzeitlichen Bergbaues in Salzburg oder die speläologische Monographie der Drachenhöhle bei Mixnitz im steirischen Murtal[10].

Ein Studienkollege von Georg Kyrle war Adolf Mahr. Großvater und Vater waren Militärmusiker aus Böhmen, deren Wohnsitz und Standort häufig wechselte. Die Familie von Adolf zog immer wieder in andere Garnisonen innerhalb der Monarchie, sodass er vorteilhafterweise mehrere Sprachen – slawische, die italienische und ungarische – erlernen konnte und auch sonst große Flexibilität erwarb. Erst 1909 fing er sein Studium der Prähistorischen Archäologie bei Moritz Hoernes an. Seine Dissertation schrieb er über „Die prähistorischen Fundplätze des südlichen Innerösterreich". Nach seiner Promotion im Jahr 1912 war Mahr freier Mitarbeiter der Anthropologisch-Ethnographischen Abteilung am Naturhistorischen Hofmuseum und führte Forschungen zur Hallstattkultur durch.

Schließlich -und zwar erst im Jahr 1927 – erhielt er eine Anstellung am Irischen Nationalmuseum in Dublin, wo er zunächst die Leitung der Abteilung für das irische Altertum übernahm. Er begann alle prähistorischen Sammlungen in Irland systematisch zu erfassen und zu katalogisieren. 1934 wurde er Direktor des Museums. Ein weiterer Höhepunkt in Mahr's Laufbahn war seine Ernennung zum Präsident der British Prehistoric Society im Jahr 1937. Damit hatte er auch ein wissenschaftliches Standbein im Vereinigten Königreich. Jedenfalls trug diese Funktion sicher dazu bei, dass er im Studienjahr 1938/39 die ehrenvolle Einladung zu einer Robert Munro-Lecture an der Universität Edinburgh erhielt.

Nach dem Zweiten Weltkrieg wurde Mahr wegen seines nationalsozialistischen Engagements nicht weiter in Irland beschäftigt. Er zog sich nach Bonn zurück, wo er für das Rheinische Landesmuseum unentgeltlich Arbeiten verrichtete. Übrigens wurde sein 1922 geborener Sohn Gustav ebenfalls Prähistoriker, der dann im Museum für Vor- und Frühgeschichte und in der Bodendenkmalpflege in Berlin arbeitete.

1914 promovierte der Schärdinger Karl Friedl mit einer Dissertation über die „Archäologie der Stein- und Bronzezeit Kärntens" Er hatte zunächst mit einem Jusstudium begonnen, um sich schließlich der Prähistorischen Archäologie und Geschichte zuzuwenden. Danach absolvierte einen Kurs für Österreichische Geschichtsforschung und trat 1919 in das Niederösterreichische Landesarchiv ein. Schon 1920 nahm er eine Stellung als Bankbeamter in Graz an, wechselte aber bereits 1926 zum Rechnungsdienst der Steiermärkischen Landesregierung. Ein Jahr später konnte er wieder im wissenschaftlichen Bereich, nämlich in der Steiermärkischen Landesbibliothek arbeiten, wo er von 1955 bis 1957 schließlich auch als Direktor wirkte.

Ein weiterer in Wien promovierter Prähistoriker war Max Zehenthofer, der über die La Tèneperiode in Niederösterreich eine Dissertation verfasste und damit im Jahr 1916 seine Studien der Prähistorischen Archäologie abschließen konnte. Er blieb offenbar nicht mehr im Fach, sondern stellte eine Reihe sehr beliebter Natur- und Kulturfilme her.

Zu den letzten Schülern von Hoernes zählte Josef Weninger (1886–1959). Als Sohn eines Kaufmanns in Salzburg besuchte er zunächst die Technische Hochschule in Wien. Erst viel später begann er Prähistorische Archäologie bei Moritz Hoernes und Anthropologie und Ethnographie bei Rudolf Pöch zu studieren. 1917 schloss er seine Dissertation über „Die Keramik der kupferzeitlichen Pfahlbaustationen am Mondsee" ab. Noch während seines Studiums arbeitete er als wissenschaftliche Hilfskraft für Hoernes und inventarisierte die inzwischen schon stark angewachsene Studiensammlung des Prähistorischen Instituts. Nach seiner Promotion im Jahr 1917 fand er eine Anstellung in der k.k. Zentralkommission für Denkmale. Später wurde er auch „Wissenschaftlicher Sekretär" dieser Institution. Schon in dieser Zeit wandte sich Weninger zunehmend der Physischen Anthropologie zu und verfasste seine ersten Arbeiten über Skelettfunde aus prähistorischen und römischen Gräbern. Sicher war es für Weninger ein Vorteil, seine Erfahrungen als Absolvent der Prähistorie in seine anthropologischen Untersuchungen einbringen zu können.

1922 habilitierte sich Weninger bei Rudolf Pöch über „Afrikanische Kriegsgefangene des Ersten Weltkriegs". Schon 1927 erhielt er eine außerordentliche Professur am Institut für Anthropologie und Ethnographie. 1934 wurde er dann auf die Lehrkanzel für Anthropologie berufen, die schon seit 1929 von der Ethnographie getrennt war.

Seit 1925 war Weninger Mitherausgeber der „Zeitschrift für Rassenkunde" und von „Volk und Rasse", woran auch seine ideologische Gesinnung deutlich abzulesen ist. Wegen seiner jüdischen Frau Margarete, die ebenfalls Anthropologin war, musste er 1938 seinen Lehrstuhl aufgeben, wurde aber bald nach dem Zweiten Weltkrieg wieder als Ordinarius und Vorstand des Anthropologischen Instituts eingesetzt. Er emeritierte im Jahr 1957.

Im Jahr 1917 gab es in der Prähistorischen Archäologie in Wien eine Promotion der ersten Frau in Wien, die ein solches Studium abschloss: Emma Bormann. Sie war die Tochter des deutschen Professors für Alte Geschichte und Epigraphie an der Universität Wien, Eugen Ludwig Bormann. Dieser war schon 1914 emeritiert. Emma Bormann begann 1912 das Fach zu studieren, besuchte aber zeitgleich von 1912 bis 1916 die Wiener Graphische Lehr- und Versuchsanstalt bei Ludwig Michalek. Die beiden gleichzeitigen Studien erklären auch die längere Dauer des Studiums der Urgeschichte im Haupt- und der Klassischen Archäologie im Nebenfach. Ihre Dissertation verfasste sie über „Die Chronologie der jüngeren Steinzeit Niederösterreichs". Moritz Hoernes schrieb am 26.Februar 1917 ein sehr positives Gutachten darüber. Er hob den selbständigen Wert der Dissertation „durch deduktive Anwendung der Erkenntnisse (aus anderen Fundgebieten) auf ein ziemlich großes, in vollster Unordnung überliefertes Material". Der Klassische Archäologe Emil Reisch schloss sich diesem Gutachten voll an[11].

Im Wintersemester 1917/18 belegte Bormann den Lehrgang für graphische Techniken an den Privaten Lehrwerkstätten in München. In den Sommermonaten 1917 und 1918 fand sie aber kurzzeitig zu ihrer urgeschichtlichen Ausbildung zurück und führte im Krahuletz-Museum in Eggenburg in Niederösterreich Inventarisierungsarbeiten durch. Danach entstand auch eine Veröffentlichung über die prähistorischen Forschungen von Johann Krahuletz – wahrscheinlich ihre erste und letzte zu einem archäologischen Thema[12]. Danach wandte sie sich nämlich – in den Jahren seit 1920 – vollends dem Kunstschaffen zu und nahm eine Lehrtätigkeit an. Besonders Holzschnitte, Radierungen und auch Lithographien machten ihr reiches Werk aus, das sie zu einer bald anerkannten Künstlerin werden ließ. Sie unternahm auch zahlreiche Studienreisen in Europa und Nordamerika. 1939 wurde sie als Lehrerin zwangsbeurlaubt. Sie wanderte nach China aus. Später lebte sie in Tokio und im kalifornischen Riverside, wo sie 1974 verstarb.

Der Nachfolger auf Hoernes' Lehrkanzel war Oswald Menghin. Auch er war einer seiner, vielleicht sogar wichtigsten Schüler, da er die weitere Entwicklung der Urgeschichte an der Universität maßgeblich bestimmte. Als Sohn eines Bürgerschuldirektors in Meran in Südtirol aufgewachsen begann er sein Studium bei Hoernes im Wintersemester 1906/07. Im Nebenfach studierte er Geschichte, sonst aber auch Germanistik und Geographie. Sein Dissertationsthema lautete: „Karte der neolithischen und kupferzeitlichen Funde in Tirol". Die Promotion erfolgte 1910. Außerdem legte Menghin noch eine Staatsprüfung am Institut für Österreichische Geschichtsforschung ab.

Von April bis Oktober 1910 praktizierte Menghin bei der k.k.Zentralkommission für Denkmale in Wien. Von 1911 bis 1918 war er Beamter am Niederösterreichischen Landesarchiv und im Niederösterreichischen Landesmuseum. 1913 habilitierte er sich in „Urgeschichte des Menschen" mit dem Thema „Archäologie der jüngeren Steinzeit Tirols". Seine Übungen als Dozent konnte er am Landesmuseum, das archäologische Funde enthielt, abhalten, somit war er nicht auf den Prähistorischen Lehrapparat im Hauptgebäude angewiesen.

Im Juli 1917 starb Moritz Hoernes. An der Philosophischen Fakultät der Universität Wien wurde daher im darauf folgenden Wintersemester eine Berufungskommission eingerichtet, um die Lehrkanzel für Prähistorische Archäologie neu zu besetzen. In der ersten Sitzung am 17.November wurde zunächst eine Titularprofessur für Oswald Menghin beschlossen, da er Hoernes im Sommersemester mit fünf Wochenstunden vertreten hatte. Die Kommission kam im übrigen zum Schluss, dass für die Nachbesetzung des Lehrstuhls nur vier Kandidaten infrage kamen: der Berliner Gustav Kossina und die drei Wiener Dozenten Bayer, Menghin und Kyrle. Das Kommissionsmitglied Rudolf Much lehnte Kossina wegen seiner nicht überzeugenden Lehren strikt ab, die anderen Mitglieder schlossen sich dem an. Kyrle wollte man nicht weiter in Betracht ziehen, da er gerade erst habilitiert worden war und zu wenig Erfahrung besaß. Außerdem wäre er – so Much – zu sehr auf der „technologischen Seite". Die Kommission entschied sich schließlich für Menghin an 1. und Bayer an 2.Stelle.

Am 29.Juli 1918 wurde Oswald Menghin zum außerordentlichen Professor der Prähistorischen Archäologie mit Rechtswirksamkeit vom 1.Oktober ernannt. Seine Lehrverpflichtungen an dem nunmehrigen „Prähistorischen Institut" der Universität Wien bestanden in mindestens fünf Wochenstunden. Infolge einer Berufungsabwehr nach Prag wurde Menghin am 22.März 1922 dann auch zum ordentlichen Professor an die Universität Wien berufen. Gleichzeitig konnte die vor vielen Jahren vom Staat erworbene Much'sche Sammlung endgültig dem Institut einverleibt werden. Mit dem Ordinariat von Oswald Menghin hat sich bald die Bezeichnung des Faches als „Urgeschichte" in Österreich durchgesetzt. Menghin beantragte nämlich die Umbenennung des Instituts in „Urgeschichtliches Institut", was am 4. Februar 1924 vom Unterrichtsministerium genehmigt wurde[13]. Im selben Jahr übersiedelte das Anthropologisch-Ethnographische Institut, das sich bis dahin im 2.Stock der Wasagasse 4 befunden hatte, in das ehemalige Garnisonsspital und das Urgeschichtliche Institut konnte nun die frei gewordenen Räumlichkeiten in der Wasagasse 4 dazu gewinnen. Das bedeutete fast eine Verdoppelung der Institutsgröße.

Anfänglich besaß die Institutsbibliothek hauptsächlich die aus dem Nachlass von Moritz Hoernes stammenden rund 3000 Sonderdrucke und Bücher. Dann kamen aber durch den Schriftentausch mit der Wiener Prähistorischen Zeitschrift ständig neue Bücher und auswärtige Zeitschriftenbände hinzu. Bis 1945 war die Bibliothek – auch durch Ankäufe – auf etwa 4500 Inventarnummern angewachsen, darunter 60 Zeitschriften.

Im Studienjahr 1928/29 bekleidete Menghin das Amt des Dekans an der Philosophischen Fakultät. In den Jahren 1930 bis 1933 war er dann zusätzlich zu seinem Ordinariat in Wien Residentprofessor an der Universität Kairo. Dies bedeutete, dass er dort mehrmals Lehrveranstaltungen abhielt, während er in diesen Jahren zusammen mit dem Professor für Geographie an der dortigen Universität, Mustapha Amadi, Grabungen in der neolithischen Siedlung in Maadi nahe von Kairo durchführte.

Es ist mehr als erstaunlich, dass Menghin zu all dem noch eine weitere Aufgabe zu bewältigen hatte. Nach dem Tod von Josef Bayer wurde Menghin nämlich zum interimistischen Leiter der Prähistorischen Abteilung im Naturhistorischen Museum auf die Dauer von drei Jahren bestimmt[14]. Möglicherweise war diese Bestellung eine Sparmaßnahme, mit der man zwei Funktionen in eine Hand gab.

In den Studienjahren 1935/36 und 1936/37 war Menghin Rektor an der Wiener Universität (Abb. 2). 1938 – von März bis August – wurde er als Unterrichtsminister in die von den Nationalsozialisten eingesetzte Seyß-Inquart-Regierung geholt. Sicherlich war es für diese Ernennung ausschlaggebend, dass er vor kurzem Rektor gewesen war und damit einige Reputation besaß. Schon im Herbst

Abb. 2 Oswald Menghin, Ordinarius für Urgeschichte an der Universität Wien. Ölporträt von Robert Streit aus dem Jahr 1937 in der Fachbibliothek des Institutes für Urgeschichte der Universität Wien. Das Gemälde wurde vom Akademischen Senat für die Rektorengalerie in Auftrag gegebem

1938 kehrte er an die Lehrkanzel des Urgeschichtlichen Instituts wieder zurück. Er blieb dort Professor bis zum Mai 1945. In all den Jahren am Institut war Menghin auch Schriftleiter der von Moritz Hoernes gegründeten Wiener Prähistorischen Zeitschrift. Erst im Jahr 1943 musste eine weitere Herausgabe wegen mangelnder Arbeitskräfte und Finanzierung eingestellt werden.

Nach Kriegsende wurde Menghin bis 1947 in einem amerikanischen Anhaltelager interniert. Zudem verlor er seine Stellung an der Universität, da er aus dem österreichischen Staatsdienst wegen seiner Beteiligung an der nationalsozialistischen Übergangsregierung fristlos entlassen wurde. Überdies wurde eine gerichtliche Voruntersuchung gegen ihn eingeleitet[15]. Das Verfahren wurde aber am 25.Oktober 1956 ohne weitere Beschuldigungen oder Strafen eingestellt[16].

Menghin wanderte im Jahr 1948 nach Argentinien aus, wo er eine außerordentliche Professur an der Universität Buenos Aires erhielt. In dieser neuen Position war er äußerst aktiv. Schon bald gründete er eine archäologische Zeitschrift mit der Bezeichnung „Acta Praehistorica". Außerdem verfasste er zahlreiche Beiträge über die frühesten südamerikanischen Indianer-Kulturen. Seine Zusammenfassung über die Urgeschichte Amerikas erschien im Band von „Oldenbourgs Abriss der Weltgeschichte" im Jahr 1957.

Zu den wichtigeren Publikationen von Oswald Menghin gehören: Die Weltgeschichte der Steinzeit[17], Die Ergebnisse der urgeschichtlichen Kulturkreislehre[18] und Urgeschichtliche Grundfragen[19].

Ein Sohn von Oswald Menghin, Osmund, war ebenfalls Prähistoriker. Er studierte nach seinem Kriegsdienst an der Universität Innsbruck und promovierte bei Leonhard Franz. An dessen Institut für Vor- und Frühgeschichte war er dann Assistent und später außerordentlicher Universitätsprofessor.

Anmerkungen

1. Universitätsarchiv Wien; Dissertationen in der Fachbibliothek Ur- und Frühgeschichte der Universität Wien; Pittioni 1949; Felgenhauer 1965; J.Filip, Enzyklopädisches Handbuch zur Ur- und Frühgeschichte Europas. Prag 1969.
2. WB 125.488.
3. WB 125.489.
4. WB 125.191.
5. WB 125.926.
6. C. Züchner, Hugo Obermaier. Leben und Wirken eines bedeutenden Prähistorikers. Quartär 47/48, 1997, 7–28.
7. Zusammenfassung in den MPK 2/2, 1913, 199–227.
8. Fatouretchi 2009, 104.
9. In: Werke der Volkskunst 2, 1913, 33 ff.
10. G. Kyrle, Der Bergbaubetrieb in den Salzburger Alpen. Österreichische Kunsttopographie 17 (Wien) 1918; O.Abel/G. Kyrle, Die Drachenhöhle bei Mixnitz. Speleäologische Monographien 7–9 (Wien) 1931.
11. K. Rebay-Salisbury, Frauen in Österreichs Urgeschichtsforschung. ArchA 97–98, 2013–2014, 59–76.
12. E. Bormann, Krahuletz und seine prähistorische Forschung in der Umgebung von Eggenburg. MZK 16, 1918, Beiblatt I-LII.
13. Zl.20596/1923/I – Abt.3.

14. BMfU Zl. 28.504 – I/60.
15. Nach § 8 Kriegsverbrechergesetz 1947.
16. Nach § 109, StPo – Landesgericht für Strafsachen Wien 8., 6 Bl.31, Zl.6203/48.
17. O. Menghin, Weltgeschichte der Steinzeit (Wien) 2. Auflage 1940.
18. In: Neue Jahrbücher für Wissenschaft 11, 1935.
19. O. Menghin, Urgeschichtliche Grundfragen. Historia Mundi I, (Bern) 1952.

Gründung der Wiener Prähistorischen Gesellschaft

Schon lange wünschte sich Hoernes, die Wiener Urgeschichte nicht nur in der Lehre, sondern auch in der Forschung in ihrer Präsentation zu verselbständigen. Dies sollte in der Form einer eigenen Gesellschaft und einer eigenen Fachzeitschrift erreicht werden. So schrieb er 1914: „Man muss dankbar sein, dass junge wissenschaftlichen Fächer früher von älteren Wissenschaften beschützt und geführt worden sind. Aber die Zeiten haben sich geändert. Was früher als Wohltat empfunden wurde, wirkte später als sehr drückendes Band. Die Prähistorie verlangt ihr eigenes Heim"[1]. Mit diesen Worte spielte Hoernes auf die bisherige ‚Führungsrolle der Anthropologischen Gesellscharft an und meinte lapidar: „Die Zusammenfassung der anthropologischen Disziplinen in der bekannten Dreieinigkeit (also Physische Anthropologie, Ethnologie und Prähistorie) ist mehr historisch als logisch begründet".

Für ein völlige Emanzipation der Urgeschichte in Wien war für Hoernes aber auch ein anderer Grund maßgeblich: Hier befand sich – im Naturhistorischen Hofmuseum – die reichste prähistorische Sammlung innerhalb Österreichs, eine Sammlung, in die laufend neue Bestände aus Ausgrabungen gelangten. Daher war für ihn nur eine fachspezifische Gesellschaft in der Lage, eine angemessene Forschung an diesen Sammlungsfunden, aber auch an solchen in anderen europäischen Museen durchzuführen.

Der Beschluss zur Gründung einer Prähistorischen Gesellschaft fiel im Rahmen der 85. Tagung der Deutschen Naturforscher und Ärzte, die im September 2013 in Wien stattfand. Diese Absichtserklärung wurde am 23. September im Plenum des Kongresses von Moritz Hoernes, Oswald Menghin und Georg Kyrle vorgetragen. Schon in den Tagen danach gab es ein klärendes Gespräch mit Karl Toldt, dem Präsidenten der Anthropologischen Gesellschaft, „um ein kollegiales gegenseitiges Verständnis (der beiden Gesellschaften) anzustreben"[2]. Tatsächlich

© Der/die Autor(en), exklusiv lizenziert an Springer Fachmedien Wiesbaden GmbH, ein Teil von Springer Nature 2024
A. Lippert, *Moritz Hoernes*, https://doi.org/10.1007/978-3-658-43559-2_25

bestand dann auch ein harmonisches Mit- und Nebeneinander der Gesellschaften. Das drückte sich auch darin aus, dass viele Fachleute, die Mitglieder der Anthropologischen Gesellschaft waren, nun auch der Wiener Prähistorischen Gesellschaft beitraten. Einige von ihnen wirkten sogar in deren Ausschuss mit.

Die konstituierende Versammlung der neuen Gesellschaft wurde am 26. November abgehalten. Nun wurden auch die Funktionäre und die Ausschussmitglieder gewählt. Zu diesem Zeitpunkt hatten sich bereits 240 Mitglieder aus dem In- und Ausland angemeldet. Das zeigte sehr deutlich das enorme Interesse, das von Beginn an für eine Prähistorische Gesellschaft in Österreich bestand. Die Versammlung beschloss im übrigen auch die Gründung der „Wiener Prähistorischen Zeitschrift". Seit 1907 hatte eigentlich nur das „Jahrbuch für Altertumskunde", das von der Kommission für Kunst und Denkmale in Wien herausgegeben wurde, Beiträge größeren Umfanges zur Urgeschichte ohne Zuschuss der Autoren, veröffentlicht. Nun sollte die Wiener Prähistorische Zeitschrift mit dem Kürzel „WPZ" ein spürbare Entlastung in der Weise bringen, dass wichtige Aufsätze zu prähistorischen Themen nicht nur aus Österreich, sondern auch aus dem Ausland publiziert werden konnten. Der erste Band der WPZ erschien 1914.

In den Statuten der Prähistorischen Gesellschaft wurde die enge Bindung an die Forschung und Lehre an der Universität Wien und somit vor allem mit der Lehrkanzel für Prähistorische Archäologie hervorgehoben. Zu den Aufgaben zählte nicht nur die Herausgabe einer eigenen Zeitschrift, der WPZ, sondern auch von Monographien, dann die Durchführung von Exkursionen und Tagungen sowie die Abhaltung von Vorträgen. Die „Funktionäre", also Vorstandsmitglieder, setzten sich aus Präsident, Vizepräsident, zwei Sekretären und dem Schatzmeister zusammen. Die konstituierende Versammlung wählte den Initiator der Gesellschaft, Moritz Hoernes einstimmig zum Präsidenten, Josef Szombathy zum Vizepräsidenten. Oswald Menghin als 1. Sekretär war für den äußeren Schriftverkehr, Georg Kyrle als 2. Sekretär für die Korrespondenz mit den Mitgliedern zuständig. In den Ausschuss wurden unter anderen der Ethnologe Michael Haberlandt, der Althistoriker Rudolf Much, der Geograph Eugen Oberhummer und der Anthropologe Rudolf Pöch bestellt.

Die Zahl der Mitglieder wuchs sehr rasch. Schon Ende 1914, ein Jahr nach der Gründung, waren es 328 Personen. Aus den frühen Mitgliederlisten, die alljährlich in der Prähistorischen Zeitschrift veröffentlicht wurden, erkennt man, dass besonders die Fachbereiche Prähistorie und Anthropologie sehr gut vertreten waren. Zahlreiche Direktoren und Mitarbeiter von Museen, Archiven und Vereinen, aber auch viele Ärzte und Vertreter der katholischen Kirche gehörten der Gesellschaft an. Unter den bedeutenden Fachleuten der archäologischen und anthropologischen Forschung sollen hier einige angeführt werden:

Joseph Déchelette (Museumskustos in Roanne/Loire).

Adalbert Dungel (Generalabt von Stift Göttweig).

Martin Hell (Eisenbahningenieur und Archäologe in Salzburg).

Franz Innerhofer (Museumsdirektor in Meran).

Carlo Marchesetti (Museumsdirektor in Triest).

Hugo Obermaier (Universitätsprofessor für Prähistorische Archäologie in Paris).

Johannes Ranke (Universitätsprofessor für Anthropologie und Prähistorische Archäologie in München).

Paul Reinecke (Konservator in München).

Walter Schmidt (Landesarchäologe der Steiermark in Graz).

Karl Schuchhardt (Museumsdirektor in Groß-Lichtenfelde/Berlin).

Hans Seger (Museumsdirektor in Breslau).

Karl Toldt (Präsident der Anthropologischen Gesellschaft und Universitätsprofessor für Anatomie in Wien).

Josef Weingartner (Leiter der Außenstelle Innsbruck der Zentralkommission).

Franz von Wieser (Museumsdirektor in Innsbruck).

Es fällt auf, dass unter den ersten Mitgliedern der Prähistorischen Gesellschaft ein bedeutender Wiener Prähistoriker nicht zu finden ist: Josef Bayer. Immerhin war er Schüler von Moritz Hoernes und seit 1909 Kustos in der Anthropologischen und Prähistorischen Abteilung des Naturhistorischen Hofmuseums. Warum nun Bayer der Gesellschaft nicht beitrat, ist nicht klar. Es ist nicht auszuschließen, dass er gegenüber einigen Gründern oder Funktionären der Gesellschaft eine Abneigung empfand und der Gesellschaft deswegen nicht beitrat. Natürlich könnte es aber auch andere Gründe gegeben haben.

Die Redaktion der WPZ übernahm in den ersten beiden Jahren, also 1914 und 1915, Moritz Hoernes selbst. In den darauf folgenden beiden Jahren 1916 und 1917 kamen als Redakteure noch Oswald Menghin und Georg Kyrle hinzu, die ihm sicher einen Großteil der Arbeit abnahmen, zumal dies Hoernes' zunehmend verschlechternder Gesundheitszustand erforderte. In diesen ersten Jahren veröffentlichten neben seinen Schülern, wie etwa Mahr, Kyrle und Menghin auch einige bedeutende österreichische, tschechische und deutsche Prähistoriker Aufsätze in der WPZ. Diese Beiträge waren oft regionale Übersichten zu urgeschichtlichen Zeitabschnitten und boten wertvolle Analysen und Zusammenfassungen des Forschungsstandes. Der Inhalt der Bände war prinzipiell in

Aufsätze, Kleine Mitteilungen und Besprechungen gegliedert. Hoernes selbst verfasste nur zwei größere Beiträge. Diese beiden Aufsätze sind aber sehr wichtige Arbeiten, die gewissermaßen einen Teil seiner Forschungen zusammenstellen und gleichzeitig erweitern. Dabei handelt es sich einmal um „Die Anfänge der Gruppenbildung in der prähistorischen Kunst"[3] und um „Krainische Hügelgräbernekropolen in der jüngeren Hallstattzeit". Im letzteren Aufsatz ging es Hoernes vor allem um eine Präzisierung der Chronologie[4].

Die Redaktion der WPZ wurde nach dem Tod von Hoernes von Oswald Menghin, seinem Nachfolger auf der Lehrkanzel, übernommen. Mit Band 30 erschien im Jahr 1943 kriegsbedingt die letzte Ausgabe. Nach dem Zweiten Weltkrieg ging aus dieser Zeitschrift die Archaeologia Austriaca hervor, die mit Band 1 im Jahr 1948 erstmals erschien. Schriftleiter war der nunmehrige Vorstand des Institutes für Ur- und Frühgeschichte, Richard Pittioni. Die Prähistorische Gesellschaft fand ebenfalls eine Fortsetzung, nämlich als Arbeitsgemeinschaft für Ur- und Frühgeschichte, die im Jahr 1950 von Fritz Felgenhauer an diesem Institut gegründet wurde. Sie gab eigene „Mitteilungen" heraus.

Anmerkungen

1. Hoernes (1914d).
2. O. Menghin/G.Kyrle, Die Gründung der Wiener Prähistorischen Gesellschaft-Statuten-Vorstand und Mitglieder. WPZ I, 1914 3–14.
3. Hoernes (1915b).
4. Hoernes (1915c).

Familie und Geselligkeit

Der familiäre Hintergrund hat die Persönlichkeit von Moritz Hoernes sicher sehr geprägt. Es war eine Familie aus Großbürgern, die meist verschiedenen gehobenen Tätigkeiten nachgingen und im in ihrem Leben auch sehr erfolgreich waren. Muttter Aloysia, auch Louise, entstammte einer wohlhabenden Familie mit großem Landbesitz in Marz bei Mattersburg, das damals zu Ungarn gehörte. Louise's Vater Franz Strauß besaß das Amt eines Bezirksarztes in Wien-Leopoldstadt. Eine ihrer Schwestern, Sidonie, war mit dem Arzt Johann August Natterer, Neffe des berühmten Naturforschers Johann Natterer, verheiratet. Bekannt wurde er auch durch seine Experimente in der Fotografie. Die andere Schwester von Aloisa, Hermine, war Frau von Eduard Suess. Dieser wurde schon im jungen Alter, im Jahre 1856 Professor für Paläontologie und im Jahre 1861 für Geologie an der Universität Wien. Er plante die Wiener Donauregulierung ebenso wie die 1. Wiener Hochquellenwasserleitung, die aus den Voralpen nach Wien führte. 1896 bis 1911 war er Präsident der kaiserlichen Akademie der Wissenschaften. Zudem war er lange Zeit Abgeordneter der Liberalen im niederösterreichischen Landtag. Suess war nicht nur eine wissenschaftliche, sondern auch politische und gesellschaftliche Größe in Wien.

Moritz' Vater, Moritz Hörnes der Ältere, war Direktor des Hofmineralienkabinetts und wirkliches Mitglied der kaiserlichen Akademie. Einer seiner Neffen, Hermann von Hoernes, also ein Cousin von Moritz Hoernes dem Jüngeren, wurde k.u.k. Oberst. Er verfasste eine Reihe von luftfahrttechnischen Schriften und führte 1890 selbst die erste österreichische Nachtballonfahrt von Wien nach Posen durch. Er setzte sich auch massiv für die Verwendung von Luftfahrzeugen für Meteorologie und Transport ein.

Wie schon früher erwähnt, trafen sich diese und andere Verwandte, aber auch Freunde der Familie aus der Welt der Kultur und Wissenschaft fast regelmäßig in der Villa Suess. Dieses große Landhaus am Südrand von Marz wurde 1843

A. Lippert, *Moritz Hoernes*, https://doi.org/10.1007/978-3-658-43559-2_26

von Franz Strauss errichtet. Später wurde es von Hermine und Eduard Suess ausgebaut und vergrößert. Das Gebäude ist einstöckig, sehr geräumig, besitzt einen großen Salon und bot mehreren Personen auch die Möglichkeit zur Übernachtung. Moritz erfuhr als heranwachsender Mann in diesem „Marzer Kreis" viel neues Wissen und nahm auch gerne an den Diskussionen teil. Es war dies insgesamt eine offene und liberale Gesellschaft, die hier in der Villa Suess zusammenkam. Und daran profitierte Moritz im hohen Maß. Für seinen eigentlichen Berufsweg – die Archäologie – konnte er sich aber kaum Unterstützung erwarten. Dieses Fachgebiet lag einfach zu weit abseits der Berufe und Tätigkeiten seiner Familienmitglieder und Freunde. Immerhin hinterließen die Zusammenkünfte und Gespräche in Marz wichtige Eindrücke und gaben ihm Anregungen, wie Wissenschaft und Forschung betrieben wurde.

Als Moritz 16 Jahre alt war – im Jahr 1868 – starb sein Vater. Natürlich war dies für ihn und seine Geschwister ein besonders schmerzlicher Lebenseinschnitt. Der Verstorbene wurde im Marzer Friedhof begraben. Da ihm viele Jahre später von der Gemeinde Wien ein Ehrengrab am Zentralfriedhof, der erst 1874 angelegt wurde, zugeteilt wurde, gab es dann eine Umbettung mit einer feierlichen Gedenkfeier. Bei dieser Neubestattung am 25. April 1909[1]. fanden sich nicht nur Familienmitglieder und Freunde, sondern auch zahlreiche namhafte Persönlichkeiten aus dem öffentlichen Leben ein. Berichtet wird etwa von der Teilnahme des Intendanten des Naturhistorischen Hofmuseums, Hofrat Steindachner, des Direktors der Hofbibliothek, Hofrat Ritter von Karabacek, der Professoren Becke, Diener und Uhlig, des Obermagistratsrates Appel und des Präsidialvorstandes Bibl. Eduard Suess, in dieser Zeit Präsident der kaiserlichen Akademie der Wissenschaften, hielt die die Gedenkrede. Der älteste Sohn, Rudolf, dankte im Namen der Familie der Gemeinde Wien für das Ehrengrab. Dann ergriff auch der Bürgermeister Dr. Karl Lueger das Wort und bemerkte, dass „es Pflicht der Gemeinde Wien gewesen sei, einen Mann der Wissenschaft, der sich unblutige Lorbeeren erworben hatte, zu ehren"[2].

Im November 1909 erschütterte der Mord an dem leiblichen Neffen von Moritz Hoernes nicht nur die Familie, sondern auch die Öffentlichkeit. Der Sohn Richard seiner Schwester Ottilie und seines Schwagers Adolf Mader war einem Giftanschlag zum Opfer gefallen. Richard Mader war ein junger Hauptmann im Generalstab gewesen. Er hatte eine „Reclam-Sendung", die aus zwei Pillen bestanden, per Post erhalten, die vorgeblich eine „Hebung der Manneskraft" bewirken sollten. Am 17. November abends wurde Mader in seiner Wohnung von seinem Burschen sterbend angetroffen. Zunächst dachte man an einen Schlaganfall, dann ergab die Obduktion eine Vergiftung durch Zyankali. Übrigens hatten auch mehrere andere Generalstabsoffiziere gleiche Sendungen erhalten, aber glücklicherweise nicht eingenommen. Sie konnten von der Armeeführung noch rechtzeitig gewarnt werden[3]. Der Täter konnte nie eruiert werden, sodass auch das Motiv dieses Verbrechens nicht aufgeklärt werden konnte.

Am 20. August 1912 starb Rudolf Hoernes, der um zwei Jahre ältere Bruder von Moritz, im Alter von 61 Jahren. Er war Professor für Geologie in Graz gewesen und wurde in den Zeitungen hoch für seine wissenschaftlichen Leistungen gewürdigt. Er hatte sich mit seinen Arbeiten über den Aufbau der Alpen und in der Erdbebenforschung einen großen Namen gemacht[4]. Für Moritz Hoernes bedeutete der Tod von Rudolf ein besonders schwerer Verlust, hatten doch die beiden seit ihrer Jugend viele gleichgerichtete Interessen und gemeinsame Aktivitäten. Die Brüder waren einander zeitlebens sehr zugetan.

Zwei Jahre später, im Jahr 1914, starb Mutter Louise. Sie wurde am Marzer Friedhof bestattet. 1943, also fast 30 Jahre später wurde in ihrem Grab die Frau von Moritz, Emilie, beigesetzt. Sie war bereits 1917 nach dem Ableben ihres Gatten Moritz Hoernes, dem Älteren, nach Marz gezogen.

Moritz Hoernes war in seinen jüngeren Jahren ein großer und kräftiger Mann, der auch immer wieder körperliche Strapazen auf sich nehmen konnte. Sicher spielte für seine Robustheit auch die militärische Ausbildung als Einjähriger und seine Teilnahme am Bosnienfeldzug im Jahr 1878 eine Rolle. Gerade in Bosnien, aber auch in der Herzegowina, wo er dann oft wochenlange Feldforschungen betrieb, erlangte er besondere Ausdauer. Dazu kamen später ausgedehnte Wanderungen in den Voralpen bei Wien, über die er lyrische Beiträge und Gedichte in den Zeitungen verfasste. Es ist daher keine Überraschung, dass Moritz Hoernes im Juli 1896 dem Wiener Radfahrer-Club „Post" – gemeinsam mit seinem Freund und Universitätskollegen Michael Haberlandt – beitrat, um sich sportlich zu ertüchtigen. Der Club hatte seinen Sitz in Wien 1., Wipplingerstraße 32. Ganz in der Nähe, in der Schottenbastei 12, trafen sich die Mitglieder im „Clubcafé" bei Josef Gangl. Es gab regelmäßige Clubrennen mit dem Fahrrad auf den Fahr- und Rennbahnen in der Kronprinz Rudolf-Straße 2 im 2. Bezirk[5].

Als Tochter Margarethe, auch Grete, ins Ballalter kam und Bälle eröffnete, wurde sie von den Eltern Emilie und Moritz begleitet. Es waren dies für Hoernes und seine Frau natürlich hervorragende gesellschaftliche Anlässe, die anregende Begegnungen und Gespräche ermöglichten. Die erste Tanzveranstaltung dieser Art war der 25. Frauenheim-Ball am 16.Jänner 1910 in den Sophiensälen. Der Tanzpartner von Grete Hoernes im Eröffnungskomitee war ein Herr Richard Knoll. Die Patronanz des Balles, dessen Erträgnisse dem Verein „Erzherzogin Marie Valerie-Wiener Frauenheim" zugute kamen, hatte Erzherzog Franz Salvator, der Gemahl der Erzherzogin, übernommen. Der Ball wurde mit dem Johann

Strauß-Walzer „Rosen aus dem Süden" eröffnet. Neben Moritz und Emilie Hoernes, waren auch die Universitätslehrer Czischek, Ludwig, Fiala und Schütz mit ihren Begleitungen erschienen. Die Damenspende bestand aus einem „Täschchen im Biedermeierstil mit Goldapplikationen[6].

Im selben Jahr, am 6. Oktober, besuchte Moritz Hoernes das Jubiläumstreffen der Absolventen seiner Schulklasse im Piaristen-Gymnasium vom Jahrgang 1870. Es fand im 1. Stock der Südbahn-Restauration Schneider statt. Es ist vielleicht interessant, welchen Lebensweg jene Mitschüler beschritten hatten, die den Abituriententag vorbereiteten. Diese waren also: Hans Bernaschek, Oberinspektor der k.k. Staatsbahnen, Max Edler von Menussi, Oberleutnant, Dr. Moritz Edlicher, Apotheker, Edmund Pokorny, Generalsekretär der k.k. Privat- und Familienfondsgüter „Phönix", Dr. Anton Riehl, Rechtsanwalt, Heinrich Hütter, Gutsbesitzer, Dr. Rudolf Schinnagl, Landesgerichtsrat und Josef Staudigl, Kammersänger[7].

Auch in der nächsten Saison gehörte Grete Hoernes dem Eröffnungskomitee eines populären Balles an, nämlich des Urania-Balles, der im Haus der Urania am Franz Josefs-Kai am 8. Jänner 1911 stattfand. Es war dies der erste Ball im Neuen Jahr. Die Patronanz für diesen Ball lag in den Händen von Erzherzog Karl Franz Joseph. Nach seinem Erscheinen am Ball „interessierte sich der Erzherzog lebhaft für alles, was in der Urania vorging, vor allem für alle wissenschaftlichen Vorträge", die den Wienern zusätzliche Bildungsmöglichkeiten boten. Damenspende dieses Balles war ein „Papierschneider (wohl eine Schere) in Nickel und Bronze".

Emilie und Moritz Hoernes besuchten dann noch einen weiteren Ball am 19.Jänner, das „Rotkreuz-Picknick". Veranstaltet wurde er vom Zweigverein des Roten Kreuzes im 16. und 19. Bezirk im Hotel Continental. Der Reinertrag kam der Errichtung eines Reservespitales für verwundete Soldaten zugute[8].

Im darauf folgenden Jahr ging die Familie Hoernes nochmals auf den Frauenheim-Ball, der am 22.1.1912 mit „Mein Lebenslauf ist Lieb' und Lust" eröffnet wurde. Auch hier ein Blick auf die Damenspende: es war eine „Visitière aus grünem Leder, geziert mit den Initialen des Vereines[9],

Am 29.1.1912 beging Moritz Hoernes seinen 60. Geburtstag (Abb. 1). Bei dieser besonderen Gelegenheit „versammelten sich seine Schüler im Hörsaal 19 (im Hauptgebäude der Universität am Ring) und wollten dem beliebten Professor anlässlich seines runden Geburtstagsfestes eine Ovation bereiten. Der Pedell der Universität verkündete dann aber um 11 Uhr, dass Professor Hoernes erkrankt war und nicht kommen könne. Daraufhin begab sich eine Abordnung der Studenten zu seiner Wohnung und überbrachte ihm dort ihre Glückwünsche"[10].

Grete Hoernes, vermählte sich am 17.November 1913 mit dem Offizier Dragoljub Petrovic, einem griechisch-orthodoxen Ungarn serbischer Abstammung, in

Abb. 1 Moritz Hoernes.
Ölbild von Hans Andre aus
dem Jahr 1917 in der
Fachbibliothek des Instituts
für Ur- und Frühgeschichte
der Universität Wien

der Pfarrkirche St. Rochus im 3. Bezirk. Zu diesem Zeitpunkt war Petrovic Oberleutnant. Petrovic blieb auch nach dem Ersten Weltkrieg beim Heer und brachte
es im Laufe der Jahre bis zum Dienstgrad eines Majors. Da sich Grete´s Mutter
Emilie nach dem Tod ihres Mannes nach Marz zurückzog, konnte das junge Paar
bereits 1917 deren Wohnung in der Ungargasse 27 in Wien 3 übernehmen.

Am 25.Jänner 1920 kam Sohn Paul zur Welt. Nach dem Besuch des Gymna-
siums studierte er an der Technischen Hochschule in Wien Bauingenieurwesen.
Nach einigen Jahren im freien Beruf machte er Karriere an dieser Hochschule,
wo er schließlich – im Jahr 1969 – eine Berufung zum ordentlichen Professor für
Straßenbau erhielt. Seine Ehe mit Gertrude Srp, die er am 18.12.1943 geschlossen hatte, blieb kinderlos. Er und seine Frau wohnten unweit seiner Eltern in
der Weyrgasse 6. Paul Petrovic war es offenbar auch, der dem Ordinarius für
Klassische Archäologie an der Universität Wien, Jürgen Borchhardt, die früher
erwähnten handschriftlichen poetischen Aufsätze mit Bezug zur Antike gegen
Anfang der 80er Jahre zur weiteren Verwahrung und Auswertung übergeben hatte.

Grete und Dragoljub Petrovic sowie deren Sohn Paul und Schwiegertochter Gertrude liegen in einem gemeinsamen Grab am Zentralfriedhof unweit des Ehrengrabes von Grete's Großvater und Vater[11].

Anmerkungen

1. Gruppe O – Ehrengräber, Reihe 1, Nr. 47.
2. N.F. Presse, 26.4.1909; die Zeit, 26.4.1909.
3. Das interessante Blatt Nr. 47, 25.11.1909.
4. Hubmann/Wagmeier 2017.
5. Radfahrer-Sport Nr. 34, 21.8.1896.
6. N.F. Presse, 18.1.1910.
7. Neues Wiener Tagblatt, 12.10.1910.
8. Das Vaterland, 26.1.1911.
9. Wiener Abendpost, 23.1.1912.
10. Neues Wiener Tagblatt, 30.1.1912.
11. Gruppe 33 B, Reihe 7, Nr. 3.

Rückschau

Am Donnerstag, den 10. Juli 1917, verstarb Moritz Hoernes in seinem 66. Lebensjahr. Er war seit langem an Arteriosklerose erkrankt und hatte seit 2015 immer wieder Phasen mit starken Atembeschwerden. Ab März 1917 ging es ihm dann besonders schlecht und er verließ seine Wohnung kaum mehr. Schließlich beendete ein Gehirnschlag plötzlich sein Leben. Schon zwei Tage nach seinem Tod, am 12. Juli, fand das Begräbnis am Zentralfriedhof statt. Um 3 Uhr nachmittags gab es eine feierliche Einsegnung durch den Franziskaner-Pater Remigius Kogler in der Friedhofskapelle.

Es war eine große Trauerfeier, an der bedeutende Persönlichkeiten aus dem Wiener Kulturleben teilnahmen[1]. Die Universität war mit dem Rektor und klassischen Archäologen Emil Reisch, dem Dekan der Philosophischen Fakultät Alfons Dopsch und dem Prodekan Wilhelm Wirtinger vertreten. Dazu kamen unter anderen die Professoren für Geographie Eduard Brückner und für Anthropologie und Ethnographie Rudolf Pöch. Dem Begräbnis wohnten außerdem der Direktor der Hofbibliothek Josef Ritter von Karabacek, der Vizedirektor des Österreichischen Archäologischen Instituts Josef Zingerle, der Vizepräsident der kaiserlichen Akademie der Wissenschaften Oswald Redlich und der Vizepräsident der Anthropologischen und der Prähistorischen Gesellschaft Josef Szombathy bei. Auch mehrere Direktoren und Mitarbeiter am Naturhistorischen Hofmuseum gaben Moritz Hoernes das letzte Geleit.

Nach der Einsegnung in der Kapelle wurde der Sarg zum Grab getragen[2] und dort nochmals eingesegnet. Die erste Grabrede hielt Dekan Dopsch, der die „Verdienste des hervorragenden Gelehrten" würdigte. Es folgte der emeritierte Direktor der Prähistorischen Abteilung am Naturhistorischen Hofmuseum Josef Szombathy, der mit Hoernes über 20 Jahre zusammengearbeitet hatte und mit ihm durch eine herzliche Freundschaft verbunden gewesen war. Seine Worte waren

A. Lippert, *Moritz Hoernes*, https://doi.org/10.1007/978-3-658-43559-2_27

daher sehr persönlich und nahegehend[3]: „Es ist die Zeitspanne eines Menschenalters her, dass du, einer der besten Jünger der berühmten philologischen und archäologischen Schulen von Wien und Berlin, dich der Prähistorischen Archäologie widmetest, die damals noch gelegentlich ‚Wissenschaft der Analphabeten' genannt wurde… Somit gehörst du noch der Reihe der älteren Prähistoriker an, die wir uns ganz als Autodidakten in unsere Wissenschaft hineinarbeiten mussten… Ein Menschenalter war es mir gegönnt, mit dir als Freund Schulter an Schulter in glücklicher Arbeitsteilung zu arbeiten. Der eine als Praktiker sammelnd und ordnend und du vergleichend und literarisch aufbauend…du warst ein echter Baumeister an dem jungen und doch schon so großen Bau unserer Wissenschaft".

Eine weitere Abschiedsrede hielt der Anthropologe Rudolf Pöch. Er bedankte sich im Namen aller Schüler für die großartige Ausbildung und der engsten Fachkollegen für die erfolgreiche Zusammenarbeit.

Am Freitag, den 13. Juli, wurde eine Seelenmesse für Moritz Hoernes in der Pfarrkirche St.Rochus in Wien 3., gelesen, zu der ebenfalls zahlreiche Kollegen, Schüler und Freunde kamen.

Auf Ansuchen der Universität beschloss die Gemeinde Wien zwei Jahre später die Beisetzung von Hoernes in einem Ehrengrab. Am 26. August 1919 wurden daraufhin seine sterblichen Reste „enterdigt" und in das Ehrengrab seines Vaters, Moritz Hörnes des Älteren, umgebettet[4]. Am Grabstein wurde eine entsprechende Ergänzung vorgenommen (Abb. 1). Viele Jahrzehnte danach erfolgte auf der Ehrentafel der Universität Wien der Eintrag seines Namens. Dies geschah auf Antrag des Professors für Urgeschichte Richard Pittioni am 14. März 1955. Die Ehrentafel aus rotem Adneter Marmor befindet sich am rechten Stiegenaufgang der Aula des Hauptgebäudes der Universität. Auf ihr sind in goldenen Lettern 68 Namen eingearbeitet, darunter von großen Dichtern, wie Anastasius Grün, Lenau, Grillparzer und Stifter ebenso wie von bedeutenden Forschern, wie Hammer-Purgstall, Boltzmann, Suess, Doppler und Richter.

Das Ableben von Moritz Hoernes meldeten zahlreiche Zeitungen im In- und Ausland, meist zusammen mit einer Darstellung seiner wissenschaftlichen Leistungen. Auch ein Schreiben aus dem k.k. Staatsdenkmalamt an die Witwe Emilie Hoernes zollte dem Verstorbenen außerordentliche Anerkennung[5]:

Aus Anlass des Hinscheidens ihres langjährigen Konservators und Mitglieds des Denkmalamtes Prof. Dr. Moritz Hoernes beehrte sich das k.k.Zentralkomitee, ihr innigstes und aufrichtigstes Beileid auszudrücken und dabei mit tiefster Dankbarkeit der hohen Verdienste zu gedenken, die sich der Dahingegangene um die Denkmalpflege Österreichs erworben hat.

Abb. 1 Ehrengrab für
Moriz Hörnes den Älteren
und Moriz Hoernes, den
Jüngeren am
Zentralfriedhof in Wien

Wien, den 13. Juli 1917   (Fortunat) Schubert (von Soldern Vorstand der Zentralkommission).

Aus dem Vergleich der Nachrufe auf Moritz Hoernes in einigen österreichischen Fachzeitschriften kann man durchaus ein abgerundetes und ausgewogenes Bild von ihm gewinnen. Es ist auch keineswegs so, dass sein Wirken nur Lob erhielt, es lassen sich diesen Nachrufen auch kritische Anmerkungen – oft gewissermaßen zwischen den Zeilen – entnehmen. Dies macht sie auch zu weitgehend objektiven Darstellungen der Persönlichkeit Hoernes'.

Josef Szombathy schrieb über die Veröffentlichungen von Hoernes[6]: „Er verstand es, die Entwicklungen in der Urzeit übersichtlich zusammenzustellen und in größere Zusammenhänge zu bringen". Dennoch vernachlässigte er „den Dienst der strengen Detailforschung" nicht, wie seine vielen Beiträge über bestimmte prähistorische Siedlungsplätze, Gräberfelder oder auch Objektgruppen zeigen. „Er war (aber) kein Analytiker, sondern ein Synthetiker… Den Versuchen, die alten Kulturen, die sich aus Funden feststellen zu lassen, mit Völkernamen zu verbinden und zu einer Geschichte der vorgeschichtlichen Zeiten zu verwenden, trat er

allenwege mit größter Entschiedenheit entgegen". Damit waren etwa die Arbeiten von Gustav Kossina oder auch Matthäus Much gemeint, in denen ethnische
Begriffe der jüngeren Eisenzeit und der nachchristlichen Perioden weit zurück
bis in das Neolithikum angewendet wurden.

Auch Michael Haberlandt äußerte sich ähnlich[7]: „Den leeren Spekulationen mit Völkernamen, dem phantasievollen Bestreben, aus den Kulturtatsachen,
welche der Spaten unwiderleglich festgestellt hatte, uralte Völkergeschichte her-
auszufiltern, ist niemand entschlossener entgegen getreten als Moritz Hoernes".

Interessant ist auch das, was einer seiner bedeutendsten Schüler und sein
Nachfolger auf der Lehrkanzel, Oswald Menghin, dazu berichtete[8]: „Immer wieder betonte er – besonders im mündlichen Aussprachen-, dass das Wesen der
Prähistorischen Archäologie die Beschäftigung mit Typen, ihrer chronologischen
Stellung und ihrer Verbreitung ausmache, wogegen alles andere, insbesondere
die neuerdings in den Vordergrund getretene Paläoethnologie als Grenzgebiet
anzusehen sei".

Menghin verlautete aber auch, dass sich Hoernes selbst gar nicht so gerne mit
den gesamten Funden einer Siedlung oder eines Gräberfeldes befasste: „Hoernes
war – wie er oft selber sagte – weder ein großer Ausgräber, noch hatte er Lust an
topographischen Arbeiten... So wird man es begreiflich finden, dass eigentliche
Materialpublikationen von Hoernes nur in geringer Zahl vorliegen".

Der Althistoriker Rudolf Much charakterisierte die Interessen und Schwerpunkte von Hoernes recht anschaulich[9]: „Der gelegentlich seiner Habilitation von
Benndorf geprägte Titel seiner venia legendi „Prähistorische Archäologie" ist sehr
bezeichnend, sofern er von der Klassischen Archäologie ausgegangen und die
kunst- und kulturgeschichtliche Betrachtung immer seine starke Seite gewesen
ist". Damals verstand man unter Klassischer Archäologie jedenfalls weniger die
Typologie von Objektformen, wie Schmuck, Keramik, Gerätschaften und Waffen,
sondern die besonderen zivilisatorischen Leistungen der Griechen und Römer,
etwa in der Architektur oder Kunst. Much setzte dann fort: „Weniger lag es
ihm, das, was zur Naturwissenschaft hinüber leitet ... Dass die ältere Steinzeit
nicht das ihm angemessene Forschungsgebiet war, ist damit eigentlich von selbst
gegeben. Auch kommt es bei der Entscheidung der vielen noch strittigen Fragen innerhalb des Paläolithikums auf Fundbeobachtungen und stratigraphische
Feststellungen, also persönliche Ausgräberarbeit an". Auch über die ethnischen
Bezeichnungen, die Hoernes für die frühen urgeschichtlichen Zeiten ablehnte,
äußerte sich Much: „Am weitesten stand Hoernes ab von jener Schule, die historische Völker in prähistorische Zeiten zurückverfolgen und die Funde auf sie
aufteilen will".

Noch im Jahr seiner Habilitation, also 1892, erschien Hoernes' eindrucks-volle Übersicht der „Urgeschichte des Menschen"[10]. Oswald Menghin bemerkte dazu[11]: „Wie mir Hoernes einmal erzählte, beabsichtigte er eigentlich, eine Urge-schichte Österreich-Ungarns zu schreiben, doch bewog ihn der Verleger Adolf Hartleben, das Ziel weiter zu stecken, und so entstand das ausgezeichnete Werk, das für lange Zeit als die beste Urgeschichte überhaupt gelten durfte. Keines der bis dahin erschienenen zusammenfassenden prähistorische Werke bewältigte den Stoff auch nur in annähernd der gleichen und allseitigen Weise... Dieses Werk bezeichnet auch den Beginn einer neuen Periode im (seinem)Schaffen ... Es sind ganz bestimmte Fragen, die nun in seinem Interesse vorherrschen. Zunächst gibt er sich, wie wohl jeder, dem es in der Wissenschaft ernst ist, einmal tun muss, Rechenschaft über Geschichte, Methode, Begriffsbestimmung, Grenzen und Systematik seiner Disziplin".

Obwohl sich Hoernes mit allen Epochen der Urzeit befasste, gelang es ihn nicht überall, gleiche Maßstäbe für eine systematische Bearbeitung anzusetzen. So äußerte sich Josef Szombathy zu dem 1903 veröffentlichten Buch von Hoernes „Der diluviale Mensch in Europa"[12]: „Das Werk bietet uns die erste geordnete und auch für eingehende Arbeiten eine gut brauchbare Übersicht über sämtliche damals bekannten paläolithischen Funde unseres Kontinents: ein verlässliches und gründliches Werk. Es leidet nur darunter, dass Hoernes zwar das Mortillet'sche System (die Aufeinanderfolge von Acheuléen, Mousterien, Solutréen und Magda-lenien) seiner Darstellung zugrunde legte, aber das gesamte ältere Paläolithikum zu einem Chellés-Mousterien zusammenzog, und dass er dann unterließ, die unse-rem bedeutenden Löss-Paläolithikum, dem jetzigen Aurignacien, zukommende Stellung als eigene, zwischen dem Mousterien und Solutréen liegende Periode zu bestimmen, sondern diese Schichte einfach dem Solutréen zurechnete". Immer-hin versuchte Hoernes später, die verschiedenen Stufen des Paläolithikums in die Eiszeiten und Zwischeneiszeiten des Penck'schen Systems einzuordnen, was ihm zumindest für das Jungpaläolithikum einigermaßen gelang.

Ein anderes großes Werk, wahrscheinlich auch jenes, das Hoernes' besonderes Interesse sichtbar machte, war die „Urgeschichte der bildenden Kunst in Euro-pa"[13]. Es erschien in der ersten Auflage im Jahr 1898, später nochmals – stark überarbeitet und neu gegliedert – 1915. Oswald Menghin kennzeichnete es so[14]: „ ‚Die Urgeschichte der bildenden Kunst' stellt für die damalige Zeit eine hervor-ragende Leistung dar. Das Buch war für den Fachmann unentbehrlich und ist in der urgeschichtlichen Literatur unzählige Male zitiert... Auch nach dem (ersten) Erscheinen dieses Werkes hat Hoernes sich noch immer mit Detailfragen über vorgeschichtliche Kunst beschäftigt".

Über eine sehr detaillierte Arbeit zur Hallstattzeit bildete sich Menghin ebenfalls eine Meinung[15]: „Besonders eingehend hat sich Hoernes mit der Hallstattzeit
beschäftigt, hauptsächlich als Kunsthistoriker, aber auch in chronologischer Hinsicht. Tatsächlich ist der umfängliche Aufsatz ‚Die Hallstattperiode'[16] der einzige
Versuch einer wenigstens ganz Süd- und Mitteleuropa umfassenden zusammenfassenden Darstellung der älteren Eisenzeit". Aber: „ Die tiefschürfende
chronologische Forschung war überhaupt nicht die Sache Hoernes".

Sicher spielte es für diesen von Menghin angeführten Mangel auch eine
Rolle, dass Hoernes nicht unbedingt ein Freund von Kongressen war. Seine
Besuche von Tagungen in den ersten beiden Jahrzehnten seines vorgeschichtlichen Engagements hielten sich in Grenzen, danach – etwa ab 1905 – gingen
sie stark zurück. Aber gerade auf solchen Versammlungen wurden Ergebnisse
neuer Grabungen und deren Auswertung vorgestellt, wobei Typologie und Chronologie der Funde meist im Vordergrund standen. Szombathy schrieb – wohl
etwas übertrieben[17]: „Übrigens hat Hoernes dem Kongresswesen nicht allzu viel
Aufmerksamkeit gewidmet. In den (alljährlichen) Versammlungen der Deutschen
Anthropologischen Gesellschaft war er sehr selten zu sehen".

Welches Gesamtbild hatten aber seine Kollegen von ihm ? Szombathy notierte
dazu[18]: „Das Lebenswerk Moritz Hoernes' ist in seiner ganzen Größe nicht
leicht zu werten … am schwersten zu ermessen und nur allmählich wird man
den Fortschritt, welche seine großen, die Einzelerscheinungen zusammenfassenden und die allgemeinen Zusammenhänge suchenden Werke für die Wissenschaft
bedeuten, zu würdigen wissen… Und mehr noch als die Hochschätzung seiner
wissenschaftlichen Bedeutung werden alle jene, welche Moritz Hoernes persönlich näher treten konnten, die Erinnerung an seine gewinnende und impulsive, im
besten Sinne des Wortes überlegene Persönlichkeit treu bewahren".

Auch über seine Lehrtätigkeit erfahren wir von Szombathy in ein paar Zeilen[19]: „ Seine von einem sprudelndem Temperament getragenen Vorlesungen
erfreuten sich eines starken Besuches. Er war keiner von den sogenannten guten
Pädagogen, die ihren Schülern in die Hefte diktieren: aber er hatte den Erfolg, in
seinen Hörern eine wahre Begeisterung für den Gegenstand und ein in den Kern
der Sache eindringendes Verständnis zu erwecken".

Oswald Menghin umriss die wissenschaftliche Persönlichkeit von Hoernes
so[20]: „Moritz Hoernes bildete gewissermaßen den glanzvollen Abschluss einer
Periode in der Entwicklung der prähistorischen Forschung, den letzten bedeutenden Vertreter einer Richtung, die man kulturhistorische bezeichnen kann. In
neuester Zeit haben andere Gesichtspunkte das Hauptinteresse der Forschung an
sich gerissen; es ist vor allem das siedlungsgeschichtliche Moment, das gegenwärtig die Arbeiten der Prähistoriker beherrscht". Menghin bezog sich dabei

offensichtlich auf die von Gustav Kossina entwickelte siedlungsgeschichtliche Methode, von der schon früher die Rede war.

Hoernes kämpfte zeitlebens für sein Fachgebiet, wie Menghin an einem Beispiel weiter ausführte[21]: „Er hat der Prähistorie in Österreich die Anerkennung der Wissenschaft, einen Platz an der Sonne, erstritten. Temperamentvoll, wie er war, konnte er in diesem Kampfe auch heftig werden. So schied er zürnend aus der Wiener Anthropologischen Gesellschaft aus, weil sie ihm der Urgeschichte nicht genügende Würdigung zuzuwenden schien, und erst in den letzten Jahren ist es seinen Schülern gelungen, eine Versöhnung herbeizuführen".

Ähnlich wie Menghin charakterisierte auch der Anthropologe Rudolf Pöch die Lebensarbeit von Hoernes.[22]: „Hoernes hat selbst an ihrer Begründung (der Prähistorischen Archäologie) einen ganz hervorragenden Anteil. Er hat ihre Methoden systematisch entwickelt, hat sein Interesse gleichmäßig dem ganzen Gebiete zugewendet und mit weitem Blick die großen Zusammenhänge in der Vorzeit aufgedeckt".

Vom Ethnologen Michael Haberlandt hören wir[23]: „Er stand an der Spitze derjenigen, welche die Prähistorie als Wissenschaft ins Leben riefen, welche aus der etwas nebelhaften Urgeschichte des Menschen eine klar geordnete, von strengen Methoden beherrschte wissenschaftliche Disziplin, die Prähistorische Archäologie, schufen … Es kam ihm dabei sein eminenter Ordnungssinn, sein ausgeprägtes Bedürfnis nach Klarheit und Wahrheit und nicht zuletzt ein beispielloser Arbeitsfleiß zugute".

Die internationale Anerkennung für den Prähistoriker Hoernes drückte sich in zahlreichen Mitglied- und Ehrenmitgliedschaften Anthropologischer und Prähistorischer Gesellschaften aus. Er besaß sie von Fachgesellschaften – abgesehen von jenen in Österreich – in Belgien, Deutschland, Finnland, Großbritannien, Irland, Italien und der Schweiz. Sie spiegeln somit auch seine fachlichen Kontakte vor allem zu diesen Ländern Europas sehr gut wider.

Die eindrucksvolle Persönlichkeit von Hoernes schilderte Oswald Menghin[24]: „Er besaß blendenden Witz, eine universelle Bildung, die Macht des Wortes und eine besondere Schärfe des Verstandes. Er sprach geläufig Französisch und eine Reihe anderer Sprachen. Das alles machte ihn zum geistigen Mittelpunkt jeder Gesellschaft; er war dazu gemütlichen Sitzungen hinter einem Glas Wein nicht abhold und einen solchen Abend mit Hoernes rechnet jeder zu seinen schönsten Erinnerungen".

Szombathy beschrieb auch die literarischen Neigungen von Hoernes[25]: „Eine Domäne seines Geisteslebens bildete das intensive Interesse an allen schöngeistigen Dingen einheimischer und fremder Literatur und dazu das Walten der eigenen didaktischen Begabung, der er von Jugend an bis in die späten Jahre diente. Drei

Bände formschöner Gedichte, reich an Gefühl und an Gedanken „Aus der Heimat", „Aus der Fremde" und – und dem Altertum zugewandt – „Heroon" liegen druckreif in Manuskripten vor[26]... Zehn Jahre lang führte er unter dem Beifalle seiner Leser und von Bühnenangehörigen das Burgtheater-Referat in der „Montagsrevue".

Unter den antiken Dichtern „war Horaz sein Liebling. Immer wieder las er die alten Autoren im Urtext und wusste lange Partien auswendig"[27]. Diese philologische Haltung von Hoernes wirkte sich auch auf seine Schreibweise aus[28]: „Hoernes war ein Schöngeist durch und durch, und wer einigermaßen Gefühl für diese Dinge hat, konnte das auch schon seinen wissenschaftlichen Werken anmerken. Mehr als sonst in Gelehrtenkreisen üblich ist, hat er auf die Eleganz des Stiles gehalten, insbesondere in seinen großen Büchern".

Aus heutiger Sicht, mit einem großen zeitlichen Abstand, sehen wir das Leben und die Arbeit von Moritz Hoernes in ihren Zusammenhängen sicher noch klarer. Es fällt sein großer Elan schon in seiner Jugend und während des Studiums auf. Er wechselte in dieser Zeit mehrmals seine Studien – zuerst jenes für das Lehramt, dann für Philologie, um sich schließlich für die Klassische Archäologie zu entscheiden. Und dies war nicht etwa einer Orientierungslosigkeit zuzuschreiben, sondern vielmehr auf seine vielseitigen Interessen zurückzuführen.

Nach dem Abschluss des Studiums in der Klassischen Archäologie war allerdings keine Stellung zu bekommen. Hoernes blieb aber im Fach und führte, meist unzureichend finanziert, anstrengende Forschungen und Dokumentationen im Gelände von Bosnien und der Herzegowina durch. Diese publizierte er recht ausführlich.

1885 war es dann für den bereits 33jährigen Hoernes endlich soweit, dass er als Volontär in der Prähistorischen Sammlung im Naturhistorischen Hofmuseum zu arbeiten beginnen konnte. Zuerst unentgeltlich, dann für einige Jahre als angestellter Museumsbeamter mit noch geringer Bezahlung. Immerhin war er an der Aufstellung der Prähistorischen Schausammlung beteiligt, die – wie das gesamte Naturhistorische Hofmuseum – 1889 der Öffentlichkeit zugänglich gemacht wurde. In dieser Lebensphase wandte sich Hoernes erstmals der Urgeschichte zu. Beim Inventarisieren der Sammlung lernte er die einzelnen Fundstücke genau kennen, von denen er manche bearbeitete und publizierte. Gleichzeitig hatte er in dem schon erfahreneren Josef Szombathy, dem Leiter der Sammlung, einen unschätzbaren Lehrmeister. Mit den Jahren holte Hoernes im Fachwissen natürlich auf. Aber das Entscheidende für die weitere Arbeit und auch spätere akademische Laufbahn von Hoernes war das von Anfang an bestehende ausgezeichnete Vertrauensverhältnis zwischen ihm und Szombathy, das sich zu einer lebenslangen Freundschaft entwickelte. Es war eine harmonische Zusammenarbeit, sie ergänzten einander durch ihre recht unterschiedlichen Stärken – Szombathy als Ausgräber mit ausgezeichneten Kenntnissen neuer Fundmaterialien und Hoernes als Bearbeiter größerer Themen mit Sinn für kulturgeschichtlicher Zusammenhänge.

Sehr bald eignete sich Hoernes die Methoden und Kenntnisse der lange vor der Jahrhundertwende bereits weit fortgeschrittenen skandinavischen und französischen Prähistorie an. Dies betraf besonders die Typologie und Chronologie von Fundbeständen. Nach seiner Habilitation für „Prähistorische Archäologie" an der Universität Wien im Jahr 1892, knüpfte er wichtige Beziehungen, auch auf Kongressen, zu Fachkollegen m Ausland. Nun begann er, auch Arbeiten über Probleme zu schreiben, die in ihrer Reichweite über Österreich hinausgingen. Es entstand, oft gemeinsam mit Josef Szombathy eine übernationale Forschung, bei der die Prähistorische Sammlung in Wien den Ausgangspunkt bildete. Eigentlich können Szombathy und Hoernes somit als die Begründer einer systematischen Urgeschichtsforschung in Mitteleuropa bezeichnet werden.

1899 wurde Hoernes zum außerordentlichen, aber noch unbesoldeten Professor an der Universität Wien ernannt (Abb. 2). Dies war auch der maßgebliche Auftakt für die Möglichkeit, ein Vollstudium in der Prähistorischen Archäologie abzulegen. 1907 wurde diese Funktion zu einem unabhängigen Extraordinariat umgewandelt, Hoernes konnte sich ab diesem Zeitpunkt ganz der Lehre und Forschung an der Universität widmen. Er konnte nun auch daran gehen, nach und nach ein Institut einzurichten. 1911 erfolgte schließlich auch seine Berufung auf eine Lehrkanzel für „Prähistorische Archäologie". Schon zur Zeit seines ersten Extraordinariats begann Hoernes für seine Vorlesungen und Bestimmungsübungen Repliken von wichtigen Fundstücken anfertigen zu lassen, womit eine größere Unabhängigkeit von der Prähistorischen Sammlung erreicht werden konnte. Dazu kam die eigene, ständig wachsende Bibliothek, die er den Studenten zur Verfügung stellte und die nach seinem Tod den Grundstock der Institutsbibliothek bilden sollte. Schließlich rief er 1913 eine fachspezifische Institution, die Wiener Prähistorische Gesellschaft, ins Leben, die bald auch eine Zeitschrift herausgab, die Wiener Prähistorische Zeitschrift. Dies alles diente einer völligen Verselbständigung des Faches Prähistorische Archäologie.

Hoernes war aber auch schon seit längerem klar, dass der Fortbestand des akademischen Studiums in Wien unter den damaligen Voraussetzungen nur dadurch gewährleistet sein konnte, wenn sich einige seiner Absolventen habilitierten. Tatsächlich waren es dann drei: Hugo Obermaier, der nach einer kurzen Dozentur in Wien eine Berufung nach Paris und später nach Fribourg erhielt. Josef Bayer, der nach seiner Habilitation laufend Lehrveranstaltungen in Wien abhielt, aber

Abb. 2 Rudolf von Alt, Präsentationsblatt des vom Architekt Heinrich von Ferstel geplanten Universitätsgebäudes am Wiener Ring. Braun lasiertes Aquarell über Federzeichnung, 1873

in der Prähistorischen Abteilung am Naturhistorischen Museum Karriere machte. Und schließlich Oswald Menghin, der nur wenige Jahre nach seiner Habilitation Nachfolger von Moritz Hoernes auf der Wiener Lehrkanzel wurde.

Zum Ausklang sollen hier nur einige besondere Verdienste von Moritz Hoernes deutlich hervorgehoben werden, die zwar schon früher beschrieben wurden, aber als beachtliche Leistungen gelten können. Dies ist einmal die führende Mitarbeit am Aufbau einer zunächst vorwiegend archäologischen Institution, des Bosnisch-Herzegowinischen Landesmuseums in Sarajewo, in den 80er Jahren des 19. Jhs. Hoernes gelang es, sie mit einer Zeitschrift auszustatten, die alle Sammlungsbereiche abdeckte, und deren Redakteur er über viele Jahre war. Das Museum ermöglichte somit schon sehr früh intensive und professionelle Ausgrabungen sowohl in Bosnien als auch in der Herzegowina, die von deren Kustoden und engen Mitarbeitern durchgeführt und publiziert wurden.

Weiters mutet es geradezu modern an, wenn man die interdisziplinäre Arbeitsweise von Hoernes ansieht. In seinen Veröffentlichungen sind Ergebnisse und Fragestellungen der Anthropologie, Ethnologie und Alte Geschichte oft einbezogen. Geologie und Paläontologie fehlen dagegen weitgehend, Fachgebiete, die vor allem für die Altsteinzeit ganz wesentliche Partnerwissenschaften waren und heute noch sind.

Noch eine andere Seite von Hoernes kann nicht genug hervorgehoben werden, zumal das Fachgebiet Prähistorische Archäologie in Wien zu seiner Zeit erst im Entstehen begriffen war und allgemeines Interesse und einer Förderung bedurfte. Und dies ist die Vermittlung der Fragen, Probleme und Ergebnisse der Urgeschichtsforschung an ein breites Publikum außerhalb der Fachwelt. Er verstand es, zu seinen Hörern aus allen Teilen der Bevölkerung, besonders aber aus der Arbeiterschicht, in spannender Art und Weise über prähistorische Themen zu sprechen. Er hat fast zahllose Vorträge gehalten, ganz besonders im Rahmen der „Volkstümlichen Kurse", die eine Bildung und Weiterbildung für alle ermöglichten. Auch einige von Hoernes' populärwissenschaftliche Publikationen richteten sich an die interessierte Allgemeinheit. So etwa das dreibändige Taschenbuch „Urgeschichte der Menschheit", das in der Sammlung Göschen in vier Auflagen zwischen 1895 und 1912 erschien.

So kann das Lebenswerk von Moritz Hoernes als das eines Pioniers bezeichnet werden. Er hat die soliden Fundamente für eine kontinuierliche und erfolgreiche Entwicklung von Lehre und Forschung der Ur- und Frühgeschichte an der Universität Wien gelegt. Von hier aus wurden und werden bedeutende Ausgrabungen im In- und Ausland unternommen, neue Methoden ihrer Auswertung entwickelt und in der internationalen Fachwelt beachtete Arbeiten veröffentlicht.

Anmerkungen

1. N.F. Presse, 13.7.1917.
2. Gruppe 84, Reihe 38, Nr.13.
3. Szombathy, (1917 12–13).
4. Gruppe O – Ehrengräber, Reihe 1, Nr. 47.
5. Archiv des BDA, Wien, Zl. 2145/1917.
6. Szombathy (1917a).
7. Haberlandt (1917).
8. Menghin (1917).
9. R. Much, Moritz Hoernes, gestorben am 10.Juli 1917. Almanach der Akademie der Wissenschaften in Wien, 1918, 3–9.
10. Hoernes (1892a).
11. Menghin (1917).
12. Szombathy (1917a).
13. Hoernes (1898a).
14. Menghin (1917).

15. Menghin (1917).
16. Hoernes (1905d).
17. Szombathy (1917a).
18. Szombathy (1917a).
19. Szombathy (1917b).
20. Menghin (1917).
21. Menghin (1917).
22. R. Pöch, Moritz Franz Karl Hoernes. In: Die feierliche Inauguration des Rektors der Universität Wien für das Studienjahr 1917/18 am 30.Oktober 1917. Wien 1917, 90–103.
23. Haberlandt (1917).
24. Menghin (1917).
25. Szombathy (1917b).
26. Diese Arbeiten sind heute leider verschollen.
27. Menghin (1917).
28. Menghin (1917).

Anhang

Schriften Moritz Hoernes (1852–1917)

Abkürzungen

AEM	Archäologisch-Epigraphische Mittheilungen aus Österreich (später Österreich Ungarn), Wien.
AG	Anthropologische Gesellschaft, Wien.
AErt	Archeologiai Ertesitö, Budapest.
AfA	Archiv für Anthropologie, Zeitschrift für Naturgeschichte und Urgeschichte des Menschen, Braunschweig.
Ann.	Annalen des k.k. Naturhistorischen Hofmuseums in Wien.
Ausland	Das Ausland: Wochenschrift für Erd-und Völkerkunde, Stuttgart, München, Augsburg, Tübingen.
Globus	Zeitschrift: Globus, Illustrierte Zeitschrift für Länder- und Völkerkunde (später vereinigt mit der Zeitschrift „Das Ausland"), Braunschweig.
JfA	Jahrbuch für Altertumskunde. K.K. Zentral-Kommission für Kunst und Denkmale, Wien.
Jh.ÖAI	Jahreshefte des Österr. Archäologischen Institutes,Wien.
JZK	Jahrbuch der k.k. Zentral-Kommission für Kunst historische Denkmale, Wien.
KAG	Korrespondenzblatt der Deutschen Gesellschaft für Anthropologie, Ethnologie und Urgeschichte, München.
MAG	Mitteilungen der Anthropologischen Gesellschaft, Wien.
MPK	Mitteilungen der Prähistorischen Kommission der k.k. Akademie der Wissenschaften, Wien.

MWC   Mitteilungen des Wissenschaftlichen Clubs, Wien.
MZK   Mitt. der k.k.Central-Kommission zur Erforschung und Erhaltung der
        kunst- und historischen Denkmale, Wien.
ÖJ   Österr. Jahrbuch, Hg. von Frh. v. Helfert, Wien.
SBKA   Sitzungsberichte der phil.hist.Kl. der kaiserl. Akad.d.Wiss., Wien.
WMBH   Wissenschaftliche Mittheilungen aus Bosnien und der Hercegovina,
        Wien.
WPZ   Wiener Prähistorische Zeitschrift (bis 1917 herausgegeben von
        M.Hoernes, Wien).
Zeit   Die Zeit, Wochenschrift, Wien.
ZfE   Zeitschrift für Ethnologie, Organ der Berliner Gesellschaft für Anthro-
        pologie, Ethnologie und Urgeschichte, Berlin.

1877

A. Römische Ruine bei Marz. AEM. aus Österreich I, 70–71.
B. Orest in Delphi. Diomedes und Odysseus.Zwei Vasenbilder des k.k. Antiken-
   kabinetts zu Wien. Archäolog. Zeitung (Berlin) 35, 17–21.
C. Rehschenkel. Archäolog. Zeitung (Berlin) 35, 133.

1878/79
Beschreibung griechischer Vasen in Triest. Sammlung Fontana. Museo Civico.
AEM 2, 17, 120; 3, 54.

1879

A. Archäologische Streifzüge in der Herzegovina: durch die obere Herzegovina.
   Beiträge I-XI in der Wiener Abendpost.
B. Einige Notizen alter Classiker über Auffindung vorweltlicher Thierreste
   (sog.Riesenknochen)- Anhang zu: Neumayr,M., Der Geologische Bau der Insel
   Kos und die Gliederung der jungtertiären Binnenablagerungen des Archipels.
   Sitzungsberichte der math.-naturwiss. Cl. der Öst.Akad.d.Wiss, 17. Juli 1879,
   308–312.

1880

A. Römische Alterthümer in Bosnien und der Hercegovina. AEM 4, 1–24.
B. Alterthümer der Hercegovina. SBKA 97/2, 491–612.

1881

A. Alterthümer der Hercegovina II und ders südlichen Theile Bosniens nebst einer Abhandlung über die römischen Straßen und Orte im heutigen Bosnien. SBKA 99/2 (Jg. 1981), 799–946.

B. Culturskizzen aus der Hercegovina. ÖJ (Frh.v.Helfert Hg.) 5, 23–49.

C. Bosnische Gebirgsübergänge. Zeitschrift des Deutschen und Österr. Alpenvereins, 125–139.

D. Glaube und Aberglaube in der Hercegovina. In: Ausland. 641, 685.

E. Altslavische Kunst und Cultur in Bosnien. In: Heimat (Zeitschrift des Vereins zur Pflege der Natur- und Landeskunde in Schleswig–Holstein, Hamburg und Lübeck, Husum).

1882

A. Mittelalterliche Grabdenkmäler in der Hercegovina. MZK N.F. 8, 19–25.

B. Holzgeräthe und Holzbau in Bosnien. MAG 12, 88–90.

C. Über eine historische Volkssage in Bosnien. ÖJ 6, 187–194.

1883

A. Alte Gräber in Bosnien und der Herzegovina. MAG 13, 169–177.

B. Aus Bosnien (über ein altes Grabmonument in Dolnja Zgošca). MZK N.F. 11, 1883, 78–80.

1884

A. Bosnische Kunst und Kultur im Mittelalter. MAG 14, (106–111).

B. Atlantis: ein Flug zu den alten Göttern. Ein mythologisches Märchen. Wien.

1885

A. Römisches Denkmal in Cilli. AEM 8, 234–238.

B. Die Staaten der Balkanhalbinsel. In: Ausland 58, 361.

C. Funde aus Griechenland. Vortrag auf der Monatsversammlung der AG am 19.5.1885. MAG 15, (58–61).

D. Über ein ungriechisches Denkmal von der Insel Lemnos. MAG 15, (118–120).

E. Literaturberichte (Besprechungen von Fachpublikationen). MAG 15: 39, 40, 85, 89–90.

1886

A. Über Schliemann's „Tiryns". Vortrag auf der Monatsversammlung der AG am 12.1.1886. MAG 16, (5–17).

B. Die Herkunft der gerippten Zisten im „Hallstätter Culturkreis" Vortrag auf der Monatsversammlung der AG am 11.5.1886. MAG 16, 47–49.

C. Über ein merkwürdiges Fundstück aus Nußdorf bei Wien (Vortrag). MAG 16, (49).

D. Bericht über die vorjährigen Funde auf der Gurina. Vortrag vor der Außerordentlichen Versammlung der AG am 18.5.1886. MAG 16, (59–62).

E. Bericht über die diesjährigen Ausgrabungen auf der Gurina bei Dellach in Kärnten. Vortrag auf der Monatsversammlung der AG am 9.11.1886. MAG 16, (59–68).

F. Literaturberichte. MAG 16: 54, 56, 182–183 (51).

1887

A. Über die diesjährigen Ausgrabungen auf dem „Grad" von St.Michael bei Adelsberg in Krain. Vortrag auf der Monatsversammlung der AG am 11.1.1887. MAG 17, (2–5).

B. Über eine Reihe prähistorischer und römischer Fundstücke aus Krain und dem Küstenlande. MAG 17, (40–41).

C. Bericht über die Excursion der Anthropologischen Gesellschaft am 30. Juni 1887 zum Besuche der Erdställe von Gösing und Hohenwarth in Niederösterreich. MAG 17,N.F. 7, (45–50).

D. Über einige prähistorische Fibelformen. Sitzungsberichte der AG. MAG 17, (57–60).

E. Die Westgrenze Montenegros. In: Ausland 60, 641.

F. Notizen aus dem 2. Thätigkeitsbericht des Musealvereines der Stadt Cilli im Jahr 1886. MAG 17, (83–84).

G. Die Fortuna der Südslawen. In: Ausland 60/32 (8.8.1887), 621–623.

H. Literaturberichte. MAG 17: 68–71, 117–120, 184–191.

1888

A. Dinarische Wanderungen. Kultur- und Landwirtschaftsbilder aus Bosnien und der Hercegovina (Wien). 2. Auflage: 1894.

B. Die Gräberfelder an der Wallburg von St. Michael bei Adelsberg in Krain. MAG 18, 217–249.

C. Generalbericht über die Ausgrabungen auf der Gurina. Sitzungsberichte der AG am 13.3.1888, MAG 18, (53–55).

D. Zur Frage der ältesten Beziehungen zwischen Mittel- und Südeuropa. Vortrag auf der Monatsversammlung der AG am 10.4.1888. MAG 18, (57–61).

E. Einige Notizen und Nachträge zu älteren Erwerbungen und Mittheilungen der Anthropologischen Gesellschaft. I. La Tène-Funde, II. Funde aus der Bronzezeit. MAG 18, (86–88).

F. Fernere Notizen über Erwerbungen und Mittheilungen der Anthropologischen Gesellschaft. MAG 19, (8–11).

G. La Paléoethnologie en Autriche-Hongrie. Revue d'Anthropologie. (Paris) 17, 333–347.

H. Excursion der Anthropologischen Gesellschaft nach Hippersdorf und Groß-Weikersdorf zum Besuche verschiedener Fundplätze und Bauwerke, ausgeführt am 17. Juni 1888 unter der Führung des Herrn Ignaz Spöttl. JfA 18, N.F.8 (71–72).

I. Literaturberichte. MAG 18: 54–56, 204–208, 272–273.

1889

A. Das Gräberfeld vom Glasinac in Bosnien. MAG 19, 134–149.

B. Bosnien und Hercegovina. In: Die Länder Österreich-Ungarns in Wort und Bild (Hg. von F. Umlauft, Wien), XV. - 2. erweiterte Auflage:1902.

C. A Praehistoria Ausztriában. Aert 8, 221, 303; 9, 25.

D. La-Tène-Funde in Niederösterreich. MAG 19, 65–70.

E. Grabhügelfunde vom Glasinac in Bosnien. MAG 19,134–150.

F. Fernere Notizen über Erwerbungen und Mitteilungen der Anthropologischen Gesellschaft. MAG 19 (8).

G. Gräber der La-Tène-Periode bei Moräutsch in Krain. MAG 19, (26–27).

H. Schlangenringe im classischen Alterthum. MAG 19, (23–24).

I. Die Keramik der La-Tène-Periode in Böhmen und Mähren. MAG 19, (28).

J. Karl Deschmann + . MAG 19, (36).

K. Über den gegenwärtigen Stand der Urgeschichtsforschung in Östereich. MAG 19, [68–72].

L. Die neuesten prähistorischen Funde in Istrien. Sitzungsberichte der AG. MAG 19 [191–194].

M. Ausgrabungen in Bosnien. Ann. 4, Notizen, 96.

N. Hallstatt en Autriche, sa nécropole et sa civilisation. Revue d´Anthropologie (Paris) 18/4, 328–336.

O. Die Kelten in Süd-Österreich. In: Nord und Süd. Juli-Heft.

P. Die Prähistorie in Österreich. I-II. AfA 17, 289–295 und 346–360.

1890

A. Die Prähistorie in Österreich III. AfA 18,101–110.

B. Der falsche Csar Peter III: eine Episode aus der Geschichte Montenegros. In:Nord und Süd 46, Heft 137, 234–244.

C. Die vorgeschichtlichen Einflüsse des Orients auf Mitteleuropa. In: Ausland 63, 272–275.

D. Die Sigynnen. In: Ausland 63/23 (9.6.1890), 451–454.

E. Das bosnisch-hercegovinische Landesmuseum in Sarajevo. In: Ausland, Jg.63/ 39, 29.9.1890, 764.761.

F. Über meine diesjährigen Reisen nach Bosnien. Ann. 5, 106.

G. Urgeschichte des Menschengeschlechtes. Jahresberichte der Geschichtswissenschaft (Berlin) I, 1–16.

H. Literaturberichte. MAG 20: 101–109.

I. Rezension: J. Szombathy, Tumuli in Gemeinlebarn.

1891

A. La-Tène-Ringe mit Knöpfchen und Tierköpfen. AfA 21, 73–75.

B. Eine prähistorische Tonfigur aus Serbien und die Anfänge der Tonplastik in Mitteleuropa. MAG 21, 153–165.

C. Über den Castellier von Villanova in Istrien. MAG 21, (38).

D. Beiträge zur Erklärung der Situla von Kuffarn. MAG 21, (78–81).

E. Nationalmuseum in Agram. Neue Ausgrabungen in Bosnien. Ann. 6/3–4, Notizen, 129–135.

F. Eine Bronzefibel einfachster Form vom Glasinac in Bosnien. Verhandlungen der Berliner Anthropologischen Gesellschaft. Sitzung am 21.3.1891, 334–338.

G. Heinrich Schliemann + . In: Ausland 64/2 (12.1.1891), 21–23.

H. Die Bronzefunde von Olympia und der Ursprung der Hallstattkultur. In: Ausland 64/15 (13.4.1891), 281–286.

I. Zur Archäologie des Eisens in Nordeuropa. Globus 59, 19.

J. Die Genesis der alteuropäischen Bronzekultur. Globus 59, 322.

K. Literaturberichte. MAG 21: 193.

1892

A. Die Urgeschichte des Menschen nach dem heutigen Stande der Wissenschaft (Wien-Pest-Leipzig).- Rezension in: MAG 1891, 21, 195–196 (J.Szombathy). und Mitt. der kais.- königl. Geograph.Ges. 1893, 137–141 (J.Woldřich).

B. Die ornamentale Verwendung der Thiergestalt in der prähistorischen Kunst. MAG 22, 107–118.

C. Bemerkungen über die neuen Funde von St. Michael. MAG 22, (7–11).

E. Über Begriff und Aufgaben der prähistorischen Forschung (Vortrag vor der AG am 18. 3.1882). MAG 22, (42–43).

F. Geographisch-urgeschichtliche Parallelen. Mittheilungen. der k.k. geogr.Gesellschaft in Wien 35, 34–40.

G. Die Alterthumsforschung in Bosnien und Hercegovina. Monatsblätter des wissenschaftlichen Club in Wien XIII/12, 15.9.1892, 141–144.

H. Über die urgeschichtlichen Denkmale Sardiniens. Monatsblätter des Wiss.enschaftlichen Club in Wien 14/3, 29–32.

I. Österreich-Ungarn und das Haus Habsburg. Teschen.

J. Kunsthistorische Charakterbilder aus Österreich-Ungarn. Wien-Prag.

K. Literaturberichte. MAG 22: 181–182.

1893

A. Zur prähistorischen Formenlehre.Bericht über den Besuch einiger Museen im östlichen Oberitalien. Teil 1. MPK I/3, 91–117.

B. Grundlinien einer Systematik der prähistorischen Archäologie. ZfE 25, 49–70. (Übersetzung ins Polnische von E.Majewski, Wisła [Warschau] 8, 1894, 35).

C. Geschichte und Kritik des Systems der drei prähistorischen Culturperioden (2 Vorträge vor der Außerordentlichen Versammlung der AG am 17. und 24.3.1893. MAG 23, (71–78).

D. Die ältesten Stufen italischer Kunst und Industrie. Mitt. k.k. österr. Mus. f. Kunst u. Industrie 8, N.F., 369.

E. Illyrische Alterthümer. In: Nord und Süd. Juni-Heft, 341–365.

F. Die Urzeit. In: Kunstgeschichtliche Charakterbilder aus Österreich-Ungarn (Hg. A. Ilg), 1–18.

G. Literaturberichte. MAG 23:216–217.

1894

A. Streitfragen der Urgeschichte Italiens. Globus 65/3, 1–4.

B. Ausgrabungen auf dem Kastellier von Villanova di Quieto in Istrien. MAG 24, 155–181.

C. Zur Chronologie der Gräber von Sta. Lucia. MAG 24, 105–110.

D. Über ein Detail der Ziste von Moritzing. Verhandlungen der Berliner anthropologischen Gesellschaft vom 21.7.1894, 368–370.

E. Gem.mit W.Hein, Urgeschichte des Menschengeschlechtes. Jahresberichte der Geschichtswissenschaft (Berlin). Altertum § 1, I,1-I,9.

F. Literaturberichte. MAG 24: 264.

1895

A. Urgeschichte der Menschheit (Stuttgart). 2. Aufl.: 1897, 3. Aufl.: 1905, 4. Aufl.: 1912, 5. Aufl.: 1920 (bearb. von F. Behn).- Übersetzung ins Russische (St.Petersburg) 1898. - Übersetzung ins Englische (London) 1900.

B. Untersuchungen über den Hallstätter Kulturkreis. I. Zur Chronologie der Gräber von St.Lucia am Isonzo im Küstenlande. AfA 23, 581–636, T.I-IV.

C. Ethnologie und Urgeschichte. In: Die Zeit 4/50, 169–171.

D. Vorrömischer Grabstein von Jezerine. WMBH III, 516–518.

E. Das Problem der mykenischen Kultur. Globus 67/9–10, 1–6.

F. Ein Wort über „prähistorische Archäologie". Globus 68/21, 1–3.

G. Die neolithische Station von Butmir bei Sarajevo in Bosnien. Ausgrabungen im Jahre 1893. MAG 25, (68–69).

H. Die neolithische Station von Butmir bei Sarajewo in Bosnien (Hg. Bosnisch-Hercegowinisches Landesmuseum). Ausgrabungen im Jahre 1893. Bericht von W. Radimsky. Vorwort von M.Hoernes. Wien.

I. Über die Situla von Watsch und verwandte Denkmäler. Verhandlungen der 42. Versammlung deutscher Philologen und Schulmänner in Wien, 300–306.

J. Über zwei Publikationen des bosnisch-hercegovinischen Landesmuseums in Sarajevo. Verhandlungen der 42. Versammlung deutscher Philologen und Schulmänner in Wien,349.

K. Über die Anfänge der Kunst. MAG 26 (26).

L. Literaturberichte. MAG 25: 22,85.

1896

A. Renthierkunst und Dipylonstil. MAG 26 (26).
B. Bosnien und Hercegovina in Vergangenheit und Gegenwart. Globus 70 (11. September 1896), 165–170.
C. Eine Fibel aus Mosko bei Bilek. WMBH IV, 383.
D. Über den Ursprung der Fibel. Serta Harteliana, 97–103.

1897

A. Zur prähistorischen Formenlehre. 2. Teil. MPK I, 181.
B. Bruchstück eines zweiten vorrömischen Grabsteines aus der Gegend von Bihač. WMBH V, 337.
C. Über neolithische Funde von Butmir in Bosnien. MAG 27, (41–42).
D. Literaturberichte. MAG 27: (41).

1898

A. Urgeschichte der bildenden Kunst in Europa von den Anfängen bis um 500 v. Chr. Wien (1. Auflage). 1915: 2.Auflage. - 1925: 3. Auflage (durchgesehen und ergänzt von Oswald Menghin).
B. Urgeschichte der bildenden Kunst in Europa von den Anfängen bis um 500 v. Chr. MAG 28 (8).
C. Wanderung archäischer Zierformen. Jh.ÖAI 1, 9–13.
D. Griechische und westeuropäische Waffen der Bronzezeit. Festschrift für Otto Benndorf, 59–62.
E. Das k.k. naturhistorische Hofmuseum. Im 2. Band des Jubiläums-Prachtwerkes „Franz Josef I. und seine Zeit" (Hg. von J. Schnitzer).
F. Die neolithische Station von Butmir bei Sarajevo in Bosnien (Hg. Bosn.-Herzegow. Landesmuseum). 2.Teil. Ausgrabungen in den Jahren 1894–1896. Bericht: F.Fiala, Vorwort: M.Hoernes.
G. Ableben Franz Fiala's. MAG 28 (7–8).
H. Literaturberichte. MAG 28: 45–46, 190. 254.

1899

A. Vortrag mit Skioptikonbildern: „Urgeschichte des Menschen". MAG 29 (58–59).

B. Die Anfänge der bildenden Kunst. Correspondenz-Blatt der Deutschen Anthropologischen Gesellschaft Nr.9, 85–87.

C. Funde verschiedener Altersstufen aus dem westlichen Syrmien. MPK I, 265.

D. Literaturberichte. MAG 29: 30, 58–59, 92–93, 172, 282.

1900

A. Die Anfänge der bildenden Kunst. MAG 30, (19–20).

B. Bronzen aus Wien und Umgebung im k.k. Naturhistorischen Hofmuseum und die Bronzezeit Niederösterreichs im Allgemeinen. MAG 30, 65–78. - Rezension in: Anthropologie 1901/12, 716.

C. Gem. m. R.Hoernes. Besuch einer neuen diluvialen Fundstelle und des städtischen Museums in Krems. MAG 30 (156–158).

D. Bericht über die Erdbewegungen vor dem Wächterthore in Krems und deren archäologische Ergebnisse. MZK 26, 162–163.

E. Bericht über die Excursion nach Eggenburg. MAG 30, (177–178).

F. Trésor d'objets d'argent trouvé à Strbci en Bosnie. L'époque de la Tène en Bosnie. Actes de XXe congrès international d'anthropologie et d'archeologie préhistorique (Paris), 1–26.

G. Nekrolog auf Philippe Salomon. MAG 30, 63–64.

H. Gravierte Bronzen aus Hallstatt. Jh.ÖAI 3, 32–39.

I. Internationaler Congress der Prähistoriker in Paris 1900. MAG 30 (158–159).

J. Literaturberichte. MAG 30: 112, 202, 207,23 24,33, 61–63, 100.

1901

A. Gegenwärtiger Stand der keltischen Archäologie. Globus 80, Nr.21.

B. Die Anfänge der Kunst und die Kunst der Griechen. In: Die Zeit 28/361, 134–135.

C. Der Vorläufer der Menschen. Das Wissen für Alle I, 791.

D. Naturgeschichte des Menschen (Anthropologie). Das Wissen für Alle I, Nr.I-V.

E. Rezension: A.Schliz, Das steinzeitliche Dorf Grossgartach, seine Cultur und die spätere Besiedlung der Gegend. Stuttgart 1901. In: MAG 31, 202–204.

F. Literaturberichte. MAG 31: 112, 202, 207, 213.

1902

A. Thönerne Becherfigur aus der Neumark. Globus 81/1, 1.

B. Deutschlands neolithische Alterthümer. Deutsche Geschichtsblätter III/6/7, 145–152.

C. Urgeschichte des Menschen. Einleitung und ältere Steinzeit. Das Wissen für Alle II, 763, 780, 795, 815, 829, 845.

D. Basil Modestows „Einleitung in die römische Geschichte". Globus 83/1, 5–10.

1903

A. Der diluviale Mensch in Europa. Die Kulturstufen der älteren Steinzeit (Braunschweig). – Rezension: M. Much, MAG 33, 1903: 414–417.

B. Das Campignien. Eine angebliche Stammform der neolithischen Kultur Westeuropas. Globus 83/9, 139–144.

C. Zur Vorgeschichte Europas. Politisch-anthropologische Revue (Hg.von L.Wolfmann, Leipzig) II, 199.

D. Altertümer von Nesactium. Jh.ÖAI 6, 67–72.

E. Neolithische Wohnstätten bei Troppau. MPK I, 401–412.

F. Die älteste Bronzezeit in Niederösterreich. JZK I/1, 1–52.

G. Funde verschiedener Altersstufen aus dem westlichen Syrmien. MPK I, 265–289.

H. Zur prähistorischen Formenlehre. Bericht über den Besuch einiger Museen im östlichen Oberitalien. 2. Teil. MPK I/4, 181–235.

1904

Öskori és Római leletek Magyarországbol a Becsi Udvari Természetrajzi Múzeumban. Aert 24, 204.

1905

A. Die prähistorische Nekropole von Nesactium. JZK III/1, 326–343.

B. Die Hallstattperiode. Deutsche Geschichtsblätter VI, 4, 97.

C. Die jüngere Steinzeit und die Rassenfrage. Politisch-anthropologische Revue. Monatsschrift für das soziale und geistige Leben. IV/2, 65–75.

D. Die Hallstattperiode. AfA N.F. III/ 4, 1–49.

E. Neues aus der alten Hallstattzeit. Österr. Rundschau IV, Heft 52, 568–573.

F. Die neolithische Keramik in Österreich. Eine kunst- und kulturgeschichtliche Untersuchung. JZK III/1, 1–128.

1906

Goldfunde aus der Hallstattperiode in Österreich-Ungarn. JZK IV/1, 73–92.

1907

A. Prähistorische Denkmale. In: Die Denkmale des politischen Bezirks Krems in Niederösterreich (Hg. J.A.v.Helfert). Beitrag von M.Hoernes. Österreichische Kunsttopographie 1, 4–6.

B. Gruppen und Stufen des Gräberfeldes von Hallstatt. Korrespondenzblatt des Gesamtvereins der deutschen Geschichts- und Altertumvereine 55/2, 60–70.

1908

A. Les premières ceramiques en Europe centrale. Akten des 13.Kongresses für Anthropologie und Prähistorische Archäologie in Monaco 1906, II, 34–65.

B. La nécropole de Hallstatt. Essai de division systématique. Akten des 13. Kongresses für Anthropologie und Prähistorische Archäologie in Monaco, II, 75–96.

C. Das keltische Temperament. Politisch-Anthropologische Revue VII/1, 10–18.

D. Die Entwicklung der Schädellehre. Wiener Urania, Jg. 10, Sonntag, 21.3.1908, 73–77.

E. Gegenwärtiger Stand der Kraniologie. Wiener Urania, 181, 265.

F. Der neue Skelettfund aus dem Diluvium. Wiener Urania, Nr.35, 14.11.1908, 349–366.

G. Die Suche nach dem Urmenschen. Die Umschau (Frankfurt) XIII, Jg.12, 28.3.1908, 241–243.

1909

A. Natur- und Urgeschichte des Menschen, Bd.1–2 (Wien). – Rezension: J. Szombathy, MAG 39: 286–287. – Übersetzung ins Italienische (Milano) 1912. – Rezension in: Geograph.Zeitschrift 1910/16, 288. – Übertragung ins Italienische:1912: Kap. I–III, 1913: Kap. V-VII (Milano). – Rezension: J.Szombathy, MAG 39: 286–287.

B. Die prähistorischen Menschenrassen Europas, besonders in der jüngeren Steinzeit. Schriften des Vereins zur Verbreitung naturwissenschaftlicher Kenntnisse 49, Heft 6, 1–43.

C. Die Anfänge menschlicher Kultur. In: Weltgeschichte (Hg. von J.von. Pflugk-Hartung), Bd.I.

1910

A. Abbildungen vor-und frühgeschichtlicher Objecte meist österreichischer Fundorte (aus Mittheilungen der Anthropologischen Gesellschaft in Wien, Berichte
und Mittheilungen der Prähistorischen Commission der kaiserlichen Akademie der Wissenschaften in Wien, Denkschriften der kaiserlichen Akademie
der Wissenschaften – math.-naturwiss. Classe) für Vorlesungen und Übungen
zusammengestellt von Dr. Moriz Hoernes. Wien 1910.

B. Die paläolithischen Stationen von Aggsbach in Niederösterreich (eine Richtig-
stellung). Centralblatt für Mineralogie (Wien) 14, 440–441.

C. Geschichte und Vorgeschichte. Internat. Wochenschrift für Wissenschaft, Kunst
und Technik (Berlin) IV, 9.7.1910. 2–12.

D. Die körperlichen Grundlagen der Kulturentwicklung. Scientia, Rivista di
Scienza (Bologna) VII (anno 4), Nr. XIV, 350–368.

E. Über das vorgeschichtliche Kupferbergwerk auf dem Mitterberge bei Bischofshofen. Verhandlungen des 81. Kongresses deutscher Naturforscher und Ärzte in
Salzburg (Leipzig) II/1, 298.

F. Über den italischen Bronzehelm vom Pass Lueg im Salzburger Landesmuseum. Verhandlungen des 81. Kongresses deutscher Naturforscher und Ärzte
in Salzburg (Leipzig) II/1, 229.

1911

A. Völkerkunde und Vorgeschichte. Internat. Wochenschrift für Wissenschaft,
Kunst und Technik (Hg. P. Hinneberg, Berlin) V/21 (27.5.1911), 655–664.

B. Die ältesten Formen der menschlichen Behausung und ihr Zusammenhang mit
der allgemeinen Kulturentwicklung. Rivista di Scienza X (anno 5), 132. - Übertragung ins Englische (London) 1914. – Übertragung ins Französische (Paris)
1914.

C. Kunstgeschichtliche Übersicht. 1. Prähistorische Denkmale im Bez.Horn. In:
Österr.Kunsttopographie ((Hg. k.k. Zentral-Kommission für kunst- und historische Denkmale) Bd.5, 12–17.

D. Formentwicklung prähistorischer Tongefäße. JFA V.

1911–1919

Verschiedene Beiträge in: Reallexikon der Germanischen Altertumskunde. 4 Bände
(Red. von J. Hoops, Straßburg).

1912

A. Die Formenentwicklung der prähistorischen Tongefäße und die Beziehungen der Keramik zur Arbeit in anderen Stoffen. MAG 42: 151.

B. Kultur der Urzeit. Bd.1–3 (Leipzig). - Rezension in Geograph.Zeitschrift 1912/ 18, 706; Anthropologie 1913/24, 60. - Rezension: MAG 43: 1913, 238–239.

C. Ursprung und älteste Formen der menschlichen Bekleidung. Scientia, Rivista di Scienza XI/1 (anno 6), 81–93.

D. Zeitalter der Regionen der vorgeschichtlichen Kunst in Europa. JfA VI, 148–171.

E. (Gem. m. R. Much). Das erste Auftreten der Deutschen in der Geschichte. Stellung zu anderen Völkern. In: Dahlmann-Waitz, Quellenkunde der Deutschen Geschichte. 8.Aufl. (Hg. v. P. Herre, Leipzig), 233–243.

F. Le âges e les régions de l´art préhistorique en Europe. Akten des 14. Internationalen Kongresses der Anthropologie und Prähistorischen Archäologie in Genf 1912, II, 33–45.

1913
Die Anfänge der bildenden Kunst. Kongress für Ästhetik und allgemeine Kunstwissenschaft (Berlin), 213.

1914

A. Ein Grundstein der Urgeschichtsforschung. Deutsche Literaturzeitung 35/2 vom 10.1.1914, 69–72.

B. Die Chronologie der Gräberfunde von Watsch. WPZ I, 39–52.

C. Nachruf auf Joseph Dechelette. WPZ I, 1914, 241–243.

D. Mitteilungen aus der Gesellschaft: Einführung zur Gründung der Wiener Prähistorischen Gesellschaft. WPZ I, 1–3.

E. Bericht über den Congress für Ästhetik und allgemeine Kunstwissenschaft in Berlin im Jahr 2013. Stuttgart.

F. The earliest forms of human habitation and their relation to the general development of civilization. Smithsonian report for 1913 (Washington), 571–578.

1915

A. Urgeschichte der bildenden Kunst in Europa, von den Anfängen bis um 500 v. Chr. (2.bearbeitete und neu illustrierte Auflage) Wien. – Rezension: J.Szombathy, MAG 46, 1916: 92–96.

B. Die Anfänge der Gruppenbildung in der prähistorischen Kunst. WPZ II, 1–14.

C. Krainische Hügelnekropolen der jüngeren Hallstattzeit. WPZ II, 98–123.

1916

Johannes Ranke (1836–1916). WPZ III, 131–132.

1917

Prähistorische Miszellen. WPZ IV, 24–51.

1920/21

Das Gräberfeld von Hallstatt, seine Zusammensetzung und Entwicklung. Mitteilungen des Staatsdenkmalamtes 2–3, Heft 1–3, 1–45 (aus dem Nachlass).

1923

Prähistorische Archäologie. In: (Schwalbe, G./Fischer/E. Hg.), Die Kultur der Gegenwart. Band 3/5: Anthropologie, (Leipzig und Berlin) 1923, 339- 434 (aus dem Nachlass, Abfassung im Jahr 1914).

Nachwort

Als Moritz Hoernes 1899 den Titel und 1907 die Stellung eines außerordentlichen Professors an der Universität Wien erhielt, war dies nicht mit der Gründung eines Institutes mit eigenen Räumlichkeiten verbunden. Dies änderte sich zuerst auch nicht mit der Berufung zum Ordinarius auf die Lehrkanzel für Prähistorische Archäologie. Er und seine habilitierten Schüler hielten ihre Lehrveranstaltungen im Hauptgebäude der Universität am Ring. Lediglich der „Lehrapparat", also die Lehrsammlung, konnte in einigen von der Universität angemieteten Räumen in der Wasagasse 4 im 9. Bezirk aufgestellt werden.

Erst nach dem 1. Weltkrieg wurde unter Hoernes' Nachfolger Oswald Menghin ein Institut mit Arbeitsräumen und einem kleinen Hörsaal in der Wasagasse eingerichtet. Gegen Ende des 2. Weltkrieges kam es zu einem Umzug in die nahe Heßgasse. Wegen eines schweren Bombenschadens musste das Institut dann ein neues Domizil in der Hanuschgasse im 1. Bezirk beziehen. Weitere Stationen waren 1963 das Neue Institutsgebäude in der Universitätsstraße im 1. Bezirk und seit 1988 das Archäologiezentrum im sehr repräsentativen, ehemaligen Gebäude der Hochschule für Welthandel am Währinger Park im 19. Bezirk. Hier nimmt das Institut für Ur- und Frühgeschichte die oberen drei Stockwerke ein, in denen sich Hörsale, Arbeitsräume, Fachbibliothek sowie verschiedene Labors und Werkstätten befinden.

Die Anfänge von Lehre der Urgeschichte fanden also in einem sehr bescheidenen Rahmen statt. Umso mehr sind die großen Leistungen von Moritz Hoernes zu bewundern, der in seinen Vorlesungen erstmals eine systematische Übersicht des Faches bot. Aus seiner „Schule" gingen mehrere bedeutende Prähistoriker hervor. Ich selbst gehöre gewissermaßen der vierten Generation von Schülern und Lehrenden an und ich sehe mich – wie andere meiner Kollegen – als „geistigen Urenkel" von Hoernes, dem ersten Lehrkanzelinhaber für Prähistorische Archäologie im deutschsprachigen Raum und Pionier der Urgeschichtsforschung in Österreich.

Eine Biografie von Moritz Hoernes hat bisher gefehlt. Sie erscheint mir aber sehr wichtig. Einerseits, um seine herausragende wissenschaftliche Persönlichkeit zu würdigen, andererseits aber auch, um die allmähliche Entwicklung des Faches Urgeschichte in ihren Anfängen zu verfolgen. Es ist sicher aufschlussreich, die ersten methodischen Schritte sowohl bei den Ausgrabungen als auch bei der Ausdeutung der Funde kennenzulernen. Dazu kommen die frühen Schwerpunkte der prähistorischen Forschung. Moritz Hoernes stand am Beginn, wie manche seiner Kollegen in Skandinavien oder Frankreich, einer systematischen Bearbeitung und Auswertung noch relativ kleiner Fundbestände. Die Naturwissenschaften, wie etwa die Physische Anthropologie oder die Klimaforschung, konnten zwar bereits für die Urgeschichtsforschung herangezogen werden, steckten aber selbst noch in den Kinderschuhen.

Angesichts der noch tastenden Versuche, zu plausiblen Ergebnissen zu kommen, kann man über die aus heutiger Sicht schon vielen zutreffenden Überlegungen und Folgerungen in den Arbeiten von Hoernes staunen: bei der Charakterisierung von Kulturen, der Beschreibung von Siedlungs- und Bestattungsformen, der Beurteilung wirtschaftlicher und kultureller Beziehungen, bei der Frage von Einflüssen und Wanderungen und – nicht zuletzt – im Fall relativchronologischer Ordnungen. Verständlicherweise hat Hoernes auch vieles noch falsch oder ungenau verstanden und interpretiert, da ihm ausreichendes Fundmaterial und die Unterstützung ausgereifter moderner Technologie und naturwissenschaftlicher Methoden, wie Radiokarbon- und Isotopenanalysen oder auch genetische Untersuchungen noch nicht zur Verfügung standen. Aber gerade eine Gegenüberstellung der frühen Forschungen von Moritz Hoernes mit dem aktuellen Forschungsstand, die ich in einigen Bereichen in dieser Biografie vorgenommen habe, sollte uns nachdenklich werden lassen. Stehen alle unsere heutigen Feststellungen und Theorien auf festem Boden ? Werden sie auch in Zukunft bestehen ? Wie wird man über unsere Forschungen in hundert Jahren urteilen ?

Ich möchte mich herzlich bei allen Institutionen und Kollegen bedanken, die mir beim Verfassen der Biografie maßgeblich geholfen haben. Besondere Unterstützung erfuhr ich von der Bibliothekarin des Institutes für Ur- und Frühgeschichte der Universität Wien, Frau Sandra Zoglauer, die manche alte Publikation aus dem Magazin besorgt und bei der Suche nach den ersten Dissertationen, von denen nicht mehr alle in der Fachbibliothek stehen, wertvolle Hinweise gegeben hat. Weiters danke ich auch meinem Freund und Kollegen am Institut Gerhard Trnka für einige interessante Bemerkungen. Hubert Szemethy vom Institut für Klassische Archäologie hat mir freundlicherweise Zugang zu einigen von ihm aufgefundenen handschriftlichen Aufsätzen von Moritz Hoernes ermöglicht, wofür ich ihm ebenfalls sehr dankbar bin. Sehr hilfreich ist mir auch Karin Grömer, Direktorin des Prähistorischen Abteilung am Naturhistorischen Museum in Wien, bei meinen dortigen Recherchen entgegengekommen, ebenso Ana Marić, Kustodin am Bosnisch-Herzegowinischen Nationalmuseum in Sarajewo. Höchst nützliche Informationen und ein Foto von C.Lafite stammen von Marion und Joachim Diederichs vom LAFITEarchiv in Wien. Für die Bereitstellung von Fotos danke ich außerdem der Generaldirektion des Naturhistorischen Museums in Wien, den Museen der Stadt Wien, dem Landesmuseum Kärnten, dem Museum in Hallstatt, dem Bildarchiv der Universität Wien, der Familie Josef Szombathy, Hubert Szemethy, Angelika Heinrich und Barbara Kowalewska von der Anthropologischen Gesellschaft in Wien. Natürlich hat mich auch mein Institut für Ur-und Frühgeschichte an der Universität Wien vielfältig bei der Beschaffung von Informationen und Illustrationen unterstützt. Mein ausdrücklicher Dank geht schließlich auch an Andreas Weihs, der in bewährter Weise einige präzise grafische Illustrationen für das Buch ausgeführt hat.

Schließlich bin ich auch dem Springer Verlag und namentlich Cheflektor Frank Schindler, für den raschen Entschluss dankbar, die Biografie von Moritz Hoernes in das Verlagsprogramm aufzunehmen.

Andreas Lippert, Wien im November 2023.

Bildnachweise

Kap. 1-1: Graphik A.Weihs, Wien; 2: Foto A.Lippert, Wien. Kap.2-1: Hoernes 1877b. Kap.3-1: Graphik A.Weihs, Wien. 2: Bildarchiv Präh.Abt.NHM. 3: R.Munro, rambles and studies in Bosnia-Herzegovina and Dalmatia (Edinburgh-London) 1900, Pl.21; 4: Hoernes 1882a; 5: Briefmarke, 2016; 6: Ashmolean

Museum Picture Library, Oxford; 7: Archiv H.Szemethy, Wien. Kap.4-1: Hoernes 1892a; 2: Ann.NHM I, 1885, Taf.I; 3: Wiss.Archiv NHM; 4: Inv.-Bücher Präh.Abt.NHM; 5: Bildarchiv NHM. Kap.6-1: Luftbild H.Hartl, Landesmuseum für Kärnten; 2: Hoernes 1903f, Fig.1; 3: Bildarchiv NHM. Kap.8-1: Zeichnung Pater L.Karner in: Hoernes 1891d; Kap.9-1: Bildarchiv NHM; 2-3:Hoernes 1892a. Kap.11-1: Bildarchiv Bosn.-Herzegow.Landesmuseum Sarajewo. Kap. 12-1: Archiv H.Szemethy, Wien. Kap.13-1: M.Guido, Sardinia (London)1963. Kap.14-1: Archiv H. Szemethy, Wien. Kap. 15-1:Illustrierte Kronen-Zeitung, 13.7.1917. Kap.16-1: Bildarchiv NHM; 2: Archiv Anthr. Ges.in Wien; 3: Universitätsarchiv Wien; 4: H.Parzinger, die Kinder des Prometheus (München) 2004, S.63. Kap.17-1:Graphik M.Ledeli,UniversitätsarchivWien-Bildersammlung, Inv.-Nr. 135.828; 2-4: Archiv Bosn.-Herzegowin.Landesmuseum Sarajewo; 5-6: Bildarchiv NHM. Kap.18-1: Foto aus dem Besitz der Familie J.Szombathy, Wien. Kap. 21-1: Sammlung Inst.f.Urgeschichte, Universität Wien; 2: Bildarchiv Inst.f.Urgeschichte, Universität Wien. Kap.22-1: Neues Wiener Journal, 23.2.1903; 2: Partitur-Ausschnitt, Hg.Hugo Wolf-Verein Wien (Mannheim) 1902;3: LAFITEarchiv Wien. Kap.23-1: Öst.Staatsarchiv, Akte M.Hoernes; 2: Museum Hallstatt, Oberösterreich. Kap.24-1: Sammlung Inst.f.Urgeschchte, Universität Wien;2: Bildarchiv Inst.f.Urgeschichte, Universität Wien. Kap.26-1: Bildarchiv Inst.f.Urgeschichte, Universität Wien. Kap.27-1: Foto A.Lippert, Wien; Museen der Stadt Wien, Inv.-Nr. 106.704.

Personenverzeichnis mit Lebensdaten

Curtius, Ernst (1814–1896).
Conze, Alexander (1831–1941).

Darwin, Charles (1809–1882).
Dubois, Eugène (1858–1940).
Dungel, Adalbert (1842–1923).

Evans, Arthur, Sir (1851–1941).

Fiala, Franjo (1861–1898).
Fischer, Ludwig Hans (1848–1915).
Franzos, Karl Emil (1848–1904).
Friedl, Karl (1892–1971).

Glücksmann, Heinrich (1863–1943).

Haberlandt, Arthur (1889–1964).
Haberlandt, Michael (1860–1940).
Hauer, Franz, Ritter von (1822–1899).
Hartel, Wilhelm August, Ritter von (1839–1907).
Heger, Franz (1851–1931).
Hildebrand, Hans (1842–1913).
Hochstetter, Ferdinand von (1829–1884).
Hoernes, Emilie, geb. Edle von Savageri (1858–1943).
Hoernes, Rudolf (1850–1912).
Hörnes, Aloysia Karoline (1819–1902).
Hörnes, Franz (1857–1918).
Hörnes, Heinrich (1855–1903).
Hörnes, Moritz, der Ältere (1815–1868).
Hübner, Emil (1834–1904).
Huxley, Thmas Henry (1852–1895).

Kállay, Benjamin von (1839–1903).
Kerschbaumer, Anton (1823–1909).
Kohn, Emerich (1878–1936).
Kossina, Gustav (1858–1931).
Kyrle, Georg (1887–1937).

Lafite, Carl (1872–1944).
Lamarck, Jean-Baptiste (1744–1829).
Lepsius, Carl Richard (1810–1884).
Linné, Carl von (1707–1778).
List, Camillo (1867–1924).

Mahr, Adolf (1887–1951).
Marchesetti, Carlo de (1850–1926).
Masaryk, Tomáš (1850–1937).
Matiegka, Jindřich (1862–1941).
Menghin, Oswald (1888–1973).
Montelius, Oscar (1843–1921).
Mortillet, Gabriel de (1821–1898).
Much, Matthäus (1832–1909).
Much, Rudolf (1862–1936).

Natterer, Johann August (1821–1900).
Niederle, Lubar (1865–1944).

Obermaier, Hugo (1877–1946).

Pešnik Jernej (1835–1914).
Petrovic, Dragoljub (1882–1957).
Petrovic, Gertrude, geb. Srp (1922–1991).
Petrovic, Margarethe (1892–1972).
Petrovic, Paul (1920–1984).
Pirquet, Clmens Peter, Freiherr von (1874–1929).
Pittioni, Richard (1906–1885).
Platon (427–347 v. Chr.)
Poetzl, Eduard (1861–1914).

Radimský, Wenzel (1832–1895).
Ramsauer, Johann Georg (1797–1876).
Reinecke, Paul (1872–1958).
Retzius, Anders (1796–1860).
Rokitansky, Carl von (1804–1878).

Sacken, Eduard von (1825–1883).
Schaafhausen, Hermann (1816–1893).

Spöttl, Iganz (1836–1892).
Strauß,Franz (1790–1874).
Strobl, Johann (1845–1910).
Stuart y Falcó, Jacobo Fitz-James, Herzog von Alba (1878–1953).
Suess, Eduard (1831–1914).
Suess, Hermine, geb. Strauß (1835–1899).
Szombathy, Josef (1853–1943).

Teutsch, Julius (1867–1936).
Thomsen, Christian Jürgensen (1788–1865).
Tischler, Otto (1843–1891).
Toldt, Carl (1840–1920).
Truhelka, Ćiro (1865–1942).

Vahlen, Johannes (1830–1911).
Virchow, Rudolf (1821–1902).

Wattenbach, Wilhelm (1819–1897).
Weninger, Josef (1886–1959).
Woldřich, Jan (12.834–1906).
Wolf, Hugo (1860–1903).
Worsaae, Jens Jacob Asmussen (1821–1898).

Abkürzungen

Ann.   Annalen des k.k. Naturhistorischen Hofmuseums in Wien (seit 1887).

BDA   Bundesdenkmalamt, Wien.

MWC   Monatsblätter des Wissenschaftlichen Clubs in Wien (seit 1879).

NHM   Naturhistorisches (Hof-)Museum, Wien.

ÖNB   Österr.Nationalbibliothek, Wien.

WB   Wien Bibliothek. Im Rathaus der Gemeinde Wien.

Literatur

Evans 2006: A. Evans, Ancient Illyria. An archaeological exploration, London 2006 (Antiquarian researches in Illyricum 1985, I and II 1886, Vol.48 and III and IV, Vol.49, Archaeologia Society of Antiquaries, London).

Fatouretchi 2009: S.Fatouretchi, Die Achse Berlin-Wien in den Anfängen der Ethnologie von 1869 bis 1906. Magisterarbeit an der Universität Wien.

Haberlandt 1903: M.Haberlandt, Hugo Wolf. Erinnerungen und Gedenken. Leipzig.

Haberlandt 1917: M.Haberlandt, Professor Moritz Hoernes. Zeitschrift für Volkskunde 23, 45–48.

Heinrich 2013: A.Heinrich, Josef Szombathy. MAG 133, 2003, 1–45.

Hochstetter 1865: F.v.Hochstetter, Bericht über die Nachforschungen nach Pfahlbauten in den Seen von Kärnthen und Krain. 51.Sitzungsbericht der kaiserl. Akademie der Wissenschaften (Wien), 261–280.

Hochstetter 1880/81: F.v.Hochstetter, Über einen Kesselwagen aus Bronze aus einem Hügelgrab von Glasinac in Bosnien. MAG 10, 289–298.

Hubmann/Wagmeier 2017: B.Hubmann/C.Wagmeier, Rudolf Hoernes (1850–1912) vielseitiger Erdwissenschaftler und „Kämpfer für die Freiheit der Wissenschaft" im Spiegel der Zeit. Ber. d. Geolog.Bundesanstalt 122, (Wien), 1–165.

Krause 2019: J.Krause, Die Reise unserer Gene (Berlin).

Menghin 1917: O. Menghin, Moritz Hoernes 1852–1917. WPZ IV,1917,1–13.

Much 1902: M. Much, Die Heimat der Indogermanen im Lichte der urgeschichtlichen Forschung. Jena-Berlin 1902.

Nationalbank, Österreichische 2020: Öst.Nationalbank:Inflationscockpit.Währungsrechner. https://www.eurologisch.at/docroot/waehrungsrechner/ (6.6.2020).

Neugebauer 1990: J.-W.Neugebauer, Österreichs Urzeit (Wien).

Spitzer 1973: L. Spitzer, Rosa Mayreders Textbuch zu Hugo Wolfs „Manuel Venegas". Österreichische Musikzeitschrift 28, 1973, 443–451.

Spitzer 1977: L. Spitzer, Hugo Wolfs „Manuel Venegas". Ein Beitrag zur Genese. Österreichische Musikzeitschrift 32, 1977, 68–74.

Szombathy 1917: J. Szombathy, Grabrede für Moritz Hoernes am 12.Juli 1917. WPZ IV, 12–13.

Szombathy 1917a: J.Szombathy, Nekrolog. Moritz Hoernes. WPZ 9,141–143.

Szombathy 1917b: J.Szombathy,Moritz Hoernes. MAG 47, 1917, 144–151.

Truhelka 1889: Ċ.Truhelka, Die Nekropolen von Glasinac in Bosnien. Bericht über die im Herbst 1888 vorgenommenen Grabungen. MAG 19, 1889, 24–25.

Printed in the United States
by Baker & Taylor Publisher Services